高等学校规划教材

建筑文化与设计

季雪　编著

中国建筑工业出版社

图书在版编目（CIP）数据

建筑文化与设计/季雪编著．—北京：中国建筑工业出版社，2012.12
高等学校规划教材
ISBN 978-7-112-14977-3

Ⅰ.①建… Ⅱ.①季… Ⅲ.①建筑-文化②建筑设计 Ⅳ.①TU-8②TU2

中国版本图书馆CIP数据核字（2012）第299587号

本书主要内容有：中外建筑技术、建筑艺术发展概况；世界建筑体系与造园艺术；中国传统建筑文化；现代科学技术对建筑的影响；建筑设计及经典工程案例解析；城市与建筑规划知识；生态城市、生态建筑理念及其范例；建筑装饰设计与装饰材料基本知识等。

本书编写过程中在做了较多的专业知识更新，框架与内容也依据最新专业设置、专业发展及文化素质教育的需要进行了调整。其知识覆盖面广、信息量大、理论结合实例、图文并茂，具有较强的前沿性、知识性及实用性。书中较为全面地介绍了土木工程与建筑文化知识，注重知识性、趣味性与实用性相结合，理论知识与实际案例相结合，并极力倡导全新的生态、环保、节能、绿色建筑理念及其技术。书中甄选了部分国内外经典工程建筑案例及图示，介绍了国内外建筑领域发展趋势，用于高等院校素质教育具有较好的理论与实践价值。

责任编辑：王　跃　张　健　徐晓飞
责任设计：董建平
责任校对：姜小莲　陈晶晶

高等学校规划教材
建筑文化与设计
季　雪　编著
*
中国建筑工业出版社出版、发行（北京西郊百万庄）
各地新华书店、建筑书店经销
北京红光制版公司制版
北京市燕鑫印刷有限公司印刷
*
开本：787×1092毫米　1/16　印张：14¼　字数：315千字
2013年4月第一版　2013年4月第一次印刷
定价：**28.00**元
ISBN 978-7-112-14977-3
(23071)
版权所有　翻印必究
如有印装质量问题，可寄本社退换
（邮政编码100037）

前言

按照教育部加强高校素质教育的指示精神，近年高等院校的本科培养方案大都进行了更新，教学计划与课程设置也作了较大调整。致使部分专业缺乏适用教材，不得不沿用较为陈旧并与其他课程内容重叠、冲突的教材。尤其是有些文化素质教育课程，不仅在本专业开设，还面向全校各个专业的学生开设，被大量外专业学生选修。因此，教材更新与适用性问题更加突出，亟需编写全新教材。基于此，作者在多年教学积累及教材编写经验的基础上精心编写了本书。书中除基础理论和基本建筑知识讲解外，还精选添加了历年学生兴趣浓厚、最为关注的一些建筑专业知识内容，如发达国家建筑文化、建筑技术与建筑领域发展趋势；生态城市与生态建筑；建筑抗震；室内装饰；中国传统建筑文化等。其核心内容包括：建筑学科与中外建筑技术、建筑艺术发展概况；世界建筑体系与造园艺术；中国传统建筑文化；现代科学技术对建筑的影响；建筑设计及经典工程案例；城市与建筑规划知识；生态城市、生态建筑理念及其范例；建筑装饰设计与装饰材料基本知识等。

本书框架与内容依据最新专业设置、专业发展及高等院校文化素质教育的需要进行编排，并且兼顾了相关专业硕士研究生教育。其知识覆盖面广、信息量大、理论结合实例、图文并茂，具有较强的前沿性、创新性、知识性及实用性。书中深入浅出地介绍了土木建筑技术与国内外建筑文化知识，注重知识性与实用性相结合、理论知识与经典案例相结合，解析了国际成功案例和建筑领域发展趋势，极力倡导并强化生态、环保、节能、绿色的建筑理念。在写作过程中，作者力求内容新颖、概念准确、用词及符号规范、行文易于理解，书中涵盖内容与相关专业课程的衔接更为合理。书中甄选了部分国内外经典案例及图示，可以增加学生的学习兴趣，改善工科专业教学用书的枯燥、乏味特性。

本书适用范围较为广泛，可以作为理工类、管理类和经济类高等院校相关专业教学用书，尤其适合作为高等院校文化素质教育及研究生基础教育的教学用书；也可作为其他相关专业的教学参考书，或作为建筑企业、房地产企业、相关中介服务企业等管理岗位人员和在职人员的培训教材及参考书；由于内容的知识性与实用性均较强，本书还可以作为建筑文化艺术、建筑技术、装饰装修等相关领域爱好者的学习参考用书。

本书资料整理及勘误人员有：郭乐、孙丽娜、孙美娜、邓章、宋雯、张家泰、廖烨、周雨頔。

在本书的写作与出版过程中，得到了境内外专家学者及实业界朋友的支持与信息资料提供，同时得到中国建筑工业出版社鼎力帮助。在此，谨向为本书写作与出版付出辛勤劳动的各位专家学者、实业界朋友、中国建筑工业出版社及各位编辑表示衷心的感谢!

由于本人水平有限及时间匆忙，书中难免有疏漏和不当之处，敬请各位读者批评指正。

目　录

第一章　中外建筑技术与建筑艺术发展概况

建筑是技术与艺术的综合体现，建筑技术与建筑艺术一直密不可分。科学技术的高度发展，特别是建筑新材料、新技术的不断发明，导致建筑领域的新思想、新流派以及建筑技术与建筑艺术很好融合的新建筑作品出现。建筑作为艺术思想的先驱，其影响和震撼远远不是一般的工艺美术设计所能比拟的。随着人类物质和精神文明水准的提高，对建筑艺术与建筑性能的要求也越来越高，而建筑只有在工程技术与工业艺术相融洽的基础上，才能成为艺术。

第一节　基本概念与基本知识

一、基本概念

（一）土木工程

国务院学位委员会在学科简介中定义：土木工程是建造各类工程设施的科学技术的统称。它既指工程建设的对象，即建造在地上、地下、水中的各种工程设施，也指工程所应用的材料、设备和所进行的勘察、设计、施工、保养、维修等专业技术。

土木工程是工程分科之一，是一个古老的学科。随着工程建设和科学技术的发展，土木工程又逐渐分为一些专门分科，如：建筑工程、桥梁工程、公路与城市道路工程、铁路工程、隧道工程、水利工程、港口工程、海洋工程、给水排水工程及环境工程等。

（二）建筑工程

建筑工程通常是指房屋建设工程，是房屋建设中规划、勘察、设计、施工的总称。通过对各类房屋建筑及其附属设施的建造和与其配套的线路、管道、设备的安装活动，形成工程实体。“房屋建筑”有顶盖、梁柱、墙壁、基础以及能够形成内部空间，满足人们生产、居住、学习、公共活动等需要，包括厂房、剧院、旅馆、商店、学校、医院和住宅等；“附属设施”指与房屋建筑配套的水塔、自行车棚、水池等；“线路、管道、设备的安装”是与房屋建筑及其附属设施相配套的电气、给水排水、通信、电梯等线路、管道、设备的安装活动。

建筑工程为建设工程的一部分，其涵义范围相对较窄，专指各类房屋建筑及其附属设施和与其配套的线路、管道、设备的安装工程，因此也被称为房屋建筑工程。故此，桥梁、水利枢纽、铁路、港口工程以及不是与房屋建筑相配套的地下隧道等工程，均不属于建筑工程范畴。

（三）建筑学

建筑学是研究建筑物及其环境的学科。通过总结人类建筑活动的经验，以指导建筑设计创作，构造某种体形环境等。建筑学的内容通常包括技术和艺术两个方面。传统建筑学的研究对象包括建筑物、建筑群以及室内家居的设计，风景园林和城市村镇的规划设计。随着建筑行业的发展，园林学和城市规划逐步从建筑学中分化出来，成为相对独立的学科。

中国古代把建造房屋以及从事其他土木工程活动统称为“营建”、“营造”，“建筑”一词是从日语引入汉语的。汉语“建筑”是一个多义词，它既表示营造活动，又表示这种活动的成果——建筑物；也是某个时期、某种风格建筑物及其所体现的技术和艺术的总称，如隋唐五代建筑、文艺复兴建筑、哥特式建筑等。

（四）建筑经济学

建筑经济学是以建筑业的经济活动为对象，研究建筑生产、分配、交换、消费的经济关系，以及建筑生产力与生产关系相互作用的运动规律。由于世界各国社会制度不同，建筑经济学的理论体系和研究重点也不同。在西方国家，侧重研究建筑市场及相适应的经营对策和方法。在中国，研究的主要内容概括为：建筑经济学研究的对象和任务，建筑业在国民经济中的地位和作用，建筑产品的计划管理和市场调节，建筑产品的生产、分配、交换、消费活动的特点，建筑业组织结构和产业布局，建筑设计经济，建筑施工经济，建筑业劳动结构，建筑业分配体制，建筑业物资技术供应，建筑业资金运动，建筑产品价格，建筑企业经济核算和经济效益，建筑工业化、现代化的理论及国际建筑市场等。

（五）建筑构造学

建筑构造学是研究建筑物的构成、各组成部分的组合原理和构造方法的学科。主要任务是根据建筑物的使用功能、技术经济和艺术造型要求提供合理的构造方案，作为建筑设计的依据。

在进行建筑设计时，不但要解决空间的划分和组合，外观造型等问题，还必须考虑建筑构造上的可行性。为此，就要研究建筑设计能否满足建筑物各组成部分的使用功能；在构造设计中综合考虑结构选型、材料的选用、施工的方法、构配件的制造工艺，以及技术经济、艺术处理等问题。

（六）建筑设计学

广义的建筑设计是指设计一座建筑或建筑群所要做的全部工作。建筑物在建造之前，设计者按照建设任务，把施工过程和使用过程中所存在的或可能发生的问题，事先作好通盘的设想，拟定好解决这些问题的办法、方案，并用图纸和文件表达出来。由于科学技术的发展，在建筑上利用各种科学技术的成果越来越广泛深入，设计工作常涉及建筑学、结构学以及给水排水、供暖、空气调节、电气、煤气、消防、防火、自动化控制管理、建筑声学、建筑光学、建筑热工学、工程估算及园林绿化等方面的知识，所以需要各学科技术人员的密切协作。

通常所说的建筑设计是狭义的，指“建筑学”范围内的工作。它所要解决的问题包括：建筑物内部各种使用功能和使用空间的合理安排，建筑物与周围环境、与各种外部条件的协调配合，内部和外表的艺术效果，各个细部的构造方式，建筑与结构、建筑与各种设备等相关技术的综合协调，以及如何以更少的材料、更少的劳动力、更少的投资、更少的时间来实现上述各种要求。其最终目的是使建筑物做到适用、经济、坚固、美观。

（七）其他建筑分支学科

其他建筑分支学科包括建筑物理学、建筑光学、建筑热工学、建筑声学、室内设计学、园林学、城市规划、建筑环境学、工程力学、水力学、土力学、岩体力学、滨海水文学、道路工程学、交通工程学等。

二、建筑的类别

建筑是人类为满足日常生活和社会活动而建造。建筑包括建筑物和构筑物，建筑物是为人们生产、生活或其他活动提供场所的建筑，如住宅、医院、学校、办公楼和厂房等；人们不在其中活动的建筑称为构筑物，如水塔、烟囱、堤坝及井架等。

建筑分类方法很多，可以从不同的角度进行分类，我国常见的分类方式主要有以下几种。

（一）按照建筑使用性质分类

民用建筑：包括居住建筑，如住宅、宿舍、公寓等；公共建筑，如学校、办公楼、医院和影剧院等。

工业建筑：包含各种生产和生产辅助用房，如生产车间、更衣室、仓库和动力设施等。

农业建筑：用于农业的用房，包括饲养牲畜、贮存农具和农产品的用房，以及农业机械用房等。

军用建筑：用于军事用途建筑。如军事基地建筑，军用地下防护建筑，军用仓库、油库及军用电子信号屏蔽建筑等。

（二）按建筑物层数或高度分类

在《民用建筑设计通则》（GB 50352—2005）、《建筑设计防火规范》（GB 50016—2006）、《高层民用建筑设计防火规范》（GB 50045—95）中，对民用建筑按地上层数或高度划分为如下四类：

（1）住宅建筑按层数分类：1～3 层为低层住宅；4～6 层为多层住宅；7～9 层为中高层住宅；10 层及 10 层以上为高层住宅。

（2）除住宅建筑之外的民用建筑，高度不大于 24m 者为单层和多层建筑，大于 24m 者为高层建筑（不包括建筑高度大于 24m 的单层公共建筑）；在《高层建筑混凝土结构技术规程》（JGJ 3—2002）中，高层建筑界定为：层数≥10 层，或房屋高度超过 28m。

（3）建筑高度大于 100m 的民用建筑（住宅或公共建筑）为超高层建筑。

（4）高耸建筑。指的是高度较大、横断面相对较小的高耸结构建筑，以水平荷载为结构设计的主要依据。根据其结构形式可分为自立式塔式结构和拉线式桅式结构，所以高耸结构也称塔桅结构。

（三）按照承重结构材料分类

1. 木结构

主要承重构件所使用的材料为木材，多用于单层建筑或低层建筑。

2. 砖混结构

也称混合结构，以砖墙（柱）、钢筋混凝土楼板及屋面板作为主要承重构件，属于墙承重结构体系，在我国的居住建筑和一般公共建筑中大量采用。

3. 钢筋混凝土结构

以钢筋混凝土构件作为建筑的主要承重构件，多属于骨架承重结构体系。通常大型公共建筑、大跨度建筑、高层建筑及超高层建筑多采用这种结构形式。

4. 钢与混凝土组合结构

主要承重构件材料由型钢和混凝土组成，多用于超高层建筑。

5. 钢结构

建筑的主要承重构件全部采用钢材。这种结构类型多用于某些工业建筑和高层、大空间、大跨度的民用建筑中。如重型厂房，受动力作用的厂房，可移动或可拆卸的建筑，超高层建筑或高耸建筑等。

（四）按照建筑结构形式分类

1. 墙承重体系

由墙体承受建筑的全部荷载，并把荷载传递给基础的承重体系。这种承重体系适用于内部空间较小、建筑高度较低的建筑。

2. 骨架承重体系

由钢筋混凝土或型钢组成的梁柱体系承受建筑的全部荷载，墙体只起围护和分隔作用的承重体系。适用于跨度大、荷载大、高度大的建筑。

3. 内骨架承重体系

建筑内部由梁柱体系承重，四周用外墙承重。适用于局部设有较大空间的建筑。

4. 空间结构承重体系

由钢筋混凝土或型钢组成空间结构承受建筑的全部荷载，如网架结构、悬索结构、壳体结构等。适用于大空间建筑。

三、世界三大建筑体系

世界三大建筑体系是指中国建筑、欧洲建筑和伊斯兰建筑，三者分别代表了三种建筑体系和特色。

世界建筑因其文化背景的不同，曾经有过大约七个独立体系。其中一些建筑体系或早已中断，或流传不广，成就和影响相对有限，如古埃及、古代西亚、古代印度和古代美洲建筑等。只有中国建筑、欧洲建筑、伊斯兰建筑一直被认为是世界三大建筑体系，又以中国建筑和欧洲建筑延续时代最长、流传最广，成就也就更为辉煌。

（一）中国建筑

中国是世界四大文明古国之一，有着悠久的历史，劳动人民用自己的血汗和智慧创造了辉煌的中国建筑文明。中国的古建筑是世界上历史最悠久，体系最完整的建筑体系之一。从单体建筑、建筑组群和建筑艺术到建筑规划、园林布置等，形成了一个完美的、无可替代的建筑体系，在世界建筑史中都处于领先地位。中国的木构架建筑远在原始社会末期已经开始萌芽，中国建筑独一无二地体现了“天人合一”的建筑思想，如北京故宫是中国此类建筑的代表作品，它又称紫禁城，是明、清两代的皇宫。中国的汉族建筑分布范围最广，数量最多，以至突破国界，发展到整个东方文化区域内，成为东方建筑的代表。

中国古代建筑最卓著成就体现在宫殿建筑、坛庙、寺观、佛塔、园林建筑和民居等方面。其建造有如下六方面特色：

1. 具有地域性与民族性

中国的幅员辽阔，自然环境千差万别，为了适应环境，各地区建筑因地制宜，基于本地区的地形、气候、建筑材料等条件建造。中国由56个民族构成，由于各民族聚居地区环境不同，宗教信仰、文化传统和生活习惯也不同，因此建筑的风格各异。

2. 木质结构承重

中国古建筑主要采用木质结构，由木柱、木梁搭建来承托层面屋顶，而内外墙不承重，只起着分割空间和遮风避雨的作用。

木构架的结构方式是由立柱、横梁、顺檩等主要构件建造而成，各个构件之间的结点以榫卯相吻合，构成富有弹性的框架。中国古代木构架有抬梁、穿斗、井干三种不同的结构方式。抬梁式是在立柱上架梁，梁上又抬梁，所以称为“抬梁式”。宫殿、坛庙、寺院等大型建筑物中常采用这种结构方式。穿斗式是用穿枋把一排排的柱子穿连起来成为排架，然后用枋、檩斗接而成，故称作“穿斗式”。多用于民居和较小的建筑物。井干式是用木材交叉堆叠而成，因其所围成的空间似井而得名。这种结构比较原始简单，现在除少数森林地区外已很少使用。

木构架结构有很多优点。首先，承重与围护结构分工明确，屋顶重量由木构架来承担，外墙起遮挡阳光、隔热防寒的作用，内墙起分割室内空间的作用。由于墙壁不承重，这种结构赋予建筑物以极大的灵活性。其次，木构架结构有利于抗震，此结构类似现代建筑的框架结构。由于木材自身的特性，而构架的结构所用斗栱和榫卯又都有若干伸缩余地，因此在一定限度内可减少地震对这种构架的危害。“墙倒屋不塌”形象地表达了这种结构的特点。

3. 庭院式的组群布局

中国古建筑由于大多是木质结构，不适于纵向发展，便多借助群体布局，即以院落为单元，通过明确的轴线关系，来营造出宏伟壮丽的艺术效果。建筑的群体布局也反映出中国传统的文化观念，即封闭性和内向性，只有在高墙围护的深深庭院之中，才具有安全感和归宿感。

中国古建筑首先以“间”为单位构成单座建筑，再以单座建筑组成庭院，进而以庭院为单元，组成各种形式的组群。就单体建筑而言，以长方形平面最为普遍，此外还有圆形、正方形、十字形等几何形状平面。整体而言，重要建筑大都采用均衡对称的方式，以庭院为单元，沿着纵轴线与横轴线进行设计，借助于建筑群体的有机组合和烘托，使主体建筑显得格外宏伟壮丽。民居及风景园林则采用“因天时，就地利”的灵活布局方式。

4. 优美的大屋顶造型

大屋顶极具中国建筑特色，也是中国建筑的标志，主要有庑殿、歇山、悬山、硬山、攒尖、卷棚等屋顶形式。庑殿式和歇山式等大屋顶稳重协调，屋顶中直线和曲线巧妙地组合，形成向上微翘的飞檐及弧形造型，增添了建筑物飞动轻快的美感。大屋顶更重要的功能是可以防止雨水急剧下流，还能通过斗栱挑起出檐更好地采光通风。

5. 色彩装饰的“雕梁画栋”

中国古代建筑非常重视彩绘和雕饰，彩绘和雕饰主要是在大门、门窗、天花、梁栋等处。

彩绘具有装饰、标志、保护、象征等多方面的作用。油漆颜料中含有铜，不仅可以防潮、防风化剥蚀，而且还可以防虫蚁。色彩的使用是有限制的，明清时期规定朱、黄为至尊至贵之色。彩画多出现于内外檐的梁枋、斗栱及室内天花、藻井和柱头上，构图与构件形状密切结合，绘制精巧，色彩丰富。明清的梁枋彩画最为瞩目。清代彩画可分为三类，即和玺彩画、旋子彩画和苏式彩画。

雕饰是中国古建筑艺术的重要组成部分，包括墙壁上的砖雕、台基石栏杆上的石雕、金银铜铁等建筑饰物。雕饰的题材内容十分丰富，有动植物花纹、人物形象、戏剧场面及历史传说故事等。如北京故宫保和殿台基上的一块陛石，雕刻着精美的龙凤花纹，重达200吨。在古建筑的室内外还有许多雕刻艺术品，包括寺庙内的佛像、陵墓前的石人、兽等。

6. 注重与周围自然环境的协调

建筑本身就是一个供人们居住、工作、娱乐、社交等活动的环境，因此不仅内部各组成部分要考虑配合与协调，而且要特别注意与周围大自然环境的协调。中国古代的设计师们在进行设计时都十分注重建筑风水，即注重周围的环境，对周围的山川形势、地理特点、气候条件、林木植被等，都要认真调查研究。务使建筑布局、形式、色调等跟周围的环境相适应，从而构成一个大的环境空间。

中国拥有五千多年的历史文化，其古代建筑风格不但别树一格，而且对当时的亚洲建筑风格具有很大的影响。

（二）欧洲建筑

欧式建筑是一种地域文明的象征，是蕴涵着前人智慧结晶的财富，是将最高才能发挥到极致的种族文明的体现。欧式建筑特点是简洁、线条分明，讲究对称，运用色彩的明暗、浓淡来产生视觉冲击，使人感到或雍容华贵，或典雅、富有浪漫主义色彩。欧式建筑风格分为多种，有典雅的古典主义风格，纤长、高耸的中世纪风格，富丽的文艺复兴风格，浪漫的巴洛克、洛可可风格等。

比较具有代表性的欧式建筑有：哥特式建筑、巴洛克建筑、古典主义建筑、古典复兴建筑、古罗马建筑、古希腊建筑、浪漫主义建筑、罗曼建筑、洛可可建筑、文艺复兴建筑、现代主义建筑、后现代主义建筑、有机建筑及折中主义建筑等。

1. 古希腊建筑

古希腊是欧洲文明的摇篮。希腊人高度的建筑才能和大量的建筑活动在建筑史上占有重要地位。古希腊建筑不以宏大雄伟取胜，而以端庄、典雅、匀称、秀美见长，其建筑设计的艺术原则影响深远。雅典卫城是古希腊建筑文化的典型代表，其中帕提农神庙是西方建筑史上的瑰宝（图1-1）。

古希腊“柱式”：古希腊建筑固定格式称之为“柱式”。主要有多立克柱式，爱奥尼柱式，科林斯柱式三种。

2. 古罗马建筑

古罗马国力强盛，版图跨欧亚非三洲。古罗马建筑继承了古希腊建筑的成就，但建筑的类型、数量和规模都大大超过希腊。罗马人发展了拱券类结构技术，求取高大宽广的室内空间，而从希腊引进的柱式往往成为建筑的装饰品。罗马建筑虽不如希腊建筑精美，但规模宏大、气势雄伟。大型建筑物风格雄浑凝重，构图和谐统一，形式多样。有些建筑物内部空间艺术处理的重要性超过了外部体形，最有意义的是创造出柱式同拱券的组合，如券柱式和连续券，既作结构，又作装饰。

拱券结构：一种建筑结构形式。简称拱或券，又称券洞、发券。它除了竖向荷重时具有良好的承重特性外，还起着装饰美化的作用。其外形为圆弧状，由于各种建筑类型的不同，拱券的形式略有变化。半圆形的拱券为古罗马建筑的重要特征，尖形拱券则为哥特式建筑的明显特征，而伊斯兰建筑的拱券则有尖形、马蹄形、弓形、三叶形、复叶形和钟乳形等多种。拱券结构可以获得宽阔的内部空间。

在当时罗马这样百万人口的大城市，其格局不像希腊雅典那样以神庙为城市中心，而是以许多世俗性的公共建筑，如集市广场、宫殿、浴场、角斗场、府邸、法院、凯旋门、桥梁等，同神庙一起构成城市的壮丽面貌。罗马角斗场、罗马万神庙和古罗马浴场著名于世，三层叠起连续拱券的输水道被认为是工程技术史上的奇迹。古罗马建筑被称为世界建筑史上的里程碑，其代表有罗马大角斗场（图 1-2）等。

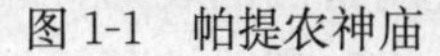

图 1-1　帕提农神庙

图 1-2　罗马大角斗场

3. 罗曼建筑

原意为罗马建筑风格的建筑。是 10～12 世纪欧洲基督教流行地区的一种建筑风格，因采用古罗马风格的券、拱等建筑式样而得名。罗曼建筑风格多见于修道院和教堂，承袭初期基督教建筑。

罗曼建筑采用古罗马建筑的一些传统做法如半圆拱、十字拱等，有时也用简化的古典柱式和细部装饰。经过长期的演变，逐渐用拱顶取代了初期基督教教堂的木结构屋顶，对罗马的拱券技术不断进行试验和发展，采用扶壁以平衡沉重拱顶的横推力，后来又逐渐用骨架券代替厚拱顶，平面仍为拉丁十字。出于向圣像、圣物膜拜的需要，在东端增设若干小礼拜室，平面形式渐趋复杂。

罗曼建筑典型特征是：墙体巨大而厚实，墙面用连列小券，门窗洞口用同心多层小圆券，以减少沉重感。西面有一、二座钟楼，有时拉丁十字交点和横厅上也有钟楼。中厅大小柱有韵律地交替布置。窗口窄小，在较大的内部空间造成阴暗神秘气氛。朴素的中厅与华丽的圣坛形成对比，中厅与侧廊较大的空间变化打破了古典建筑的均衡感。

罗曼建筑作为古典建筑到哥特式建筑的一种过渡形式，它的贡献不仅在于把沉重的结构与垂直上升的动势结合起来。在建筑史上，罗曼建筑第一次成功地把高塔组织到建筑的完整构图之中。罗曼建筑的著名实例有意大利比萨主教堂建筑群，德国沃尔姆斯主教堂等。

4. 哥特式建筑

哥特式建筑是12世纪下半叶起源于法国，13～15世纪流行于欧洲的一种建筑风格。主要见于天主教堂，也影响到世俗建筑。哥特式建筑以其高超的技术和艺术成就，在建筑史上占有重要地位。

哥特式建筑的典型特色是：石拱券，飞扶壁，尖拱门，穹隆顶及大面积的彩色玻璃窗。飞扶壁是为了平衡拱券对外墙的推力，而在外墙上附加的墙或其他结构。为了增加稳定性，常在飞扶壁柱墩上砌尖塔。由于采用了尖券、尖拱和飞扶壁，哥特式教堂的内部空间高旷、单纯、统一。装饰细部如华盖、壁龛等也都用尖券作主题，建筑风格与结构手法形成一个有机的整体。哥特式建筑的代表作有意大利著名的米兰大教堂（欧洲中世纪最大的教堂之一）以及法国的巴黎圣母院。

5. 文艺复兴建筑

继哥特式建筑之后出现，15世纪产生于意大利，后传播到欧洲其他地区，形成带有各自特点的各国文艺复兴建筑。文艺复兴建筑明显的特征是扬弃中世纪的哥特式建筑风格，在宗教建筑和世俗建筑上重新采用古希腊罗马时期的柱式构图要素。它在建筑轮廓上讲究整齐统一，强调比例与条理性，构图中间突出、两旁对称，窗间有时设置壁龛和雕像。文艺复兴时期的建筑师和艺术家们认为这种古典建筑，特别是古典柱式构图体现着和谐与理性，并且同人体美有相通之处。

6. 巴洛克建筑

巴洛克建筑是17～18世纪在意大利文艺复兴建筑基础上发展起来的一种建筑和装饰风格。其特点是外形自由，追求动感，喜好使用富丽的装饰、雕刻和强烈的色彩，常用穿插的曲面和椭圆形空间来表现自由的思想和营造神秘的气氛。

巴洛克一词的原意是奇异古怪，古典主义者用它来称呼这种被认为是离经叛道的建筑风格。这种风格在反对僵化的古典形式、追求自由奔放的格调和表达世俗情趣等方面起了重要作用，对城市广场、园林艺术以至文学艺术等都产生影响，一度在欧洲广泛流行。意大利文艺复兴晚期，著名建筑师和建筑理论家维尼奥拉设计的罗马耶稣会教堂，是由手法主义向巴洛克风格过渡的代表作，也有人称之为第一座巴洛克建筑。巴洛克风格打破了对古罗马建筑理论家维特鲁威的盲目崇拜，也冲破了文艺复兴晚期古典主义者制定的种种清规戒律，反映了向往自由的世俗思想。另一方面，巴洛克风格的教堂富丽堂皇，而且能造成相当强烈的神秘气氛，也符合天主教会炫耀财富和追求神秘感的要求。因此，巴洛克建筑从罗马发端后，不久即传遍欧洲，以至远达美洲。有些巴洛克建筑过分追求华贵气魄，甚至到了繁琐堆砌的地步。

从 17 世纪 30 年代起，意大利教会财富日益增加，各个教区先后建造自己的巴洛克风格教堂。由于规模小，不宜采用拉丁十字形平面，因此多改为圆形、椭圆形、梅花形、圆瓣十字形等单一空间的殿堂，在造型上大量使用曲面。

（三）伊斯兰建筑

伊斯兰建筑，西方称萨拉森建筑。主要包括 7～13 世纪阿拉伯国家的建筑，14 世纪以后奥斯曼帝国的建筑，16～18 世纪波斯萨非王朝的建筑，以及印度、中亚等国的一些建筑。阿拉伯人汲取希腊、罗马、印度古代的建筑经验，在继承两河流域和波斯建筑传统的基础上，形成独特的建筑风格。伊斯兰建筑包括清真寺、伊斯兰学府、哈里发宫殿、府邸、巨大的陵墓以及各种公共设施、居民住宅等。伊斯兰建筑是世界建筑艺术和伊斯兰文化的组成部分，与欧洲建筑、中国建筑并称世界三大建筑体系。伊斯兰建筑以阿拉伯民族传统的建筑形式为基础，借鉴、吸收了两河流域、比利牛斯半岛以及世界各地、各民族的建筑艺术精华，以其独特的风格和多样的造型，创造了一大批具有历史意义和艺术价值的建筑物。

1. 伊斯兰建筑外观特色

（1）变化丰富的外观

世界建筑中外观最富变化、设计手法最奇巧的当是伊斯兰建筑。欧洲古典式建筑虽端庄方正但缺少变化的妙趣；哥特式建筑虽峻峭雄健，但雅味不足；印度建筑只是表现了宗教的气息；然而，伊斯兰建筑则奇想纵横，庄重而富变化，雄健而不失雅致。因而伊斯兰建筑被誉为横贯东西、纵贯古今，在世界建筑中独放异彩。

（2）穹隆

伊斯兰建筑散布在世界各地，其造型的主要特征是采用大小穹顶覆盖主要空间。与欧洲的穹隆相比，风貌、情趣完全不同，伊斯兰建筑中的穹隆往往看似粗漫却韵味十足。早在波斯萨桑王朝时期，就流行在方形房间上砌筑穹顶，穹顶纵断面为椭圆形。7 世纪初伊斯兰教兴起后，继承这一传统并于 8 世纪起，有了双圆心尖券、尖拱和尖穹顶，砌筑精确，形式简洁。到 14 世纪，又创造了四圆心券拱和穹顶，完全淘汰了叠涩法。四圆心穹顶外形轮廓平缓、曲线柔和，与浑厚的砖墙建筑以及方形体量取得和谐。

（3）开孔

所谓开孔即门和窗的形式，一般是尖拱、马蹄拱或是多叶拱。亦有正半圆拱、圆弧拱，仅在不重要的部分使用。

（4）纹样

伊斯兰的纹样堪称世界之冠。建筑及其他工艺中供欣赏用的纹样，题材、构图、描线、敷彩皆有匠心独运之处。动物纹样虽是继承了波斯的传统，可脱胎换骨产生了崭新的面目；植物纹样，主要承袭了东罗马的传统，历经千锤百炼终于集成了灿烂的伊斯兰式纹样。

2. 伊斯兰建筑特点

伊斯兰建筑师拥有的一个突出特点是，即使是最宏大的清真寺工程，也总是在短得惊人的时间内完成。穆斯林建筑师常为他们的建筑速度而骄傲。伊斯兰建筑最典型的特征，既不是它们没有遮蔽的地点，也不是它们的建筑风格，而是其倾向于隐藏在高墙后面以及将注意力集中在室内的安排上。在早期发展阶段，伊斯兰建筑表现出一种传统性，不可避免地出现地区性差异，它们融和了叙利亚、波斯和撒马尔罕的韵味，也融和了麦加和麦地那的风格。但其中没有任何一个地方的建筑可单独展现伊斯兰建筑特色。伊斯兰建筑的发展，如同其宗教仪式一样，是直接从信徒的日常生活而来，它是一种绿洲建筑。

3. 伊斯兰建筑理念与趋向

伊斯兰建筑艺术和特征已自成体系。和谐是伊斯兰建筑艺术的理念，这一理念内涵与外延非常丰富，是伊斯兰社会的关键因素。伊斯兰建筑与其周围的人、环境非常和谐，没有严格的规矩去左右伊斯兰建筑。世界各地众多的清真寺，各自使用地方性的几何模式、建筑材料、建筑方法，以自己的方式表达伊斯兰的和谐。进入20世纪，伊斯兰建筑的和谐被忽略了，当代伊斯兰建筑的趋向概括起来有三种：一是完全忽略过去，模拟西方式建筑。这种建筑忽略了伊斯兰精神和传统文化。二是混合式的建筑。拱门和圆顶的传统外观嫁接于现代的高层建筑之上。三是理解伊斯兰建筑的本质，利用现代建筑技术来表达这种本质。现代建筑工程有很多利用新材料、新技术的探索实践机会，以使伊斯兰建筑艺术变得更加丰富多彩。当代伊斯兰建筑的三种趋向，使伊斯兰建筑保持着与其本质信念相关联的风格与特色。

四、世界造园艺术的三大体系

（一）中国园林

中国园林的发展历史，从商、周经唐、宋至明、清，经历了萌发期、成熟期、发达期三个阶段。最早见于史籍记载的是公元前11世纪西周的灵囿（“囿”是中国古代供帝王贵族进行狩猎游乐的一种园林形式）。在中国建筑门类中，园林建筑综合性最强、艺术性最高。中国园林的构成要素一般有山石、水系、建筑、花木和匾额、楹联、石刻等。

中国园林的种类包括：帝王宫苑或皇家园林；私家园林；寺观园林；山林名胜或城郊风景区（景观园林）；陵墓园林；坛庙园林；书院园林。见表1-1

中国园林的特点及代表性建筑　　表1-1

类型 特点与代表	皇家园林	私家园林	寺观园林	山林名胜
特点	面积大，气派、宏伟，包罗万象，大多利用自然山水加以改造而成	规模较小，建筑比重大，假山、水景多，内外相互穿插渗透，景中套景，空间分隔曲折，注重情趣、意境	规模较大，附属在佛教寺庙或道教宫观内	规模很大，自然与人造景物巧妙结合
代表	北京圆明园、颐和园、承德避暑山庄等	苏州拙政园、网师园等	北京万寿山、潭柘寺、碧云寺、报恩延寿寺等	杭州西湖、无锡鼋头渚、扬州瘦西湖、昆明西山、滇池等

1. 皇家园林

皇家园林的代表有阿房宫和上林苑。秦始皇在陕西渭南建的信宫、阿房宫不仅按天象来布局，而且“弥山跨谷，复道相属”，在终南山顶建阙，以樊川为宫内之水池，气势雄伟、壮观。

魏晋南北朝时期（220～589年），皇家园林的发展处于转折时期，虽然在规模上不如秦汉山水宫苑，但内容上则有所继承与发展。隋唐时期（581～907年），皇家园林趋于华丽精致。元明清时期（1271～1911年），皇家园林的建设趋于成熟。这时的造园艺术在继承传统的基础上又实现了一次飞跃，这个时期出现的名园如颐和园、北海、避暑山庄、圆明园，无论是在选址、立意、借景、山水构架塑造、建筑布局与技术、假山工艺、植物布置乃至园路的铺设，都达到了前所未有的成就。

2. 私家园林

中国私家园林很可能与皇家园林起源于同一时代。从已知的历史文献中，可以了解到在汉代有梁孝王的免园，大富豪袁广汉的私园。这类私家园林均是仿皇家园林而建，只是规模较小，内容朴实。

魏晋南北朝时，中国社会陷入动荡，社会生产力下降，人民对前途感到失望与不安，于是就寻求精神方面的解脱，道家与佛家的思想深入人心。此时士大夫、知识分子转而逃避现实，隐逸山林，这种时尚体现在当时的私家园林之中。其中的代表作有位于中国北方洛阳的西晋大官僚石崇的金谷园和中国南方会稽的东晋山水诗人谢灵运的山居。两者均是在自然山水基础上稍加经营而成的山水园。

文人造园更多地将诗情画意融入到他们自己的小天地之中。这时期的代表作有诗人王维的辋川别业和作家司马光的独乐园。此时出现了许多优秀的私家园林，其共同特点在于选址得当，以假山水池为构架，穿凿亭台楼阁、树等。文人士大夫私家园林原也是受到皇家园林的启发，希望造山理水以配天地，寄托自己的政治抱负。但社会的动荡和政治的腐败，总令信奉礼教的中国知识分子失望，于是一部分士大夫受庄子思想影响，崇尚自然，形成与儒家形式化的“五行学说”及“天地观”相对立的、以“自然无为”为核心的天地观念。因此，园林中的山水不再局限于茫茫九派、东海三山；又因受封建权力和礼制的打压，私家园林的规模与建筑样式受到诸多限制，这正好又与庄子“齐万物”的相对主义思想相吻合。于是从南北朝时期起，私家园林就自觉地尚小巧而贵情趣。一些知识分子甚至借方士们编造的故事，将园林称作“壶中天”（又称“壶中天地”），要人们在小中见大。中国知识分子的“壶中天地”给这个民族留下了一整套的审美趣味和构园传统，留下了一大批极为宝贵的文化遗产（图1-3、图1-4）。私家园林的审美趣味后来为皇家所吸纳，一些宗教寺庙，尤其汉传佛教寺庙的营建，也在很大程度上受到它的影响。

3. 寺观园林

根据已有的考古材料证明，中国寺观的起源在五千年以前，当时是以神祠的形式出现的，这就是红山文化遗址中发现的女神庙。东汉时在洛阳以皇家花园改建成的白马寺成为中国第一佛寺。然而佛寺的建设兴旺于魏晋南北朝。因为当时的社会战火不断，民众生活痛苦不堪，生命无常，因此佛教中因果报应、轮回转世的思想深入人心。另一方面，道教思想中取法自然、延年益寿、飞身成仙等也赢得众多追随者。

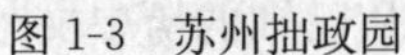

图 1-3 苏州拙政园

图 1-4 苏州留园

在舍宅为寺的热潮中，北魏洛阳和南朝建康的佛寺成百上千，香火甚旺。此时，寺观园林有三种形式：一是把城市中寺观本身按园林布置；二是在城市寺观旁附设园林；三是在风光优美的自然山水中建寺。这样做的原因是，不论佛教中的天国还是道教追寻的仙境都对寺观的环境提出很高的要求。

唐宋时期，佛教、道教、儒教迅速发展，寺观的建筑布局形式趋于统一，即为伽蓝七堂式。此时的寺观不仅仅是举行宗教活动的场所，而且还是民众交往、娱乐的活动中心。此时的文人也把对山水的认识引入寺观氛围，这种世俗化、文人化的浪潮促使寺庙园林的建设产生了飞跃。唐代长安的广恩寺以牡丹、荷花最为有名，而苏州的玄妙观也发展成规模宏大的寺庙园林。据传宋代名画家赵伯驹之弟所绘《桃源图》描绘的就是玄妙观的情景。明清时期，寺观园林建设达到高潮。

4. 景观园林

老子提出要道法自然，庄子曾说："山林欤，皋壤欤，使我欣欣然而乐欤。"而作为儒学始祖的孔子则把这种热爱，升华到把山水比做人之品德的境界。佛教传入中国经汉化而后扎下根来，其因果报应、来生转世的思想受到信奉，佛教中所叙由亭台楼阁、林木花草组成的花园成为天国的形象而为人们所向往。正是由于上述道、儒、佛对山水的不同认识，最终导致中国人把巨大的生活热情凝聚在山水之间，他们把对天堂的梦想转化为在山水之间建设人间仙境的现实行动。

实际上，人们是把自然山水环境当做一个巨型的花园来进行建设、经营的，从而架起了通向精神归宿的桥梁。我们发现，无论是在中国的崇山峻岭之间，还是在江河湖泊之滨，都有这样的巨型花园。这种天人合一的结果是许多巨型花园——风景名胜的出现。

人们把中国五大名山概括为"泰山雄，华山险，恒山幽，嵩山峻，衡山秀"，然而仅有这些奇特的自然景观，并不能满足人们对天国意境的追求，他们认为唯有融入亭、台、楼、阁，才能成为人可亲近的环境，才能成为人间的天堂乐园。

（二）欧洲园林

欧洲园林又称为西方园林，是世界三大园林体系之一。欧洲园林早期为规则式园林，最大特色就是中轴对称或规则式建筑布局，主要风格为大理石、花岗石等石材的堆砌雕刻、花木的整形与排行作队。文艺复兴后，先后涌现出意大利台地园林、法国古典主义园林和英国风景式园林。近现代以来，又确立了人本主义造园宗旨，并与生态环境建设相协调，出现了城市园林、园林城市和自然保护区园林，领导世界园林发展新潮流。欧洲园林覆盖面很广，它以欧洲本土为中心，范围囊括欧洲、北美、南美、澳大利亚等地，对南非、北非、西亚、东亚等地区的园林发展和当代园林亦产生了重要影响。

欧洲园林以人工美的规则式园林和自然美的自然式园林为造园风格，分别追求人工美和自然美的情趣，水、常绿植物和柱廊都是重要的造园要素，思想理论、艺术造诣精湛独到，是西方世界喜闻乐见的园林。欧洲园林的优秀代表是法国古典主义园林（规则式）和英国风景式园林（自然式），它们都有自己明显的风格特征。古典规则式园林气势恢宏，视线开阔，严谨对称，构图均衡，花坛、雕像、喷泉等装饰丰富，体现庄重典雅，雍容华贵的气势。自然风景式园林取消了园林与自然之间的界线，将自然为主体引入到园林，排除人工痕迹，体现一种自然天成，返璞归真的艺术。

欧洲园林的文化传统渊源可追溯到古埃及和古希腊园林。当时的园林就是模仿经过人类耕种、改造后的自然，是几何式的自然，因而欧洲园林就是沿着几何式的道路开始发展的。西方的造园技艺源于古西亚的波斯，即古波斯所称的“天国乐园”。它是人类对天国仙境的向往与企盼，而其发展则来源于人性中所固有的对美的追求与探索。欧洲的造园艺术有三个重要的时期：从16世纪中叶之后的100年，是意大利领导潮流；从17世纪中叶之后的100年，是法国领导潮流；从18世纪中叶起，领导潮流的则是英国。法国的奢华与浪漫，意大利的热情与理想，英国的优雅与自然都深深影响了整个欧洲的园林发展。而西方的园林艺术中最为世人所称道的，是其气势宏伟、瑰丽多姿的皇家园林。

欧洲园林不同的发展阶段有不同特点，其发展主要阶段有：（1）意大利文艺复兴园林；（2）美国加州园林；（3）巴洛克园林；（4）英国园林。

经历了古埃及的几何式园林，阿拉伯人征服西班牙所带来的伊斯兰庭园文化，直到中世纪文化光辉泯灭殆尽，社会的动荡不安促使人们开始在宗教中寻求慰藉。因此中世纪的文明基础主要是基督教文明，园林产生了宗教寺院庭院和城堡庭院两种不同的类型。两种庭园开始都以实用性为主，随着时局趋于稳定和生产力不断发展，园中装饰性与娱乐性也日益增强。园林的实用性更多是体现在皇家园林的建造中。

15世纪初叶，意大利文艺复兴运动兴起，文学和艺术飞跃进步，引起一批人爱好自然，追求田园趣味。文艺复兴园林盛行，欧洲园林逐步从几何型向巴洛克艺术曲线型转变。文艺复兴后期，欧洲园林甚至出现了追求主观、新奇、梦幻般的“手法主义”的表现。中世纪结束后，在罗马帝国的本土——意大利，仍然有许多古罗马遗迹存在，时刻唤起人们对帝国辉煌往昔的记忆，古典主义于是成为文艺复兴园林艺术的源泉。文艺复兴时期人们向往罗马人的生活方式，所以富豪权贵纷纷在风景秀丽的地区建立自己的别墅庄园。由于这些庄园一般都建在丘陵或山坡上，为便于活动，就采用了连续的台面布局。台地园的平面一般都是严整对称的，建筑常位于中轴线上，有时也位于庭院的横轴上，或分设在中轴的两侧。在园林和建筑关系的处理上，意大利台地园林开欧洲体系园林宅邸向室外延伸的理论先河，它的中轴以山体为依托，贯穿数个台面，经历几个高差而形成叠水，完全摆脱了西亚式平淡的涓涓细流的模式，开始显现出欧洲体系特有的宏伟壮阔气势。而且庄园的轴线有些已不止一两条，而是几条轴线，或垂直相交，或平行并列，甚至还有呈放射状排列的，这些都是以前所没有的新手法。

17～18 世纪，绘画与文学两种艺术热衷于自然的倾向影响了英国造园，加之中国园林文化的影响，英国出现了自然风景园。以起伏开阔的草地、自然曲折的湖岸、成片成丛自然生长的树木为要素构成了一种新的园林。18 世纪中叶，作为改进，园林中建造一些单体点景物，如中国的亭、塔、桥、假山以及其他异国情调的小建筑或模仿古罗马的废墟等，人们将这种园林称之为感伤主义园林或英中式园林。欧洲大陆风景园是从模仿英中式园林开始的，虽然最初常常是很盲目的模仿，但结果却带来了园林的根本变革。风景园在欧洲大陆的发展是一个净化的过程，自然风景式比重越来越大，单体点景物越来越少，到 1800 年后，纯净的自然风景园终于出现。

至 19 世纪上半叶，园林设计常常是几何式与规则式园林的综合。造园风格停滞在自然式与几何式两者互相交融的设计风格上，甚至逐步沦为对历史样式的模仿与拼凑，直至工艺美术运动和新艺术运动导致新的园林风格诞生。受工艺美术运动影响，花园风格更加简洁、浪漫、高雅，用小尺度具有不同功能的空间构筑花园，并强调自然材料的运用。这种风格影响到后来欧洲大陆的花园设计，直到今天仍有一定的影响。新艺术运动的目的是希望通过装饰的手段来创造出一种新的设计，主要表现在追求自然曲线形和追求直线几何形两种形式。新艺术运动中的另一个特点是强调园林与建筑之间以艺术的形式相联系，认为园林与建筑之间在概念上要统一，理想的园林应该是尽量再现建筑内部的“室外房间”。新艺术运动虽然背叛了古典主义的传统，但其作品并不是严格意义上的“现代”，它是现代主义之前有益的探索和准备。可以说，这场世纪之交的艺术运动是一次承上启下的设计运动，它预示着旧时代的结束和新时代的到来。

19 世纪末，更多的设计使用规则式园林来协调建筑与环境的关系。艺术和建筑在向简洁的方向发展，园林受新思潮的影响，走向了净化的道路，逐步转向注重功能、以人为本的设计。近年园林艺术形式更加丰富多彩，开始出现了一些较为另类的人工创意，如绿色草雕技艺。

（三）阿拉伯园林

阿拉伯园林是融建筑、美术、园艺于一体的建筑与园林艺术，更是阿拉伯文化中的奇葩。阿拉伯园林不讲究中国园林的“曲折有致，前后呼应”或“园中有园，景外有景”，也不注重西方园林的纯粹写实，它在两者之外开辟了一条新路。

阿拉伯人信奉伊斯兰教，他们的宗教思想因而深深地浸渍到园林艺术中，形成了具有理想色彩的“天园”艺术模式。阿拉伯人心中的乐园是“下临贯穿的河渠，果实长年不断，树荫岁月相继”，清澈的水流，累累的果实，繁茂的树木，构成了“天园”的优雅环境。阿拉伯园林继承古代波斯庭院的布局特点，多采用植物和水法（水渠、水池等设计），以位于十字形道路交叉点的水池为中心。阿拉伯园林的渊源与西亚园林体系密不可分。西亚园林体系主要是指巴比伦、埃及、古波斯的园林，它们采取方直的规划、齐正的栽植和规则的水渠，园林风貌较为严整，后来这一手法为阿拉伯人所继承，成为阿拉伯园林的主要传统。

据有关专家考证，西亚造园历史可推溯到公元前，基督圣经所指“天国乐园”（伊甸园）就在叙利亚首都大马士革。伊拉克幼发拉底河岸，远在公元前3500年就有花园。传说中的巴比伦“空中花园”，又称悬园。始建于公元前7世纪，据说采用立体造园手法，将花园放在四层平台之上，由沥青及砖块建成，平台由25米高的柱子支撑，并且有灌溉系统，奴隶不停地推动连系着齿轮的把手。园中种植各种花草树木，远看犹如花园悬在半空中。巴比伦“空中花园”为历史上第一名园，被列为世界七大奇迹之一，现已不存。巴比伦文献中，空中花园也是一个谜。

作为西方文化最早策源地的埃及，早在公元前3700年就有金字塔墓园。那时，尼罗河谷的园艺已很发达，原本有实用意义的树木园、葡萄园、蔬菜园，到公元前16世纪演变成埃及重臣们享乐的私家花园。比较有钱的人家，住宅内也均有私家花园，有些私家花园，有山有水，设计颇为精美。穷人家虽无花园，但也在住宅附近用花木点缀。

古波斯的造园活动是由猎兽的囿逐渐演进为游乐园的。波斯是世界上名花异草发育最早的地方，以后再传播到世界各地。公元前5世纪，波斯就有了把自然与人为相隔离的园林——天堂园，四面有墙，园内种植花木。在西亚这块干旱地区，水一向是庭园的生命。因此，在所有阿拉伯地区，对水的爱惜、敬仰到了神化的地步，它也被应用到造园中。公元8世纪，西亚被伊斯兰教徒征服后的阿拉伯帝国时代，他们继承波斯造园艺术，并使波斯庭园艺术又有新的发展，在平面布置上把园林建成“田”字，用纵横轴线分作四区，十字林荫路交叉处设置中心水池，把水当做园林的灵魂，使水在园林中尽量发挥作用。具体用法是点点滴滴，蓄聚盆池，再穿地道或明沟，延伸到每条植物根系。这种造园水法后来传到意大利，更演变到神奇鬼工的地步，每处庭园都有水法的充分表演，成为欧洲园林必不可少的点缀。

在世界三大园林体系中，中国园林历史最悠久，内涵最丰富，对欧洲园林艺术产生过深刻影响，被誉为“世界园林之母”。

第二节 欧美近现代建筑发展概况

近现代建筑是建筑发展过程中的一个新阶段。18世纪下半叶至今，在建筑规模上、数量上、类型上、技术上、速度上，都发生了任何历史时期不能比拟的空前变化。社会的发展、科学技术的进步，促进了近现代建筑的革命，越来越多的摩天大楼、数百米的大跨度建筑、各种新颖的建筑材料、新技术、新开发的建筑功能以及形形色色的建筑外观，不断地改变着人们对建筑的认识和印象。近现代建筑史的发展过程基本上与社会历史的发展过程一致。但是，由于建筑自身的发展特点，近现代建筑史大体上可以分为四个阶段：

第一个阶段是18世纪下半叶至19世纪下半叶。这个时期的特点是工业革命后大城市恶性膨胀，传统建筑显现了新的矛盾，于是出现了新旧建筑思潮的斗争，新的建筑技术与功能不断地促进建筑形式的变化。

第二个阶段是19世纪下半叶到20世纪初。这是欧美对新建筑的探求时期，也是向现代建筑过渡的时期，虽然欧美各国的探新活动是不成熟的，但毕竟为现代建筑的发展摸索了道路。

第三个阶段是在第一次和第二次世界大战之间。这是资本主义国家现代建筑的形成与发展时期，在建筑上已经有了系统的理论，在技术上也已经有了成熟的经验与手法，现代建筑的思潮已逐渐在世界范围内得到传播。

第四个阶段是在第二次世界大战之后。这个时期的特点是建筑与科学紧密结合，建筑技术的进展日新月异，西方建筑思潮“百花齐放”。在城市现代化发展过程中，城市规划与环境科学问题日益突出。

上述前两个阶段属于近代建筑史范畴，后两个阶段属于现代建筑史范畴。

一、18世纪～19世纪欧美建筑

（一）工业革命对城市与建筑的影响

工业革命的冲击，给城市与建筑带来了一系列新的问题，首当其冲的是大工业城市。由于生产集中而引起人口恶性膨胀，由于土地的私有制和房屋建筑的无政府状态，造成了城市的混乱。其次是住宅问题严重，虽然统治阶级在不断地大量建造房屋，但是其目的是政治上的和为了牟利。因此，广大城市居民面临着严重的房荒。第三是由于科学技术的进步，新的社会生活的需要，新建筑类型的出现等，对建筑形式提出了新要求，产生了新的矛盾。因此，在这个时期，建筑创作方面产生了两种不同的倾向，一种是反映当时社会上层阶级观点的复古思潮；另一种则是探求建筑中的新技术与新形式。

（二）建筑创作中的复古思潮

1. 古典复兴建筑

古典复兴是资本主义初期最先出现在文化上的一种思潮，在建筑史上是指18世纪60年代到19世纪末在欧美盛行的古典建筑形式。古典复兴建筑采用严谨的古希腊、古罗马形式的建筑，又称新古典主义建筑。

古典复兴思潮主要受到当时启蒙运动的影响。启蒙思想家共同的核心观点就是“人性论”，即“自由”、“平等”、“博爱”。由于对民主、共和的向往，唤起了人们对古希腊、古罗马的礼赞。在建筑方面，古罗马的广场、凯旋门和纪功柱等纪念性建筑成为效仿的榜样。当时的考古学取得了很多的成绩，古希腊、古罗马建筑艺术珍品大量出土，为古典复兴建筑的实现提供了良好的条件和社会基础。古典复兴思潮认为，巴洛克等建筑束缚了建筑的创造性，不适合新时代的艺术观，因此要求使用简洁明快的处理手段来代替那些陈旧的东西。他们在探求新建筑形式的过程中，希腊、罗马的古典建筑遗产成为当时的创作源泉。

早在路易十三和路易十四专制王权极盛时期，法国就开始推崇古典主义建筑风格，建造了很多古典主义风格的建筑。法国古典主义建筑的代表作是规模巨大、造型雄伟的宫廷建筑和纪念性的广场建筑群。随着古典主义建筑风格的流行，巴黎在1671年设立了建筑学院，学生多出身于贵族家庭，他们不满足工匠和工匠的技术，形成了崇尚古典形式的学院派。学院派建筑和教育体系一直延续到19世纪。学院派有关建筑师的职业技巧和建筑构图艺术等观念，统治西欧的建筑事业达 200 多年。

法国古典主义建筑的代表作品有巴黎卢浮宫的东立面、凡尔赛宫和巴黎伤兵院新教堂等。凡尔赛宫不仅创立了宫殿的新形制，而且在规划设计和造园艺术上都为当时欧洲各国所效仿。古典复兴建筑造型严谨，普遍应用古典柱式，内部装饰丰富多彩。采用古典复兴建筑风格的主要是国会、法院、银行、交易所、博物馆、剧院等公共建筑和一些纪念性建筑。这种建筑风格对一般住宅、教堂、学校等影响不大。

法国在 18 世纪末、19 世纪初是欧洲资产阶级革命的中心，也是古典复兴建筑活动的中心。法国大革命前已在巴黎兴建万神庙这样的古典建筑，拿破仑时代在巴黎兴建了许多纪念性建筑，其中雄师凯旋门、马德兰教堂等都是古罗马建筑式样的翻版。英国以复兴希腊建筑形式为主，典型实例为爱丁堡中学、伦敦的不列颠博物馆等。德国柏林的勃兰登堡门，申克尔设计的柏林宫廷剧院和阿尔塔斯博物馆均为复兴希腊建筑形式。

美国独立以前，建筑造型多采用欧洲式样，称为“殖民时期风格”。独立以后，美国资产阶级在摆脱殖民统治的同时，力图摆脱建筑上的“殖民时期风格”，借助于希腊、罗马的古典建筑来表现民主、自由、光荣和独立，因而古典复兴建筑在美国盛极一时。华盛顿的美国国会大厦就是一个典型例子，它仿照巴黎万神庙，极力表现雄伟，强调纪念性。希腊建筑形式在美国的纪念性建筑和公共建筑中也比较流行，华盛顿的林肯纪念堂即为一例。

2. 浪漫主义建筑

浪漫主义建筑是 18 世纪下半叶到 19 世纪下半叶，欧美一些国家在文学艺术中的浪漫主义思潮影响下流行的一种建筑风格。浪漫主义在艺术上强调个性，提倡自然主义，主张用中世纪的艺术风格与学院派的古典主义艺术相抗衡。这种思潮在建筑上表现为追求超尘脱俗的趣味和异国情调。

18 世纪 60 年代至 19 世纪 30 年代，是浪漫主义建筑发展的第一阶段，又称先浪漫主义，出现了中世纪城堡式的府邸，甚至东方式的建筑小品。19 世纪 30～70 年代是浪漫主义建筑的第二阶段，它已发展成为一种建筑创作潮流。由于追求中世纪的哥特式建筑风格，又称为哥特复兴建筑。英国是浪漫主义的发源地，最著名的建筑作品是英国议会大厦、伦敦的圣吉尔斯教堂和曼彻斯特市政厅等。浪漫主义建筑主要限于教堂、大学、市政厅等中世纪就有的建筑类型，它在各个国家的发展不尽相同。大体说来，在英国、德国流行较早较广，而在法国、意大利则不太流行。美国步欧洲建筑的后尘，浪漫主义建筑一度流行，尤其是在大学和教堂等建筑中。耶鲁大学的老校舍就带有欧洲中世纪城堡式的哥特建筑风格，它的法学院和校图书馆则是典型的哥特复兴建筑。

浪漫主义经典之作——德国新天鹅堡（图 1-5），始建于 1869 年，位于拜恩州南部小城菲森（Fuessen）近郊群峰中的一个小山峰上，花费了 17 年时间建造而成的。城堡中洋溢着中世纪的气息，从不同的角度观看，城堡可以展现出变化无穷的面容。

图 1-5　德国新天鹅堡

3. 折中主义建筑

折中主义建筑是 19 世纪上半叶至 20 世纪初在欧美一些国家流行的一种建筑风格。折中主义建筑师任意模仿历史上各种建筑风格，或自由组合各种建筑形式。他们不讲求固定的法式，只讲求比例均衡，注重纯形式美。

随着社会的发展，需要有丰富多样的建筑来满足各种不同的需求。在 19 世纪，交通的便利，考古学的进展，出版事业的发达，加上摄影技术的发明，都有助于人们认识和掌握以往各个时代和各个地区的建筑遗产。于是出现了希腊、罗马、拜占庭、中世纪、文艺复兴和东方情调的建筑在许多城市中纷然杂陈的局面。折中主义建筑在 19 世纪中叶以法国最为典型，巴黎高等艺术学院是当时传播折中主义艺术和建筑的中心。在 19 世纪末和 20 世纪初期，则以美国最为突出。总的来说，折中主义建筑思潮依然是保守的，没有按照当时不断出现的新建筑材料和新建筑技术去创造与之相适应的新建筑形式。

下面介绍 4 个折中主义建筑的代表。

巴黎歌剧院：这是法兰西第二帝国的重要纪念物，剧院立面仿意大利晚期巴洛克建筑风格，并掺进了繁琐的雕饰，它对欧洲各国建筑有很大影响。

罗马的伊曼纽尔二世纪念建筑：是为纪念意大利重新统一而建造的，它采用了罗马的科林斯柱廊和希腊古典晚期的祭坛形制。

巴黎的圣心教堂：通体呈白色，其风格奇特，既像罗马式，又像拜占庭式，兼取罗曼建筑的表现手法。

芝加哥的哥伦比亚博览会：整座建筑是模仿意大利文艺复兴时期威尼斯建筑的风格。

（三）建筑的新材料、新技术与新类型

由于工业大生产的发展，促使建筑科学有了很大的进步，新型建筑材料、新的建筑结构、新设备、新技术及施工方法的出现，为近代建筑的发展开辟了广阔的前景。新技术的应用，突破了建筑高度与跨度的局限，建筑在平面与空间的设计上有了更大的自由度，并因此导致建筑形式的变化。这其中尤以钢铁、混凝土和玻璃在建筑上的广泛应用最为突出。

1. 初期的生铁结构

以金属作为建筑材料，早在古代建筑中就已开始，而大量的应用，特别是以钢铁作为建筑结构的主要材料则始于近代。随着铸铁业的兴起，1775～1779 年第一座生铁桥在英国塞文河上建造起来，1793～1796 年在伦敦又出现了更新式的单跨拱桥——桑德兰桥，全长达 236 英尺（72 米）。在房屋建筑上，铁最初应用于屋顶，如 1786 年巴黎法兰西剧院建造的铁结构屋顶，以及 1801 年英国曼彻斯特建造的萨尔福特棉纺厂的 7 层生产车间，这里铁结构首次采用了工字形的断面。另外，为了采光的需要，铁和玻璃两种建筑材料配合应用，在 19 世纪建筑中取得了巨大

成就。

2. 钢铁框架结构

框架结构最初在美国得到发展，其主要特点是以生铁框架代替承重墙，外墙不再担负承重的使命，从而使外墙立面得到了解放。1858～1868年建造的巴黎圣日内维夫图书馆，是初期生铁框架形式的代表。此外还有英国利兹货币交易所、伦敦老火车站、米兰埃曼尔美术馆、利物浦议院、伦敦老天鹅院及耶鲁大学法尔南厅等。美国1850～1880年间“生铁时代”建造的大量商店、仓库和政府大厦，多应用生铁构件门面或框架。如圣路易斯市的河岸上就聚集有500座以上这种生铁结构的建筑，在立面上以生铁梁柱纤细的比例代替了古典建筑沉重稳定的印象，但还未完全摆脱古典形式的羁绊。

在新结构技术的条件下，建筑在层数和高度上都出现了巨大的突破，第一座依照现代钢框架结构原理建造起来的高层建筑是芝加哥家庭保险公司大厦，共10层，它的外形仍然保持着古典的比例。

3. 新材料、新技术在标志性建筑中的使用

(1) 伦敦水晶宫

“水晶宫”位于伦敦海德公园内，是英国工业革命时期的代表性建筑。建筑面积约7.4万平方米，宽408英尺（约124.4米），长1851英尺（约564米），共5跨，高3层。由英国园艺师杰·帕克斯顿按照当时建造的植物园温室和铁路站棚的方式设计，大部分为铁结构，外墙和屋面均为玻璃，整个建筑通体透明，宽敞明亮，故被誉为“水晶宫”。“水晶宫”共用去铁柱3300根，铁梁2300根，玻璃9.3万平方米，从1850年8月到1851年5月，总共施工不到9个月时间。1852～1854年，水晶宫被移至肯特郡的塞登哈姆，重新组装时，将中央通廊部分原来的阶梯形改为筒形拱顶，与原来纵向拱顶一起组成了交叉拱顶的外形。1936年，整个建筑毁于火灾。

“水晶宫”虽然功能简单，但在建筑史上具有划时代的意义。第一，它所负担的功能是全新的。要求巨大的内部空间，最少的阻隔。第二，它要求快速建造，工期不到一年。第三，建筑造价大为节省。第四，在新材料和新技术的运用上达到了一个新高度。第五，实现了形式与结构、形式与功能的统一。第六，摈弃了古典主义的装饰风格，向人们展示了一种新的建筑美学质量，其特点就是轻、光、透、薄，开辟了建筑形式的新纪元。

(2) 巴黎埃菲尔铁塔

位于法国巴黎市中心塞纳河左岸的战神校场上，是1884年法国政府为庆祝1789年法国资产阶级大革命一百周年，举办世界博览会而建立起来的永久性纪念物。铁塔占地12.5公顷，高320.7米，重约7000吨，由18038个优质钢铁部件和250万个铆钉铆接而成。底部有4个腿向外撑开，在地面上形成边长为100米的正方形，塔腿分别由石砌礅座支承，地下有混凝土基础。在塔身距地面57米、115和276米处分别设有平台，距地300米处的第4座平台为气象站。自底部至塔顶的步梯共1711级踏步，另有4部升降机（以蒸汽为动力，后改为可容50～100人的宽大电梯）通向各层平台。1959年顶部增设广播天线，塔增高到320米。埃菲尔

铁塔于1887年11月26日动工，1889年3月31日竣工，历时21个月。

1889年以前，人类所造的建筑物的高度从来没有达到200米，埃菲尔铁塔把人工建造物的高度一举推进到300米，是近代建筑工程史上的一项重大成就。

二、19世纪～20世纪新建筑

(一) 欧洲探求新建筑运动

19世纪～20世纪转折前后，西欧大部分地区先后发生产业革命，出现工业化的经济技术基础，随之渐次出现社会文化方面的大变动。进入20世纪，一种新的属于20世纪特有的现代文明渐渐成形，建筑文化全面变革的内部和外部条件陆续成熟。在西欧发达地区，不只是建筑的经济和技术因素要求变革，社会对建筑的新精神和审美要求也推动建筑师在创作中进行创新试验。这一时期在西欧的一些大城市，如伦敦、布鲁塞尔、阿姆斯特丹、巴黎、维也纳、柏林以及米兰、巴塞罗那等地，建筑师中涌现了各种各样在理论和实践中进行创新探索的个人或群体。他们的努力和影响超越了城市和国界，相互启发和促进，20世纪初便在西欧地区形成彼此呼应的创新潮流。

从19世纪末到第一次世界大战爆发前，新派建筑师向原有的传统建筑观念发起冲击，为后一阶段的建筑变革打下了广泛的基础。这一时期是19世纪建筑到20世纪建筑的蜕变转换时期。这些建筑师的思想和业绩，对后来的反映20世纪特点而与历史上一切建筑相区别的建筑有积极的作用，这一时期被后人称作“新建筑运动”。

1. 探求新建筑的先驱者

欧洲探求新建筑运动，最早可以追溯到19世纪20年代。德国著名建筑师申克尔原来热衷于希腊复兴式建筑，后来由于资本主义大工业急剧发展，辛克尔开始寻求新建筑萌芽。他多次出国考察，先后到过英国、法国、意大利，做了许多新的摸索及设计。德国建筑师散帕尔，原来致力于古典建筑的设计，后来受到折中主义建筑思潮的影响。他也曾经去过法国、希腊、意大利、瑞士、奥地利等国。后到伦敦，受到时代的影响，思想比较激进，试图使建筑符合时代精神。法国杰出的建筑师拉布鲁斯特，敢于大胆地使用新建筑材料和建筑结构，净化建筑造型，为后来创造新建筑起到了示范作用。

欧洲真正在创新运动中有较大影响的，是工艺美术运动、新艺术运动、维也纳学派与分离派、德意志制造联盟等。

2. 工艺美术运动

19世纪末，在英国著名的社会活动家拉斯金·莫里斯的“美术家与工匠结合才能设计制造出有美学质量的为群众享用的工艺品”的主张影响下，英国出现了许多类似的工艺品生产机构。1888年英国一批艺术家与技师组成了“英国工艺美术展览协会”，定期举办国际性展览会，并出版了《艺术工作室》杂志。拉斯金·莫里斯的工艺美术思想广泛传播并影响欧美各国。这就是英国工艺美术运动。但是，由于工业革命初期人们对工业化的认识不足，加上当时英国盛行浪漫主义的文化思潮，英国工艺美术的代表人物始终站在工业生产的对立面。进入20世纪，英国工艺美术转向形式主义的美术装潢，追求表面效果，结果使英国的设计革命未能顺利发展，反而落后于其他工业革命稍迟的国家。而欧美一些国家从英国工艺美术运动得到启示，又从其缺失之处得到教训，因而设计思想的发展演变快于英国。

工艺美术运动的代表性建筑有：魏布设计的莫里斯红屋和美国甘布尔兄弟设计的甘布尔住宅。

3. 新艺术运动

受英国工艺美术运动的启示，19 世纪最后 10 年和 20 世纪前 10 年，欧洲大陆出现了名为“新艺术派”的实用美术方面的新潮流。新艺术运动的最初中心在比利时首都布鲁塞尔，随后向法国、奥地利、德国、荷兰以及意大利等地区扩展。“新艺术派”的思想主要表现在，用新的装饰纹样取代旧的程式化的图案，受英国工艺美术运动的影响，主要从植物形象中提取造型素材。在家具、灯具、广告画、壁纸和室内装饰中，大量采用自由连续弯绕的曲线和曲面，形成自己特有的富于动感的造型风格。“新艺术派”在建筑方面的表现，是在朴素地运用新材料新结构的同时，处处浸透着艺术的考虑。建筑内外的金属构件有许多曲线，或繁或简，冷硬的金属材料看起来柔化了，结构显出韵律感。“新艺术派”建筑是努力使工业艺术与艺术在房屋建筑上融合起来的一次尝试。

“新艺术派”代表建筑有高迪设计的米拉公寓、巴特罗公寓和霍尔塔设计的布鲁塞尔让松街 6 号住宅、索尔威旅馆等。

4. 维也纳分离派

维也纳分离派是新艺术运动在奥地利的产物。由奥地利建筑师瓦格纳的学生奥别列兹、霍夫曼与画家克里木特等一批 30 岁左右的艺术家，组成名为“分离派”的团体，意思是要与传统的和正统的艺术分手。这个流派的主要观点是：新建筑要来自生活，表现当代生活，没有用的东西不可能美，主张坦率地运用工业提供的建筑材料，推崇整洁的墙面、水平线条和平屋顶。认为从时代的功能与结构形象中产生的净化风格具有强大的表现力。这种观念和作品影响了一批年轻的建筑师，他们的作品不但各自具有鲜明的独创性和很强的感染力，甚至初具 20 世纪初期现代主义的“方盒子”建筑雏形。

维也纳分离派的主要作品有：维也纳邮政储蓄银行、维也纳玛约利卡住宅、维也纳分离派展览馆、维也纳美国酒吧间、维也纳米歇尔广场等。

（二）美国高层建筑的发展与芝加哥学派

19 世纪前，芝加哥是美国中西部的一个小镇，1837 年仅有 4000 人。由于美国的西部开拓，这个位于东部和西部交通要道的小镇在 19 世纪后期急速发展起来，到 1890 年人口已增至 100 万。经济的兴旺发达、人口的快速膨胀刺激了建筑业的发展。1871 年 10 月 8 日发生在芝加哥市中心的一场大火灾毁掉全市 1/3 建筑，更加剧了其新建房屋的需求。在当时的这种形势下，芝加哥出现了一个主要从事高层商业建筑的建筑师和建筑工程师的群体，后来被称作“芝加哥学派”。这个建筑师与工程师群体使用铁的全框架结构，使楼房层数超过 10 层甚至更高。由于争速度、重时效、尽量扩大利润是当时压倒一切的宗旨，传统的学院派建筑观念被暂时搁置和淡化了。这使得楼房的立面大为净化和简化。为了增加室内的光线和通风，出现了宽度大于高度的横向窗子，被称为“芝加哥窗”。高层、铁框架、横向大窗、简单的立面成为“芝加哥学派”的建筑特点。

“芝加哥学派”的建筑师和工程师们积极采用新材料、新结构、新技术，认真解决新高层商业建筑的功能需要，创造了具有新风格新样式的新建筑。但是，由于当时大多数美国人认为它们缺少历史传统，也就是缺少文化，没有深度，没有分量，不登大雅之堂，只是在特殊地点和时间为解燃眉之急的权宜之计。使这个学派只存于芝加哥一地，十余年间便烟消云散了。“芝加哥学派”中最著名的建筑师是路易·沙利文。“芝加哥学派”的昙花一现和沙利文的潦倒而卒表明，直到19世纪末和20世纪初，传统的建筑观念和潮流在美国仍然相当强大，不易改变。

（三）钢筋混凝土的应用

混凝土材料的使用已有悠久的历史。古罗马人很早就懂得把石头、砂子和一种在维苏威火山地区发现的粉尘物与水混合制成混凝土。这种历史上最古老的混凝土，使古罗马人建造了像万神庙穹顶这样的建筑奇迹。当然，因这种古老的“混凝土”在强度上的局限性（抗拉能力很低），以及加工的复杂性使其没能得以普及。另外，这种无定形的材料也因为与古罗马建筑的审美理想不相称，所以其后多被用在公共温泉浴室这样的世俗建筑中，其他建筑大量采用的建材仍然是石材。在文艺复兴时期，维特鲁威的《建筑十书》中曾提到这种材料的用法。现代意义上的混凝土直到19世纪才出现，它是由骨料（砂、石）和水泥、水混合而成。

1824年，英国人发明了波特兰水泥，大大增强了这种材料的强度。1845年以来混凝土已可以投入工业化生产。1848年法国人又发明了钢筋混凝土，增强了混凝土材料的抗拉性能，开辟了混凝土材料更广泛的应用领域。1894年建成了世界上第一座钢筋混凝土教堂（St. JeandeMontmarte）。混凝土材料虽然在两千多年以前开始使用，但钢筋混凝土材料的应用才一百多年。到20世纪20年代，柯布西耶倡导“粗野”主义，房屋外墙抹灰也显得多余，暴露墙体结构，拆了模板不抹灰的混凝土建筑开始抛头露面，被称为素混凝土或清水混凝土建筑。它是混凝土建筑中最引人注目的，在20世纪50年代曾风靡一时。混凝土这种古老的建筑材料与现代建筑形影相伴，在二战后住房危机及战后重建中，混凝土更是扮演了“救世主”的角色。

然而在20世纪60～80年代，混凝土建筑陷入了危机。席德勒（W. J. Siedler）写了一本书——《被谋杀的城市》，指责当时以混凝土建造的新城消失个性，没有魅力和尊严，没有归宿感。迪伦马特（F. Durrenmatt）也写了一本书——《混凝土化的景观》，其中列举了混凝土的城市和混凝土的建筑之种种弊端，世界被可怕的混凝土所笼罩。斯托尔茨（J. Stolz）在《健康的基石》一书中指出“木材富有生气，它能够呼吸。而混凝土不过是一种死气沉沉的材料而已”。类似的书籍和观点很多，都认为混凝土是一种非人性的材料，它的灰色甚至令人联想到死亡。1973年石油危机后，人们对混凝土材料建成的环境更加不满，并从环境与生态角度出发，提倡以木构建筑、覆土建筑、生土建筑等来代替混凝土建筑。

长期以来，混凝土被推上了历史的审判台，它几乎成为“丑陋”或“非人道”的代名词。科学家发现混凝土是一种有放射性的材料，专家认为混凝土对环境有害，医生认为混凝土是一种致癌物质等，再加上有些建筑师以“人道的建筑观”来反对混凝土建筑，使混凝土材料甚至也染上了“混凝土法西斯”的恶名。1980 年柏林会议中心部分屋顶倒塌，更使得人们对混凝土的厌恶达到了顶峰。

德国著名建筑师沙特纳在一次演讲中说：“无论如何，材料本身是无罪的”。关键是要看我们怎样对待它。建筑物的品质很少与选择某种材料有关，而是要看人怎样运用这种材料。在 19 世纪晚期，早期现代派建筑师的宗旨是“符合材料的建造”。他们确信，建筑与其使用功能以及适当的结构和材料紧密相关，并注重发挥材料的自然特性。一天换一种材料进行建造的建筑师，就像一天用一种建筑语言来进行建筑创作的人一样，不太可能是一个成功的建筑师。

（四）德意志制造联盟

19 世纪下半叶至 20 世纪初，欧洲各国都兴起了形形色色的设计改革运动，努力探索在新的历史条件下设计发展的新方向。但是，工业设计真正在理论和实践上的突破来自于 1907 年成立的“德意志制造联盟”。该联盟是一个积极推进工业设计的舆论集团，由一群热心设计教育与宣传的艺术家、建筑师、设计师、企业家和政治家组成。制造联盟的成立宣言表明了这个组织的目标：“通过艺术、工业与手工艺的合作，用教育、宣传及对有关问题采取联合行动的方式来提高工业劳动的地位”。联盟表明了对于工业的肯定和支持态度。制造联盟每年在德国不同的城市举行会议，并在全国各地成立了地方组织。

在联盟的设计师中，最著名的是贝伦斯（Peter Behrens，1869～1940）。1907 年贝伦斯受聘担任德国通用电气公司（AEG）的艺术顾问，开始了他作为工业设计师的职业生涯。由于 AEG 是一个实行集中管理的大公司，使贝伦斯能对整个公司的设计发挥巨大作用。他全面负责公司的建筑设计、视觉传达设计以及产品设计，从而使这家庞杂的大公司树立起了一个统一完整的鲜明企业形象，并开创了现代公司识别计划的先河。贝伦斯还是一位杰出的设计教育家，他的学生包括格罗皮乌斯（Walter Gropius，1883～1969）、密斯（Mies van der Rohe，Ludwig，1886～1969）和柯布西耶（Le Corbusier，1887～1965）三人，他们后来都成了 20 世纪最伟大的现代建筑师和设计师。1909 年贝伦斯设计了 AEG 的透平机制造车间与机械车间，被称为第一座真正的现代建筑。

三、现代建筑流派及代表人物

（一）建筑技术的发展

第一次世界大战后，建筑科学技术有了很大的发展，19 世纪以来出现的新材料新技术得到了完善并推广应用。如高层钢结构技术的改进和推广、钢筋混凝土结构的应用与普及、大跨度建筑中壳体结构的出现等。许多新的建筑材料被研发使用，如玻璃、铝材、胶合板及一些吸声材料等。建筑施工技术也相应提高，纽约帝国州大厦就是那个时期的代表作。

纽约帝国大厦（又译帝国州大厦）被称为高楼史上的一个里程碑，是摩天楼的代表之一，20 世纪 30～70 年代间世界上最高的建筑。帝国大厦坐落在纽约市曼哈顿原繁华的第五大道上，面积长 130 米，宽 60 米，大厦下部 5 层占满整个地段。从第六层开始收退，平面减为长 70 米，宽 50 米。第三十层以上再收缩，到第八十五层面积缩小为 40 米×24 米。在第八十五层之上，建有一个直径 10 米、高 61 米的圆塔。塔本身相当于 17 层，因此帝国大厦有 102 层。原本没有这个圆塔，后为了让当时往来欧洲与美国之间的飞艇停泊，于大楼顶上加了这个用来系泊飞艇的塔。原来设想飞艇到了纽约上空，便停驻在帝国大厦的尖顶上，乘客经过这个塔和大楼，下到地面。可是，德国的齐柏林号洲际飞艇爆炸失事，这种交通工具停用。因此，帝国大厦的塔顶从未停泊过飞艇。但这个小塔给大厦增加了高度，使帝国大厦最高点距地面为 381 米。至此，地球上的建筑物的高度第一次超过巴黎埃菲尔铁塔。

从技术上看，帝国大厦是一座很了不起的建筑。它的总体积为 96.4 万立方米，有效使用面积为 16 万平方米。建筑物的总重量达 30.3 万吨。房屋结构用钢材 5.8 万吨。由于这个巨大的重量，大厦建成以后，楼房本身被压缩了 15～18 厘米。大厦内装有 67 部电梯，其中 10 部直通第 80 层。如果徒步爬楼，从第 1 层到第 102 层，要走 1860 级踏步。大厦内有当时最完备的设施。楼内的自来水管长达 9.6 万余米，当初安装的电话线长 56.3 万多米。大楼的暖气管道极长，供暖时管道自身因热膨胀伸长 35 厘米。人们曾经担心这个空前大的楼房自重会引起地层变动，这种情况没有发生，因为从地基挖出的泥石比大楼还重。人们又担心大厦在大风时摆动过大，到 1966 年为止的记录，帝国大厦顶端最大的摆动为 7.6 厘米。人在楼内是安全的，没有什么感觉。

1945 年，即第二次世界大战结束的那一年，一架 B-25 重型轰炸机，在大雾中撞到帝国大厦的第 78 与第 79 层。飞机毁掉了，撞死楼内 11 人，伤 27 人，大楼的一道边梁和部分楼板受到破坏，有一部行驶中的电梯被震落下去。但是此次撞击对大楼没有造成什么大的影响。专家认为大楼即使再增高一倍，它的现有结构也支持得住。

（二）战后建筑流派

1. 格罗皮乌斯与“包豪斯”学派

沃尔特·格罗皮乌斯（Walter Gropius，1883～1969），德国著名建筑设计大师。他令 20 世纪的建筑设计挣脱了 19 世纪各种主义和流派的束缚，开始遵从科学的进步与民众的要求，并实现了大规模的工业化生产。

第一次世界大战结束后，在德国中部的小城魏玛，一位名叫沃尔特·格罗皮乌斯的设计师与所有沮丧的德国人不同，他以极大的热情致信政府，畅谈战后德国重建最需要的是建筑设计人才。他说，欧洲工业革命的完成使工业化生产必将进入未来的建筑领域，而目前欧洲建筑的古典主义理念和风格会阻碍建筑产业的现代化。所以，虽然现在国家百废待兴，但成立一所致力于现代建筑设计的学校是当务之急。

1925 年，格罗皮乌斯在德国魏玛设立的“公立包豪斯学校”迁往德绍，4 月 1 日在德国德绍正式开学。包豪斯是德语 Bauhaus 的译音，由德语 Hausbau（房屋建筑）一词倒置而成。以包豪斯为基地，20 世纪 20 年代形成了现代建筑中的一个重要派别——现代主义建筑。包豪斯是主张适应现代大工业生产和生活需要，以讲求建筑功能、技术和经济效益为特征的学派。此前的欧洲，建筑结构与造型复杂而华丽，尖塔、廊柱、窗洞、拱顶，无论是哥特式的式样还是维多利亚的风格，强调艺术感染力的理念使其深刻体现着宗教神话对世俗生活的影响，这样的建筑是无法适应工业化大批量生产的。格罗皮乌斯针对此提出了他崭新的设计要求：既是艺术的又是科学的，既是设计的又是实用的，同时还能够在工厂的流水线上大批量生产制造。

与传统学校不同，在格罗皮乌斯的学校里，学生们不但要学习设计、造型、材料，还要学习绘图、构图、制作。于是，国立建筑工艺学校拥有着一系列的生产车间：木工车间、砖石车间、钢材车间、陶瓷车间等。学校里没有"老师"和"学生"的称谓，师生彼此称之为"师傅"和"徒弟"。格罗皮乌斯引导学生如何认识周围的一切，颜色、形状、大小、纹理、质量；他教导学生如何既能符合实用的标准，又能独特地表达设计者的思想；他还告诉学生如何在一定的形状和轮廓里，使一座房屋或一件器具的功用得到最大的发挥。格罗皮乌斯的教学为国立建筑工艺学校带来了以几何线条为基本造型的全新设计风格。该校设计的工厂不再有任何装饰，厂房为四方形，平平的房顶、楼身除支柱外全部用金属板搭构，外镶大块的玻璃，简洁而敞亮，完全适于生产的需要。国立建筑工艺学校设计的椅子没有任何装潢雕饰，四方的坐椅靠背仅由几条曲线状的木条或钢条支撑，它在生产流水线上一天就能产出上百把……至此，小到水壶大到楼房，格罗皮乌斯让他的学生学会了用最简单的方形、长方形、正方形、圆形赢得设计样式和风格的现代感，1932年，国立建筑工艺学校举办了首届展览会，设计展品从汽车到台灯，从烟灰缸到办公楼。展览会最热情的观众是遍布欧洲的各大厂商，实业家们已经预感到，这种仅以材料本身的质感为装饰、强调直截了当的使用功能的设计，将给他们带来巨大的利益。因为一旦这样的设计被实施生产，成本降低了而成效却会百倍地提高。格罗皮乌斯的国立建筑工艺学校从此名扬欧洲，它被那些以极大的热情关注着20世纪现代建筑设计理念的人称之为"包豪斯"。包豪斯的开拓与创新引起了保守势力的敌视，1932年，纳粹党强行关闭了包豪斯。当时的校长带领学生们流亡至柏林，学校勉强维持至1933年，直到有一天校舍被纳粹军队占领。虽然包豪斯在世界上仅存在了15年，但是它简洁实用的设计理念已经产生了广泛而深远的影响。因为这种理念来源于对科学进步与民众需要的尊重，并能充分体现20世纪人类日新月异的生活面貌。

1931年落成的纽约帝国大厦仅用四方的金属框架结构便支撑起一座102层的摩天大楼，它的出现既得益于建筑设计观念挣脱了古典装饰的羁绊，又得益于新的建筑材料被科学地运用。1958年，纽约西格拉姆大厦落成，它是包豪斯那位带领学生流亡的校长密斯设计的。密斯发扬了包豪斯的精神，让简单的四方形成为立体后拔地而起，直向云端。从此，现代城市出现了高楼林立的景象，这种景象接着又成为了一座城市国际化的标志。

2. 柯布西耶和他的"新建筑五点"

勒·柯布西耶（Le Corbusier，1887～1965），瑞士画家、建筑师、城市规划家和作家，20世纪最著名的建筑大师。他丰富多变的作品和充满激情的建筑哲学，深刻地影响了20世纪的城市面貌和当代人的生活方式。从早年的白色系列的别墅建筑、马赛公寓到朗香教堂，从巴黎改建规划到昌迪加尔新城，从《走向新建筑》到《模度》，他不断变化的建筑与城市思想，始终将他的追随者远远地抛在身后。

柯布西耶出生于瑞士西北靠近法国边界的小镇，父母从事钟表制造，少年时曾在故乡的钟表技术学校学习，对美术感兴趣。1907 年先后到布达佩斯和巴黎学习建筑，在巴黎到以运用钢筋混凝土著名的建筑师奥古斯特·瑞处学习。后来又到德国贝伦斯事务所工作，彼得·贝伦斯事务所以尝试用新的建筑处理手法设计新颖的工业建筑而闻名。他遇到了同时在那工作的格罗皮乌斯和密斯·凡德罗，他们互相之间都有影响，一起开创了现代建筑的思潮。他又到希腊和土耳其周游，参观探访古代建筑和民间建筑。柯布西耶于 1917 年定居巴黎，同时从事绘画和雕刻，与新派立体主义的画家和诗人合编杂志《新精神》，按自己外祖父的姓取笔名为勒·柯布西耶。他把其中发表的一些关于建筑的文章整理汇集出版单行本书《走向新建筑》，激烈否定 19 世纪以来的因循守旧的建筑观点、复古主义的建筑风格，歌颂现代工业的成就及以工业的方法大规模地建造房屋。认为建筑的首要任务是促进降低造价，减少房屋的组成构件。对建筑设计强调“原始的形体是美的形体”，赞美简单的几何形体。

1926 年，柯布西耶就自己的住宅设计提出著名的“新建筑五点”，即：底层架空，屋顶花园，自由平面，横向长窗和自由立面。柯布西耶主要作品有：巴黎郊区萨伏伊别墅、巴黎瑞士学生宿舍、马赛公寓大楼、朗香圣母院教堂、印度昌迪加尔法院等。按照“新建筑五点”要求设计的住宅，都具有由于采用框架结构，墙体不再承重的建筑特点。柯布西耶充分发挥这些特点，在 20 年代设计了一些同传统的建筑完全异趣的住宅建筑，萨伏伊别墅是一个著名的代表作品。柯布西耶的建筑设计充分发挥了框架结构的特点，由于墙体不再承重，可以设计大的横向长窗。他的有些设计当时不被人们接受，许多设计被否决，但这些结构和设计形式在以后被其他建筑师推广应用，如逐层退后的公寓，悬索结构的展览馆等。他在建筑设计的许多方面都是一位先行者，对现代建筑设计产生了非常广泛的影响。

第二次世界大战期间，他避居乡间，后来又到印度和非洲工作。战后他的建筑设计风格明显起了变化，从注重功能转向注重形式；从重视现代工业技术转向重视民间建筑经验；从追求平整光洁转向追求粗糙苍老的、有时是原始的趣味。因此他在战后的新建筑流派中仍然处于领先地位。他的设计理念直到去世都对世界各国的建筑师有很大的启发作用。他的设计经常引起很大的争议，如朗香圣母院教堂的怪异外观，令守旧派异常愤怒，但被革新派奉为经典。他为日内瓦国际联盟总部设计的方案引起评审团长时间的争论，最后由政治家裁决否定。他的马赛公寓被法国风景保护协会提出控告，但后来又成为当地的名胜。他为阿尔及尔市做的规划和建筑设计被市政当局否决，但后来其中的逐层后退设计方法却被许多非洲和中东的沿海国家采纳。

柯布西耶还对城市规划提出许多设想，他一反当时反对大城市的思潮，主张全新的城市规划。认为在现代技术条件下，完全可以既保持人口的高密度，又形成安静卫生的城市环境，首先提出高层建筑和立体交叉的设想，是极有远见卓识的。他在 20 世纪 20～30 年代始终站在建筑发展潮流的前列，对建筑设计和城市规划的现代化起了推动作用。

3. 玻璃幕墙之父密斯·凡德罗

密斯·凡德罗（Ludwig Mies van der Rohe，1886～1969），是20世纪中期世界上最著名的四位现代建筑大师之一。密斯坚持“少就是多”的建筑设计哲学，在处理手法上主张流动空间的新概念。他的设计作品中各个细部精简到不可精简的绝对境界，不少作品结构几乎完全暴露，但是它们高贵、雅致，已使结构本身升华为建筑艺术。

玻璃幕墙的缔造者密斯·凡德罗出生于德国，德意志民族典型的理性严谨使他很容易从20世纪初众多的建筑大师中凸显出来。正如其大多数的玻璃与钢结构作品一样，透过表象，我们可以很轻易地看到这位现代建筑大师留给20世纪的伟大财富。

崇高建筑论：如果我们承认建筑的最高形态是人类精神活动的到达，那么他就更加接近纯艺术，因为纯艺术是表现那种不可视的事物，即通过造型——具象或者抽象，给人一种暗示，建筑中这种暗示所呈现的神秘性，正是它和伟大的艺术品所具有的同一特征。

20世纪只有很少的建筑师达到这种最高的境界——崇高，现代建筑的先驱密斯·凡德罗就是极少中的一位。密斯是一位神秘主义建筑师，他的建筑遗产被许多迷所包围，他设计的代表作品——柏林新国家美术馆，被称为“钢与玻璃的雕塑”（图1-6）；范斯沃斯住宅被称为架空的四面透明的玻璃盒子；巴塞罗那展览馆则是密斯·凡德罗流动空间概念代表作之一。

图1-6　柏林新国家美术馆

第二次世界大战后的50年代，讲究技术精美的倾向在西方建筑界占有主导地位。而人们又把密斯追求纯净、透明和施工精确的钢铁玻璃盒子作为这种倾向的代表，西格拉姆大厦正是这种倾向的典范作品。纽约西格拉姆大厦建于1954～1958年，大厦共40层，高158米，设计人为著名建筑师密斯·凡德罗和菲利普·约翰逊。大厦主体为竖立的长方体，除底层外，大楼的幕墙墙面直上直下，整齐单一，没有变化。窗框用铜材制成，墙面上还凸出一条工字形断面的铜条，增加墙面的凹凸感和垂直向上的气势。整个建筑的细部处理都经过慎重的推敲，简洁细致，突出材质和工艺的审美品质。西格拉姆大厦实现了密斯本人在20年代初的摩天楼构想，被认为是现代建筑的经典作品之一。

4. 赖特及其有机建筑论

赖特（Frank Lioyd Wrignt，1869～1959）是美国的一位著名建筑师，在世界上享有盛誉。他设计的许多建筑受到普遍的赞扬，是现代建筑中极具价值的瑰宝。赖特对现代建筑有很大的影响，但他的建筑思想和欧洲新建筑运动的代表人物有明显的差别，他走的是一条独特的道路。

赖特于1869年出生在美国威斯康星州，原来在大学中学习土木工程，后来转而从事建筑设计。赖特从19世纪80年代后期就开始在芝加哥从事建筑活动，曾经在当时芝加哥学派建筑师沙利文等人的建筑事务所工作过。赖特开始工作的时候，正是美国工业蓬勃发展，城市人口急速增加的时期。19世纪末的芝加哥也是现代摩天楼诞生之处。但是赖特对现代大城市持批判态度，对于建筑工业化不感兴趣，他很少设计大城市里的摩天楼。赖特一生中设计最多的建筑类型是别墅和小住宅。从19世纪末到20世纪最初的十年中，他在美国中西部的威斯康星州、伊利诺伊州和密歇根州等地设计了许多小住宅和别墅。这些住宅大都属于中产阶级，坐落在郊外，用地宽阔，环境优美。材料是传统的砖、木和石头，有出檐很大的坡屋顶。在这类建筑设计中，赖特逐渐形成了一些特色的建筑处理手法。赖特这个时期设计的住宅既有美国民间建筑的传统，又突破了其封闭性。它适合于美国中西部草原地带的气候和地广人稀的特点，赖特这一时期设计的住宅建筑被称为“草原住宅”，虽然他们并不一定建造在大草原上。

赖特的青年时代在19世纪度过，赖特的祖父和父辈在威斯康星州的山谷中耕耘土地，他在农庄长大，对农村和大自然有深厚的感情。在建筑艺术范围内，赖特有其独特之处，他比别人更早地改进了盒子式建筑造型单调的缺陷。他的建筑空间灵活多样，既有内外空间的交融流通，同时又具备安静隐蔽的特色。他既运用新材料和新结构，又始终重视和发挥传统建筑材料的优点，并善于把两者结合起来。同自然环境的紧密配合则是他建筑作品的最大特色。赖特的建筑使人觉着亲切而有深度，不像勒·柯布西耶那样严峻而乖张。在赖特的手中，小住宅和别墅这些历史悠久的建筑类型变得愈加丰富多彩，他把这些建筑类型提升到一个新水平。赖特是20世纪建筑界的一个浪漫主义者和田园诗人，他的设计风格不能到处被采用，但却是建筑史上的一笔珍贵财富。

赖特的主要作品有：东京帝国饭店、流水别墅（图1-7）、约翰逊制蜡公司总部、西塔里埃森（Taliesin West）居住和工作总部、古根海姆美术馆、普赖斯大厦、唯一教堂（图1-8）、佛罗里达南方学院教堂等。

图1-7 流水别墅

图1-8 唯一教堂

第三节 中国建筑发展概况及特色

一、中国建筑风格与特色

中国传统建筑以其独特的技术和风格在世界建筑文化中独树一帜，具有卓越的成就和独特的风格，体现了中国前人的智慧与才能。中国传统建筑包括陵园、宗教建筑、园林、住宅等，在世界建筑史上占有重要地位。

（一）著名的特色建筑

陕西临潼秦始皇陵：位于今陕西临潼县东的骊山。平面为具南北长轴之矩形，有内垣、外垣二重，四隅建角楼。但陵墓本身主轴线为东西向，且主要入口在东侧。外垣南北宽2165米、东西长940米。内垣南北宽1355米、东西长580米。陵墓封土在内垣南部中央，为每边长约350米的方形，残高76米。封土东北有贵族陪葬墓二十余座。外垣东门大道北侧已发现巨大的陶俑坑三处，内置众多的兵马俑及战车。构造精美、外观华丽的铜马车及战车则位于封土西侧。此陵墓形制宏巨，规模空前，创造了中国古代帝王陵寝的新形式，影响及汉乃至后代之唐、宋。

中国长城：始建于两千多年前的春秋战国时期，秦朝统一中国之后连成万里长城。长城在汉、明两代又曾大规模修筑，其工程之浩繁，堪称世界奇迹。长城又被称作“万里长城”，位于中国北部，东起辽宁虎山（东经124°30′56.70″，北纬40°13′19.10″），西至甘肃嘉峪关。从东向西行经辽宁、河北、天津、北京、山西、内蒙古、陕西、宁夏、甘肃、青海10个省（自治区、直辖市）的156个县域，总长度为8851.8公里。其中人工墙体长度为6259.6公里，壕堑长度为359.7公里，天然险长度为2232.5公里。春秋战国时期，诸侯各国为了防御别国入侵，修筑烽火台，用城墙连接起来，形成最早的长城。以后历代君王大都加固增修。长城的修建持续了两千多年，根据历史记载，从公元前7世纪楚国筑“方城”开始，至明代（公元1368～1644年）共有20多个诸侯国和封建王朝修筑过长城，其中秦、汉、明三个朝代长城的长度都超过了5000公里。如果把各个时代修筑的长城加起来，总长度超过了5万公里；如果把修建长城的砖石土方筑一道1米厚、5米高的大墙，这道墙可以环绕地球一周有余。长城的主体工程是绵延万里的高大城墙，大都建在山岭最高处，沿着山脊把蜿蜒无尽的山势勾画出清晰的轮廓，塑造出奔腾飞跃、气势磅礴的巨龙，从而成为中华民族的象征。在万里城墙上，分布着百座雄关、隘口，成千上万座敌台、烽火台，打破了城墙的单调感。各地的长城景观中，北京八达岭长城建筑得特别坚固，保存也最完好，是观赏长城的最好地方。此外还有金山岭长城、慕田峪长城、司马台长城、古北口长城等。天津黄崖关长城、河北山海关、甘肃嘉峪关也都是著名的长城游览胜地。中国万里长城是世界上修建时间最长，工程量最大的冷兵器战争时代的国家军事性防御工程，凝聚着我们祖先的血汗和智慧，是中华民族的象征和骄傲。

河北赵县安济桥（赵州桥）：建于隋代，由著名匠师李春建造，是世界上最早出现的空腹拱桥，长37米，高7.23米，高跨比1∶5。结构特色为“敞肩券、大跨度、石拱”：①四个敞肩券，减少1/5自重；②桥洞增加水流量，用以排洪、减少水压；③铁件加固，连接28道石拱；④加楔子；⑤28道并列券，券上加伏石，平面上两边大中间小；⑥造型平缓舒展，轻盈流畅。

除上述几例外，中国还有许多世界上独一无二的建筑，如悬空寺、皇宫、瓮城、特色民居、园林等。此外，中国建筑一些木结构的技术处理，建筑群的处理，建筑装饰与色彩的处理以及古建的抗震处理等，都极具特色和智慧。

（二）中国古建筑的抗震智慧

与西方砖石结构建造的“刚性”建筑不同，中国传统的木结构建筑在抵抗地震冲击力时体现的是“以柔克刚”的特性。“柔性”的木构框架结构，通过种种巧妙的措施，如整体浮筏式基础、斗栱、榫卯等，以最小的代价，将强大的自然破坏力消弭至最小程度。

中华民族自文明伊始就睿智地选择了木材等有机材料作为结构主材，而且发展形成了世界上历史最悠久、持续时间最长、技术成熟度最高的结构体系——柔性的框架体系。我国木结构技术的发展，若仅从浙江余姚县河姆渡遗址算起，迄今至少已有近7000年的历史。作为对比，西方数千年中一直采用承重墙体系，直到工业革命以来、近现代科学技术发展之后，才意识到框架结构的优越性，遂开始大规模地普及。但这种框架体系仍然是“以刚克刚”。而中国的传统木结构，具有框架结构的种种优越性，地震时可以达到“墙倒屋不塌”的境界，同时其柔性的连接，又使得结构具有相当的弹性和一定程度的自我恢复能力。

我国古代很少建造平面复杂的建筑，主要采用长宽比小于2∶1的矩形，规则的平面形态和结构布局有利于抗震。传统建筑往往是中间的一间（当心间）最大，两侧的次间、梢间等依次缩小面宽，这样的设计非常有利于抵抗地震的扭矩。

我国古建筑一般由台基、梁架、屋顶构成，高等级的建筑在屋顶和梁柱之间还有一个斗栱层。台基类似于“整体浮筏式基础”，如船载建筑抵抗地震形成的荷载，能够有效地避免建筑基础被剪切破坏，减少地震波对上部建筑的冲击。梁架一般采用抬梁式构造，在构架的垂直方向上形成下大上小的结构形状，实践证明这种构造方式具有较好的抗震性能。优雅的大屋顶是中国古代传统建筑最突出的形象特征之一，它对提高建筑的抗震能力也非常有效。大屋顶（尤其是庑殿顶、歇山顶等）需要复杂结构和大量构件，因此增加了屋顶乃至整个构架的整体性。庞大的屋顶以其自重压在柱网上，也提高了构架的稳定性。

斗栱是中国古代建筑抗震的又一武器，在地震时它像“减震器”一样起着变形消能的作用。历史上，很多带斗栱的建筑都能抵御强烈地震。如山西大同的华严寺，在没有斗栱的低等级附属建筑被破坏殆尽的情况下，带斗栱的主要殿堂仍能幸存，充分说明了斗栱对抗震的贡献。斗栱不但能起到“减震器”的作用，被各种水平构件连接起来的斗栱群能形成一个整体，分别把地震力传递给有抗震能力的柱子，以此提高整个结构的安全性。

除了上述较显著的手法外，中国古代传统建筑中还使用了大量的其他技术措施，如榫卯的使用。榫卯是极为精巧的发明，早在7000年前就开始使用，这种不用钉子的构件连接方式，使得中国传统的木结构成为超越了当代建筑排架、框架或者刚架的特殊柔性结构体。木结构不但可以承受较大的荷载，而且允许产生一定的变形，在地震荷载下通过变形吸收一定的地震能量，减小结构的地震响应；又如柱子的生起、侧脚等技法降低了建筑的重心，并使整体结构重心向内倾斜，增强了结构的稳定性；柱顶、柱脚分别与阑额、地袱以及其他的结构构件连接，使柱架层形成一个闭合的构架系统。用现代建筑技法解释，木结构形成上、下圈梁，有效地制止了柱头、柱脚的移动，增强了建筑构架的整体性；梁架系统通过阑额、由额、柱头枋、蜀柱、攀间、搭牵、梁、檩、椽等诸多构件强化了联系，显著增强了结构的整体性；柱子与柱础的结合方式能显著地减少柱底与柱础顶面之间的摩擦，进而有效地产生隔震作用；在高大的楼阁中，如独乐寺观音阁、应县木塔等，都在暗层中设有斜撑，大大强化了构架对水平冲击波反复作用的抵抗能力；在外檐柱间设置较厚的墙体，起到现代建筑中“剪力墙”的作用。诸如此类，举不胜举，大到建筑群体的布局处理，小到构件断面的尺寸设计，处处都展示出古代工匠们在抗震设计方面的知识和匠心。

我国许多古代建筑都成功地经受过大地震的考验，如天津蓟县独乐寺观音阁，经历了28次地震不倒。其中清康熙十八年（公元1679年）三河、平谷发生8级以上强震，“蓟县城官廨民舍无一幸存，观音阁独不圮。”1976年唐山大地震，蓟县城内房屋倒塌不少，观音阁及山门的木柱略有摇摆，观音像胸部的铁条被拉断，但整个大木构架安然无恙。独乐寺观音阁之所以在多次强震中屹立不倒，主要是斗栱起了作用。观音阁的斗栱设计十分巧妙，在没有一颗钉子固定的情况下，通过七层木块的相互交织，达到了相互连接固定的作用，这样在地震出现时能及时减缓外部的压力，具有很强的抗震性能。

山西应县佛宫寺释迦塔建于辽清宁二年（公元1056年），因其全部为木构，通称为应县木塔。此木塔为楼阁式塔，塔总高67.31米，是中国现存唯一的纯木构大塔。应县木塔是中国现存木构建筑之最高，也是现存世界古代木构建筑之最高者。此塔处于大同盆地地震带，建成近千年来，经历过多次大地震的考验。据史书记载，在木塔建成200多年之时，当地曾发生过6.5级大地震，余震连续7天，木塔附近的房屋全部倒塌，只有木塔岿然不动。20世纪初军阀混战的时候，木塔曾被多发炮弹击中，除打断了两根柱子外，别无损伤。应县木塔之所以有如此强的抗震能力，其奥妙在于独特的木结构设计。木塔除了石头基础外，全部用松木和榆木建造，而且构架中所有的关节点都是榫卯结合，具有一定的柔性。木塔从外表看是五层六檐，但每层都设有一暗层，明五暗四，实际是九层，明层通过柱、斗拱、梁枋的连接形成一个柔性层，各暗层则在内柱之间和内外角柱之间加设多种斜撑梁，加强了塔的结构刚度。这样一刚一柔，有效地抵御了地震和炮弹的破坏力。

此外还有恒山悬空寺等木结构建筑，千百年来均经历过多次地震仍然傲立。当代建筑设计以抵御9度地震为目标，而我国传统的木结构建筑基本上能达到这个要求，其代价远远小于西方的“刚性抗震”结构。2008年5月12日汶川大地震中，许多文物建筑的墙体均不同程度地受损，但主体结构仍未倒塌，就是木构古建筑柔性框架结构抗震能力的体现。

二、宫殿、坛庙、陵墓

（一）宫殿

宫殿是帝王朝会和居住的地方，规模宏大，形象壮丽，格局严谨，给人强烈的精神感染，突显王权的尊严。中国传统文化注重巩固人间秩序，与西方和伊斯兰建筑以宗教建筑为主不同，中国建筑成就最高、规模最大的就是宫殿。

我国的古代宫殿历史悠久，目前夏商周时期的宫殿遗址犹在，如河南偃师二里头宫殿遗址（夏）、湖北黄陂盘龙城遗址的宫殿基址和偃师尸乡沟的宫殿遗址

(商)。至元明清时期，宫殿建造技术已经日臻成熟，如元代皇城，包含大内、兴圣宫和隆福宫三组宫殿，还包括御苑和太液池。元代的宫殿往往为前后殿宇中间连以穿廊的工字殿形式，并保持游牧生活习俗和喇嘛教建筑、西亚建筑的影响，产生许多新异的手法：大量使用多种色彩的琉璃，使用高级的木料紫檀、楠木；喜欢金红色装饰；墙壁挂毡毯毛皮和丝质帷幕；出现盝顶殿、畏吾儿殿、棕毛殿等新型式以及使用石料建造浴室等。元代的特色影响了其后的宫廷建筑和装饰。历史上较有成就的宫殿有唐大明宫、北京故宫等。

唐大明宫：唐大明宫遗址在西安市的东北部，为唐代长安城最大的一处皇宫，是公元634年唐太宗李世民为其父李渊营建的消暑“夏宫”，次年改称“大明宫”。其后，公元663年高宗李治又进行了大规模营造，并从太极宫迁到含元殿朝寝，大明宫就成了唐朝的政治中心。

唐大明宫宫城平面呈不规则长方形。全宫自南端丹凤门起，北达宫内太液池蓬莱山，为长达数里的中轴线，轴线上排列全宫的主要建筑含元殿、宣政殿、紫宸殿，轴线两侧采取大体对称的布局。全宫分为宫、省两部分。省基本在宣政殿以南，其北为禁中，是帝王的生活区，其布局以太液池为中心而环列，依地形而灵活布局；宫城之北为禁苑区。大明宫的主殿含元殿足可代表当时高度发展的文化技术，它和麟德殿的开间尺寸较小，但是用较小的料而构成宏伟的宫殿，其技术已经相当娴熟。

北京故宫：北京城区是在元大都的基础上改造的，宫殿的形制是遵循明南京宫殿制度。宫殿平面呈不规则方形，皇城是高大的砖垣，四向辟门：东——东安门、北——地安门、西——西安门、南面正门——天安门。皇城内还包含宫苑（北海、中海、南海——明清“三海”）、太庙、社稷及皇家所建寺观等建筑。北京故宫从大明（清）门至奉天（太和）殿，先后通过五座门、六个闭合空间（庭、院、广场），总长约有1700米。其间有三处设计构建高潮：天安门、午门、太和殿。进入大明门，是狭长逼仄的千步廊空间。冗长的狭长空间之后，出现一处横向展开的广场，迎面矗立高大的天安门城楼，对比效果强烈。汉白玉金水河桥和华表、石狮等，鲜明地衬托出暗红的门楼基座，形成第一个强烈感人的高潮。进入天安门，与端门之间形成一个较小的空间，顿为收敛，然后过端门，呈现一个纵深而封闭的空间，尽端是宏伟的午门，有肃杀压抑的气氛，构成第二个高潮。午门和太和门之间又变为横向广庭，舒展而开阔，经太和门进入太和殿前广场，顿觉宏伟庄严，正前方是巍峨崇高，凌驾一切的太和殿，形成第三个高潮。

故宫建筑成就：(1) 强调中轴线和对称布局。(2) 院的运用与空间变化——以建筑围绕成院（一个闭合空间）作为单元；若干院组成建筑群；各个院的空间尺度加以变化对比来产生不同气氛，这些是中国古代建筑布局的又一特色。(3) 建筑形体尺度的对比——突出主体。(4) 富丽的色彩和装饰。(5) 技术设施。

(二) 坛庙

坛：天坛、地坛、日月坛、社稷坛、神农坛。

庙：祭祖先、先贤山川、神灵之处。

北京天坛：天坛地处原北京外城的东南部，位于故宫正南偏东的城南，正阳门外东侧，是明朝、清朝两代皇帝用以“祭天”和“祈谷”的地方。始建于明永乐十八年（公元1420年），清乾隆年间改建后成为今天这一辉煌壮观的建筑群。天坛集明、清建筑技艺之大成，是中国古建珍品，也是世界上最大的祭天建筑群，总面积为273万平方米。整个面积比故宫（紫禁城）还大些，有两重垣墙，形成内外坛，主要建筑祈年殿、皇穹宇、圜丘坛建造在南北纵轴上。坛墙南方北圆，象征天圆地方。圜丘坛在南，祈谷坛在北，二坛同在一条南北轴线上，中间有墙相隔。圜丘坛内主要建筑有圜丘坛、皇穹宇等，祈谷坛内主要建筑有祈年殿、皇乾殿、祈年门等。

祈年殿建于明永乐十八年（公元1420），初名“大祀殿”，是一个矩形大殿。祈年殿高38.2米，直径24.2米，里面分别寓意四季、十二月、十二时辰以及周天星宿，是古代明堂式建筑仅存的一例。圜丘坛建于明嘉靖九年。每年冬至在台上举行“祀天大典”，俗称祭天台。回音壁是皇穹宇的圆形围墙，因墙体坚硬光滑，所以是声波的良好反射体。又因圆周曲率精确，声波可沿墙内面连续反射，向前传播。

曲阜孔庙：孔庙位于曲阜城的中央。据史料记载，在孔子辞世的第二年（公元前478年），鲁哀公将孔子旧居改建为祭祀孔子的庙宇。经历代重建扩修，明代形成了现有规模，前后九进院落，占地面积14万平方米，庙内共有殿阁亭堂门坊100余座。孔庙内有孔子讲学的杏坛、手植桧，存有历代碑刻1000余块。

（三）陵墓

陵墓是中国帝王的坟墓，古代建筑的一个重要类型。陵墓是建筑、雕刻、绘画、自然环境融于一体的综合性艺术。其布局可概括为三种形式：

（1）陵山为主体的布局方式。以秦始皇陵为代表，其封土为覆斗状，周围建城垣，背衬骊山，轮廓简洁，气象巍峨，创造出纪念性氛围。

（2）神道贯穿全局的轴线布局方式。这种布局重点强调正面神道。如唐代高宗乾陵，以山峰为陵山主体，前面布置阙门、石像生、碑刻、华表等组成神道。神道前再建阙楼。借神道上起伏、开合的空间变化，衬托陵墓建筑的宏伟气势。

（3）建筑群组的布局方式。明清的陵墓都是选择群山环绕的封闭性环境作为陵区，将各帝陵协调地布置在同一区域。在神道上增设牌坊、大红门、碑亭等，建筑与环境紧密结合，创造出庄严肃穆的环境。

中国古人崇信人在阴间仍然过着类似阳间的生活，对待死者应该“事死如事生”，因而陵墓的地上、地下建筑和随葬生活用品均仿照世间。文献记载，秦汉时代陵区内设殿堂收藏已故帝王的衣冠、用具，置宫人献食，犹如生时状况。秦始皇陵地下寝宫内“上具天文，下具地理”，“以水银为百川江河大海”，并用金银珍宝雕刻鸟兽树木，完全是人间世界的写照。

三、宗教建筑

我国古代的宗教主要有佛教、道教和伊斯兰教。佛教分为三大部派，即古代部派、大乘佛教和密教。各大部派之下又有若干支派。佛教大约在东汉初期即已正式传到中国，当时寺院布局是以佛塔为中心的方形庭院平面。阿育王塔是江南佛教建筑的肇始，汉代佛教文化遗物有摩崖石刻、石刻画像或铸于铜镜背面绣作织物图案的佛教形象。我国著名石窟（云冈、龙门、天龙山、敦煌等）始于两晋、南北朝时期。北魏的永宁寺塔采用了“前塔后殿”的布局方式，但依旧突出了佛塔这一主题。此外，还出现了以殿堂为中心的“舍宅为寺”的寺院。隋唐时期佛教建筑的特点是：主体部分采用对称式布置，即沿中轴线排列；殿堂已渐成为全寺中心，佛塔则退居到后面或一侧；多重院落的设置。至明清时期，佛教建筑特点为规整化，依中轴线对称布置建筑，塔已很少。

道家思想源于老子的《道德经》，由远古的巫祝发展为战国、秦、汉的方士，东汉时才正式成为宗教。它的建筑特点有：建筑以殿堂、楼阁为主；依中轴线作对称式布局；不建塔、经幢和钟楼、鼓楼等。

伊斯兰教在唐代由西亚传入我国，其礼拜寺的建筑特点是：礼拜寺常建有邦克楼和光塔，以及供膜拜者净身的浴室；不置偶像，仅设朝向圣地参拜的神龛；建筑常用砖或石料砌成拱券或穹隆装饰纹样，采用可兰经文或植物与几何图案等。早期礼拜堂保持了较多外来影响（唐代广州怀圣寺、元代重建的泉州清净寺），建造较晚的礼拜堂则完全采用中土传统的木构架形式（西安华觉巷清真寺、北京牛街清真寺）。

（一）寺庙祠观

1. 佛教寺庙

山西五台山佛光寺：唐代是中国建筑的发展高峰，也是佛教建筑的兴盛时代。由于木结构建筑不易保存，留存至今的唐代木结构建筑，也是中国最早的木结构殿堂目前只有四座，都在山西五台山。佛光寺大殿是其中一座，建于唐懿宗大中十一年（公元857年）。佛光寺是一座中型寺院，坐东向西，大殿在寺的最后即最东面的高地上，高出前部地面12～13米。大殿为中型殿堂，面阔七间，通长34米；进深四间，17.66米；采用金厢斗底槽的平面柱网形式；殿内有一圈内柱，柱身都是圆形直柱；柱头铺作与补间铺作区别明显；脊下不施侏儒柱而仅用叉手，是现存木建筑中的孤例。斗栱高度约为柱高的1/2，后部设“扇面墙”，三面包围着佛坛，坛上有唐代雕塑。屋顶为单檐庑殿，屋坡舒缓大度，檐下有雄大而疏朗的斗栱，简洁明朗，体现出一种雍容庄重，气度不凡，健康爽朗的格调，展示了大唐建筑的艺术风采。佛光寺大殿是我国现存最大的唐代木结构建筑。

西藏布达拉宫：布达拉宫在西藏拉萨西北的玛布日山上，是著名的宫堡式建筑群，藏族古建筑艺术的精华。布达拉宫始建于公元7世纪，是藏王松赞干布为远嫁西藏的唐朝文成公主而建。在拉萨海拔3700多米的红山上建造了999间房屋的宫宇——布达拉宫。宫堡依山而建，现占地41万平方米，建筑面积13万平方米，宫体主楼13层，高115米，全部为石木结构。5座宫顶覆盖镏金铜瓦，金光灿烂，气势雄伟，是藏族古建筑艺术的精华，被誉为高原圣殿。

布达拉宫依山垒砌，群楼重叠，殿宇嵯峨，气势雄伟，有横空出世，气贯苍穹之势。坚实敦厚的花岗石墙体，松茸平展的白玛草墙领，金碧辉煌的金顶，具有强烈装饰效果的巨大镏金宝瓶、幢和经幡交相辉映，红、白、黄三种色彩的鲜明对比，分部合筑、层层套接的建筑形体，都体现了藏族古建筑迷人的特色。布达拉宫是藏式建筑的杰出代表，也是中华民族古建筑的精华之作。宫殿的设计和建造根据高原地区阳光照射的规律，墙基宽而坚固，墙基下面有四通八达的地道和通风口。屋内有柱、斗栱、雀替、梁、椽木等，组成撑架。铺地和盖屋顶用的是叫“阿尔嘎”的硬土，各大厅和寝室的顶部都有天窗，便于采光，调节空气。宫内的柱梁上有各种雕刻，墙壁上的彩色壁画面积有2500多平方米。

此外，还有河北正定隆兴寺、天津蓟县独乐寺、山西大同善化寺、河北承德外八庙、内蒙古呼和浩特市席力图召和云南傣族佛寺等。

2. 道教祠观

山西太原晋祠：最突出的是圣母殿，正面朝东，面阔七间，进深六间（实际是殿身面阔五间，进深四间加副阶周匝），重檐九脊殿顶。平面中减去殿身的前檐柱，使前廊深达两间，内柱除前金柱外全部不用，这种处理方式在我国古建中尚属少见。前檐副阶柱身施蟠龙，柱有明显的侧脚和升起。

山西芮城永乐宫：据有关文献记载，永乐宫于公元1247年动工，至1358年纯阳殿壁画竣工，施工期前后长达110多年，几乎与元朝相始终。明清时曾进行过小规模维修和壁画补绘。永乐宫的主要建筑沿南北中轴线依次分布，有宫门、龙虎殿、三清殿、纯阳殿、重阳殿等，占地8.6万多平方米，其中宫门是清代建筑，其余都是元代所建。永乐宫是现存最早的道教宫观，也是目前保存最完整的一组元代建筑。永乐宫以其保存下来的举世罕见的元代壁画闻名于世，在永乐宫几个主要大殿内都有精美的壁画，面积达960平方米，题材丰富，笔法高超，是中国绘画美术史上的杰作。

3. 伊斯兰教礼拜寺

福建泉州清净寺：清净寺又名艾苏哈子大寺，位于市区涂门街。始建于北宋大中祥符二年（公元1009年），创建和重修者皆为阿拉伯伊斯兰教徒。建筑采用西亚形式，是中国现存最古老、具有阿拉伯伊斯兰建筑风格的清真寺，为第一批国家重点文物保护单位。

陕西西安化觉巷清真寺：位于陕西省西安市鼓楼西北隅的化觉巷内，是一座历史悠久，规模宏大的中国殿式古建筑群，是伊斯兰文化和中国文化相融合的结晶。清真寺是伊斯兰教徒的礼拜寺，是伊斯兰教徒心目中神圣而安详的场所。化觉巷清真寺的独特建筑风格，使它在西安高楼林立的现代建筑和古城芸芸的飞檐古殿中显得格外突出，别有一番风情。

（二）悬空寺

悬空寺又名玄空寺。在中国众多寺庙中，悬空寺称得上是奇妙的建筑。它集美学、力学、宗教内涵于一身，是人文景观之荟萃，更被誉为世界一绝。其中较为著名的有：山西浑源县恒山悬空寺，山西广灵县悬空寺，云南昆明西山悬空寺，浙江建德悬空寺，河北井陉县苍岩山福庆寺等几大悬空寺。其中山西恒山悬空寺、河北苍岩山悬空寺（福庆寺）、云南西山悬空寺，被称为中国三大悬空寺。

山西恒山悬空寺：位于山西浑源县城5公里处，建于北魏晚期。是国内现存唯一的佛、道、儒三教合一的独特寺庙。它修建在悬崖峭壁间，迄今已有1400多年的历史。悬空寺面对恒山、背倚翠屏、上载危岩、下临深谷、楼阁悬空、结构巧奇。

河北苍岩山悬空寺（福庆寺）：位于井陉县苍岩山下，享有“五岳奇秀揽一山，太行群峰惟苍岩”的盛名，距今已有1300多年的历史。福庆寺内，洞底怪石嶙峋，山腰峰回路转，崖顶古柏悬空，桥楼飞架断崖上，古刹隐居峭壁间，建筑依山就势，迂回曲折，自然风景与人文景观巧妙结合，构成了著名的“苍岩山十六景”。飞架于崖间的桥楼殿，充分体现了古代高超的建筑艺术与审美观，是一座艺术价值很高的建筑物。福庆寺被誉为中国悬空寺之首。

云南西山悬空寺：又名三清阁，建于元代，后经明、清两代扩建，形成目前的规模，被称“滇中第一胜境”。三清阁是一组九层、十二殿、一石坊的建筑群，位于昆明市西南郊15公里处西山罗汉崖，在陡峭山崖上，分布着灵官殿、老君殿等9层11阁的十几座木构建筑。

（三）塔幢

佛塔原是佛教徒膜拜的对象，后来根据用途不同，又有了经塔、墓塔等。随着佛教在东方的传播，印度、中国等临近区域的建筑体系相互交流融合，逐步形成了楼阁式塔、密檐式塔、亭阁式塔、覆钵式塔、金刚宝座式塔、宝箧印式塔、五轮塔、多宝塔、无缝式塔等多种形态结构各异的塔系。

1. 楼阁式塔

阁楼式塔是仿我国传统的多层木架构建筑而来，塔的平面在唐代以前都是方形，五代起八角渐多，六角形为数较少。早期木塔和仿木砖石塔由一层塔壁改用两层塔壁。如山西应县佛宫寺释迦塔（是国内现存唯一木塔）、江苏苏州虎丘云岩寺塔、江苏苏州报恩寺塔、福建泉州开元寺双石塔、南京报恩寺琉璃塔。

2. 密檐塔

密檐塔底层较高，上施密檐，5～15层，建筑材料一般用砖石。例如河南登封嵩岳塔（我国现存最古老的密檐式砖塔）、陕西西安荐福寺小雁塔、山西灵邱县觉山寺塔。

3. 单层塔

单层塔大多用做墓塔，最早一例为北齐所建。塔的平面有方、圆、六角、八角多种。实例有河南安阳宝山寺北齐双石塔、山东济南神通寺四门塔、河南登封会善寺净藏禅师塔。

4. 喇嘛塔

喇嘛塔又称覆钵式塔，是藏传佛教的塔，主要流传于南亚的印度、尼泊尔，以及中国的西藏、青海、甘肃、内蒙古等地区，其造型与印度的“窣堵坡”（佛教塔的形式之一，梵文 stupa 译音）基本相同。内地的喇嘛塔始见于元代，多作为寺的主塔或塔门、僧人的墓塔。中国现存最大的喇嘛塔是建于元代的北京妙应寺（白塔寺）白塔，还有北海公园的永安寺白塔。

5. 金刚宝座塔

金刚宝座塔的形式起源于印度，造型象征着礼拜金刚界五方佛。金刚宝座塔是在高台上建筑一大四小五座塔，仅见于明、清两代。中国现存的金刚宝座塔仅十余座，较有名的是四大金刚宝座塔：北京的真觉寺金刚宝座塔（五塔寺塔、大正觉寺塔），北京碧云寺金刚宝座塔，北京西黄寺清净化城塔，呼和浩特的慈灯寺塔。宝座上的塔有密檐式、楼阁式、覆钵式等多种，有的金刚宝座塔还建在佛教建筑顶上。

（四）石窟

中国的石窟来源于印度的石窟寺。石窟西起新疆、东至山东、南抵浙江、北到辽宁。中国石窟大半集中在黄河中游及我国西北一带，鼎盛时期是北魏至唐，到宋以后逐渐衰落，在浮雕、塑像、彩画方面给我们留下了丰富的资料。较为著名的石窟有：山西大同云冈石窟，河南洛阳龙门石窟，甘肃敦煌石窟，山西太原天龙山石窟，以及天水麦积山、永靖炳灵寺、巩县石佛寺、磁县南北响堂山石窟等。

四、中国传统民居

中国传统民居是世界建筑艺术宝库中的珍贵遗产。中国几千年的文明史积累了丰富的建筑设计经验，广泛地表现在各地民居建筑中。与多样的气候和地理特征相适应，我国的传统民居可谓丰富多彩：南有干阑式民居，北有四合院，西有窑洞民居，东有水乡古镇。传统民居集中展现了我国古代精妙的建筑技艺，从建筑的选址到一砖一瓦的房屋结构，无不体现出前人的生活智慧和聪明才智。

（一）中国传统民居类型

中国在先秦（公元前221年）时代，“帝居”或“民舍”都称为“宫室”。从秦汉起，“宫室”才专指帝王居所，而“第宅”专指贵族的住宅。汉代规定列侯公卿食禄万户以上、门当大道的住宅称“第”，食禄不满万户、出入里门的称“舍”。近代则将宫殿、官署以外的居住建筑统称为民居。

中国各地区、各民族现存的民间住宅类型，有不同的分类方法，归纳起来有六类。

1. 木构架庭院式住宅

木构架庭院式住宅是中国传统住宅的最主要形式。其数量多，分布广，为汉族、满族、白族等大部分人使用。其他少数民族中的部分人也使用木构架庭院式住宅。这种住宅以木构架房屋为主，在南北向的主轴线上建正厅或正房，正房前面左右对峙建东西厢房。由这种一正两厢组成院子，即是通常所说的“四合院”、“三合院”。长辈住正房，晚辈住厢房，妇女住内院，来客和男仆住外院，这种分配符合中国封建社会家庭生活中要区别尊卑、长幼、内外的礼法要求。木构架庭院式住宅遍布全国城镇乡村，但因各地区的自然条件和生活方式的不同而各具特点。其中四合院以北京为代表，形成了独具特色的建筑风格。

2. “四水归堂”式住宅

中国南部江南地区的住宅名称很多，平面布局同北方的“四合院”大体一致。只是院子较小，称为天井，仅作排水和采光之用。“四水归堂”为当地俗称，意为各屋面内侧坡的雨水都流入天井。这种住宅第一进院正房常为大厅，院子略开阔，厅多敞口，与天井内外连通。后面几进院的房子多为楼房，天井更深、更小些。屋顶铺小青瓦，室内多以石板铺地，以适合江南温湿的气候。江南水乡住宅往往临水而建，前门通巷，后门临水，每家自有码头，供洗濯、汲水和上下船之用。

3. “一颗印”式住宅

云南省（中国西南部）的“一颗印”式住宅为这类住宅的代表，在湖南（中国南部）等省称为“印子房”。这类住宅布局原则与上述“四合院”大致相同，只是房屋转角处互相连接，组成一颗印章状。“一颗印”式住宅建筑为木构架，土坯墙，多绘有彩画。

4. 土楼住宅

土楼是中国福建西部客家人聚族而居的围成环形的楼房。一般为3～4层，最高为6层，包含庭院，可住50多户人家。庭院中有厅堂、仓库、畜舍、水井等公用房屋。这种住宅防卫性很强，是客家人为保护自己的生存创造出的独特的建筑形式，至今仍在使用。

5. 窑洞式住宅

窑洞式住宅主要分布在中国中西部的河南、山西、陕西、甘肃、青海等黄土层较厚的地区。当地居民利用黄土壁立不倒的特性，在天然土壁内开凿横洞，水平挖掘出拱形窑洞。并常将数洞相连，在洞内加砌砖石。窑洞节省建筑材料，施工技术简单，防火，防噪声，冬暖夏凉，节省土地，经济适用。将自然图景和生活图景有机结合，是因地制宜的完美建筑形式。窑洞按照形式划分，有崖窑（靠山窑）、地窑（平地窑）和箍窑三种；按照材料不同又分为砖窑、石窑或土坯窑。

崖窑：沿直立土崖横向挖掘的土洞，每洞宽约3～4米，深5～9米，直壁高度约2～3米，窑顶掘成半圆或长圆的筒拱。并列各窑可由窑间隧洞相通，也可窑上加窑，上下窑之间内部掘出阶道相连。

地窑：是在平地掘出方形或矩形地坑，形成地院，再在地坑各壁横向掘窑，多用在缺少天然崖壁的地段。人在平地，只能看见地院树梢，不见房屋。

箍窑：不是真正的窑洞，是以砖或土坯在平地仿窑洞形状箍砌的洞形房屋。箍窑可为单层，也可建成为楼。若上层也是箍窑即称“窑上窑”；若上层是木结构房屋则称“窑上房”。

6. 干阑式住宅

干阑式住宅主要分布在中国西南部的云南、贵州、广东、广西等地区，为滇南傣、佤、苗、景颇、哈尼、布朗等少数民族的主要住宅形式。干阑式住宅是用竹、木等构成的楼居，是单栋独立的楼。滇南气候炎热潮湿多雨，竹楼下部架空，以利通风隔潮，多用来饲养牲畜或存放东西，作碾米场、贮藏室及杂屋；上层住人，上层前部有宽廊和晒台，后部为堂和卧室；屋顶为歇山式，坡度陡，出檐深远，可遮阳挡雨。这种建筑隔潮，并能防止虫、蛇、野兽侵扰。

吊脚楼是一种典型的干阑式建筑，常建于斜度较大的山坡上及水边。建造时，顺坡面开挖成两级台阶式屋基，上层立较矮的柱子，下层立较高的柱子。这样房子建成后，就可使前半间的楼板与后半间的地面呈同一水平。自上而下直接立在下层屋基处的柱子，则构成托举支撑前半间房屋的吊脚柱，“吊脚楼”即因此而得名。

（二）中国传统民居代表

我国历史悠久，疆域辽阔，自然环境多种多样，社会经济环境亦不尽相同。在漫长的历史发展过程中，逐步形成了各地不同的民居建筑形式，这种传统的民居建筑深深地打上了地理环境的烙印，生动地反映了人与自然的关系。

1. 徽州明清住宅

徽州民居在徽州文化中占有相当重要的地位，一提起徽州文化，人们就很自然地联想到高高的马头墙，青色的蝴蝶瓦，幽静典雅。徽州古民居的最显著特点就是分布广泛，包括婺源、绩溪在内的徽州地界里的大小村庄，几乎每个村庄都有古民居。明代民居数以千计，而清代民居则数以万计。徽州古民居的数量之多，建筑风格之美，任何一个地区都无法相比。它将民居建筑推到了极致，在中国有史以来的民居建筑中，徽州民居是一座高峰。

徽州民居建筑，无论是古民居还是近代的仿古式民居，都有一种强烈的、优美的韵律感。走进徽州，就走进了一座巨大的园林。这里的每一个村落都依山傍水，十里苍翠入眼，四周山色连天。但在村落里却大都极少有树，即便有，也是一些供观赏的灌木或花草，古木大树往往在村外较远的路口或山脚，并不影响村中的视线。从远处看，一堵堵翘角的白墙被灰色的小瓦勾勒出一幢幢民居的轮廓，像一幅幅酣畅淋漓的水墨画，又像一幅幅高调处理的艺术照片。人在山中走，如在画中行，随时随地都能领略迷人的画意诗情。

徽州古民居建造特色体现在两个方面：

(1) 村落选址。村落选址注重符合天时、地利、人和皆备的条件，以达到“天人合一”的境界。徽州古村落多建在山之阳，依山傍水或引水入村，山光水色融为一片。住宅多面临街巷，整个村落给人幽静、典雅、古朴的感觉。

(2) 平面布局及空间处理。民居布局的结构紧凑、自由、屋宇相连，平面沿轴向对称布置。民居多为楼房，且以四水归堂的天井为单元，组成全户的活动中心。天井少则2～3个，多则10余个，最多的达36个。一般民居为三开间，较大住宅亦有五开间。随时间推移和人口的增长，单元还可增添，符合徽州人几代同堂的习俗。建筑形象突出的特征是白墙、青瓦、马头山墙、砖雕门楼、门罩、木构架、木门窗。内部穿斗式木构架围以高墙，正面多用水平型高墙封闭起来，两侧山墙做阶梯形的马头墙，高低起伏，错落有致，黑白辉映，增加了空间的层次和韵律美。马头墙不仅有造型之美，更重要的是它有防火、阻断火灾蔓延的实用功能。方整的外形，为徽州民居的独特风格。民居前后或侧旁，设有庭园，置石桌石凳，掘水井鱼池，植果木花卉，甚至叠山造泉，将人和自然融为一体。大门上几乎都建门罩或门楼，砖雕精致，成为徽州民居的一个重要特征。

皖南黟县的西递、宏村，2000年被列入“世界遗产名录”。宏村现保存完好的明清古民居140余幢。村内鳞次栉比的层楼叠院与旖旎的湖光山色交相辉映，动静相宜，处处是景，步步入画。拥有绝妙田园风光的宏村被誉为“中国画里乡村”。西递现存明清古民居124幢，祠堂3幢。代表徽派民居建筑风格的“三绝”（民居、祠堂、牌坊）和“三雕”（木雕、石雕、砖雕），在此得到完好的保留。

2. 北京四合院

青砖灰瓦、玉阶丹楹的北京四合院天下闻名。它作为北京民居主要建筑形式，自元代正式立都、大规模规划建设都城时就已出现。明清以来不断完善，最终形成如今的格局，成为中国民居建筑史上的一朵奇葩。

北京四合院带有强烈的封建宗法制度意味和较为合理的空间安排，其布局内外有别，尊卑有序，讲究对称，对外隔绝，自有天地，最适合独户。北京四合院虽规模各异，相差悬殊，但无论大小，都是由基本单元组成的。由四面房屋围合起一个庭院，为四合院的基本单元，称为一进四合院，两个院落即为两进，三个院落即为三进，依此类推。四合院的基本特点是按南北轴线对称布置房屋和院落，坐北朝南，大门一般开在东南角，门内建有影壁，外人看不到院内的活动。正房位于中轴线上，侧面为耳房及左右厢房。正房是长辈的起居室，厢房则供晚辈起居用。北京地区属暖温带、半湿润大陆性季风气候，冬寒少雪，春旱多风沙。因此，住宅设计注重保温防寒避风沙，外围砌砖墙，整个院落被房屋与墙垣包围，硬山式屋顶，墙壁和屋顶都比较厚实。

北京四合院所以有名，还因为它虽为居住建筑，却蕴含着深刻的文化内涵，是中华传统文化的载体。四合院的营建是极讲究风水的，从择地、定位到确定每幢建筑的具体尺度，都要按风水理论来进行。风水学说，实际是中国古代的建筑环境学，是中国传统建筑理论的重要组成部分。这种风水理论，千百年来一直指导着中国古代的营造活动。除此之外，四合院的装修、雕饰、彩绘也处处体现着民俗民风和传统文化，表现一定历史条件下人们对幸福、美好、富裕、吉祥的追求。如以蝙蝠、寿字组成的图案，寓意“福寿双全”，以花瓶内安插月季花的图案寓意“四季平安”。而嵌于门管、门头上的吉辞祥语，附在檐柱上的抱柱楹联，以及悬挂在室内的书画佳作，更是集贤哲之古训，采古今之名句，或颂山川之美，或铭处世之学，或咏鸿鹄之志，风雅备至，充满浓郁的文化气息。登斯庭院，有如步入一座中国传统文化的殿堂。

3. 苏州住宅

苏州古民居在中国民居发展史上占有重要的地位，是东方古民居发展的一个缩影，也是世界古民居发展的主要渊源之一。它的建构内涵覆盖了自然科学和社会科学领域的众多方面。由于苏州古民居必须以实体的存在体现价值，以群体的形式构成研究体系，故结构完整、保存完好的苏州古民居，是研究和了解中国历史、传统文化以及对世界文化影响作用的重要实物资料，是苏州作为历史文化名城的主要元素之一。

苏州古民居是苏州古建筑中数量最多的建筑形式，也是构成苏州古城的重要组成部分。素有“东方威尼斯”之称的苏州水网密布，地势平坦。苏州古民居缘水而筑、与水相依，门、台阶、过道均设在水旁。民居自然被融于水、路、桥之中。苏州古民居置园造林、引水入山，轻巧简洁、古朴典雅，粉墙黛瓦、色彩淡雅，无不体现出清、淡、雅、素的艺术特色。其青砖蓝瓦、玲珑剔透的建筑风格，形成了江南地区纤巧、细腻、温情的水乡民居文化。由于气候湿热，为便于通风隔热防雨，院落中多设天井，墙壁和屋顶较薄，有的有较宽的门廊或宽敞的厅阁。苏州古民居每一座深宅大院又有数个、数十个院落组合而成，重门叠户、深不可测。富含文化底蕴的砖雕门楼、厅堂楼阁，精雕细琢的砖木雕刻、木饰挂落，处处辉映着吴文化的奇光异彩。

4. 闽南土楼住宅

福建土楼被誉为“中国南方山中的传奇”，以其浓郁的神秘色彩吸引了许多中外学者及游客，它的神奇及隐秘令人惊叹。闽西南地区的客家人土楼是一种特殊农村住宅。酷似庞大的碉堡，其外墙用土、石灰、沙、糯米等夯实，厚 1 米，可达 5、6 层高；由外向内，屋顶层层下迭，共三环，主体建筑居中心；房间总数可达 300 余间，十几家甚至几十家人共居一楼。土楼是一种供聚族而居、且具有防御性能的民居建筑。它源于古代中原生土夯筑建筑技术，宋元时期即已出现，明清时期趋于鼎盛，延续至今。一般单体建筑规模宏大，形态各异，依山傍水，错落有致，建筑风格独特，工程技术高超，文化内涵丰富。结构上以厚实的夯土墙承重，内部为木构架，以穿斗式结构为主。土楼不仅防御功能突出，福建地处东南沿海地震带，气候暖热多雨，坚固的土楼既能防震防潮又可保暖隔热，可谓一举数得。福建土楼多姿多彩、形式各异，从外观造型上分主要有：方楼、圆楼、五凤楼（府第式）和宫殿式楼等，其中以圆楼最具特色和引人注目。楼内生产、生活、防卫设施齐全，是中国传统民居建筑的独特类型，为建筑学、人类学等学科的研究提供了宝贵的实物资料（图 1-9）。

图 1-9 福建土楼

福建土楼遍布全省大部分地区，最集中的地区是永定县和南靖县的西部，此外在闽南的平和、漳浦、云霄、华安、诏安等地亦可见到。这些隐藏在山区中不起眼的一幢幢用生土夯筑的巨型民居建筑引起世界的惊叹。一位联合国教科文组织的顾问赞叹它是“世界上独一无二的神话般的山区建筑模式”。人们盛赞它是“中国古建筑的奇葩”、“东方文明的一颗明珠”。部分福建土楼的典型代表已被列为全国重点文物保护单位，如华安的二宜楼，永定的承启楼、振成楼、奎聚楼、福裕楼，南靖的和贵楼与田螺坑土楼群，平和的绳武楼等。

5. 四川山地住宅

巴蜀地处中国西南，文化历史悠久，人口密度大，但地势险峻，所谓“蜀道之难，难于上青天”，因而巴蜀地区的民居总是与高高低低的地势联系起来的。四川山地住宅在布局上，主要房屋仍有中轴线，次要房屋和院落的形状大小就不拘一格了。为适应山地特点，住宅的朝向和形式往往都取决于地形，大体来说有以下几种。

台：用于坡度比较陡的地方，像开凿梯田一样，把坡面一层层地削平，逐层升高，形成一个个宽广的平台。由此，房屋便按等高线方向布置，层层叠叠，气势非凡。

挑：用于地形偏窄的地方，于楼层筑出挑楼或挑廊，以扩大室内空间。

拖：用于山坡比较平坦的地方，将房屋按垂直于等高线的方向顺坡分级建造。这种做法一般用于民居的厢房，屋顶呈阶梯状，生动轻快。

坡：房屋也按垂直于等高线的方向顺坡建造，坡度比“拖”更平缓，仅将室内地面分出若干不同的高度，屋面保持整体的连续性。

梭：这是将房屋的屋顶向后拉长，形成前高后低的披屋，多用于厢房。当厢房平行于等高线时，梭厢地面低于厢房地面，可以梭下很远。

吊：由于在坡地上建屋，进深很难加大，所以用悬挑的办法使楼上的房间进深扩大。楼层挑出，既扩大了居室面积，又给楼下的出入口起到了雨篷的作用，造型也更为生动。部分民居由于地势陡峭，吊脚楼的撑柱做得很长，有的竟超过两层；还有的顺着陡坡层层造房屋，一级一级往外出挑。这种建筑在重庆附近的长江和嘉陵江沿岸很多，独具特色。

6. 云南“一颗印”住宅

滇中地区标准的土木结构房屋称为“一颗印”住宅。云南滇中高原地区，四季如春，无严寒，多风，故住房墙厚重。最常见的形式是毗连式三间四耳，即正房三间，耳房东西各两间。有些还在正房对面，即进门处建有倒座，称为“三间四耳一倒座”，实际因经济情况有所增减。正房和耳房均为二层楼房，倒座多数为平房，少数为楼房，但空间极矮。正房较高，耳房矮一些，这样长辈居住的正房采光就比较好。为节省用地，改善房间的气候，促成阴凉，中间为天井，多打有水井，铺石板，作为洗菜洗衣休闲的场所。为安全起见，传统的房屋四周外墙上是不开窗户的，都从天井采光。外墙一般无窗、高墙，主要是为了挡风沙和安全，住宅地盘方整，外观方整，当地称“一颗印”。

“一颗印”民居建筑的特点：

（1）正房、耳房毗连，正房多为三开间。两边的耳房，有左右各一间的，称“三间两耳”；有左右各两间的，称“三间四耳”。

（2）正房、耳房均高两层，占地很小，很适合当地人口稠密、用地紧张的需要。正房底层明间为堂屋、餐室，楼层明间为粮仓，上下层次间作居室；耳房底层作厨房、柴草房或畜廊，楼层作居室。正房与两侧耳房连接处各设一单跑楼梯，无平台，直接由楼梯依次登耳房、正房楼层，布置十分紧凑。

（3）大门居中，门内设倒座或门廊，倒座深八尺。“三间四耳倒八尺”是“一颗印”最典型格局。

（4）天井狭小，正房、耳房面向天井均挑出腰檐，正房腰檐称“大厦”，耳房腰檐和门廊腰檐称“小厦”。大小厦连通，便于雨天穿行。房屋高，天井小，加上大小厦深挑，可挡住太阳大高度角的强光直射，十分适合低纬度高海拔的高原型气候特点。

（5）正房较高，用双坡屋顶，耳房与倒座均为内长外短的双坡顶。长坡向内，短坡向外，可提升外墙高度，有利于防风、防火、防盗，外观上罄墙高耸，宛如城堡。

（6）建筑为穿斗式构架，外包土墙或土坯墙。正房、耳房、门廊的屋檐和大小厦在标高上相互错开，互不交接，避免在屋面做斜沟，减少了漏雨的薄弱环节。

（7）整座“一颗印”，独门独户，高墙小窗，空间紧凑，体量不大，小巧灵便，无固定朝向，可随山坡走向形成无规则的散点布置。

“一颗印”住宅无论是在山区、平坝、城镇、村寨都宜修建。可单幢，也可联幢，可豪华，也能简朴。千百年来是滇池地区最普遍、最温馨的平民住宅，随着城市的改扩建，一颗印式的古民居建筑已经越来越少。

7. 云南傣族竹楼

傣族是云南地区的一个古老民族，主要聚居在云南西双版纳傣族自治州和德宏傣族景颇族自治州。那里地势平缓，澜沧江、瑞丽江分别贯穿其间，雨量充沛，竹木茂密。傣族村寨多分布在广阔的原野上或清澈的溪流旁，便于生产、生活和洗浴。由于傣族主要信仰原始宗教和小乘佛教，因而村寨的路口或高地上多为造型别致的佛寺和笋塔。村寨里的每一户都用竹篱围成单独的院落，院内种植热带果木。房屋多用竹子建造，所以称为“竹楼”。傣族人住竹楼已有1400多年的历史，竹楼是傣族人民因地制宜创造的一种特殊形式的民居。竹楼以竹子为主要建筑材料，西双版纳是有名的竹乡，大龙竹、金竹、凤尾竹、毛竹多达数十种，都是筑楼的天然材料。

传统竹楼全部用竹子和茅草筑成。竹楼为干阑式建筑，以粗竹或木头为柱子，分上下两层。下层四周无遮栏，专用于饲养牲畜家禽，堆放柴禾和杂物。上层由竖柱支撑，与地面距离约5米左右。铺设竹板，极富弹性。楼室四周围有竹篱，有的竹篱编成各种花纹并涂上桐油。房顶呈四斜面形，用草排覆盖而成。一道竹篱将上层分成两半，内间是家人就寝的卧室，卧室是严禁外人入内的。外间较宽敞，设堂屋和火塘，既是接待客人的场所，又是生火煮饭取暖的伙房。楼室门外有一走廊，一侧搭着登楼木梯，一侧搭着露天阳台，摆放装水的坛罐器皿。竹楼多采用歇山屋顶，脊短坡陡，出檐深远，四周并建偏厦，构成重檐，防止烈日照射，使整栋房屋的室内空间都笼罩在浓密的阴影中，以降低室温。灵活多变的建筑体型、轮廓丰富的歇山屋顶、遮蔽烈日的偏厦、通透的架空层和前廊，在取得良好的通风遮阳效果的同时，形成强烈的虚实、明暗、轻重对比，建筑风格轻盈、通透、纤巧。

8. 陕南民居

陕南地区有山坳、河沿和平原，居民根据地势、原料等条件建有多种民居。传统的住房有石头房、竹木房、吊脚楼、三合院及四合院等。

石头房：多建于山区，在镇巴、安康、西乡山区很普遍。顾名思义，石头房以石为基本材料。通常是后墙靠山崖，三边以石头砌墙，屋顶木架上铺以油页石板。石头房经风耐雨，造价低廉。

竹木房：四壁用圆木垒成，并留有门窗。屋顶用毛竹搭在木梁上，再以竹篾条结成以蓼叶覆盖。有的人家在横梁上架木，上铺密竹，抹上灰泥，成为顶楼，上置火塘，用以炽烤和存放粮食。竹木房多建于山边及山坳，南郑、宁强和城固等山区常见。

吊脚楼：吊脚楼是远古巢居的发展形式，多建于沿江集镇。吊脚楼以木桩或石为支撑，上架以楼板，四壁或用木板或用竹排涂灰泥。屋顶铺瓦或茅草。吊脚楼窗子多向江，所以也叫望江楼（图1-10）。

图1-10　吊脚楼

三合院和四合院：多见于平原城镇。三合院有正房 3 间，中间为堂屋，东西为厢房 2～3 间。正房前方屋檐外伸，可用来吃饭、歇脚。厢房开间比正房小，两端有围墙相连，墙中间朝南开门。四合院由正房、厢房和过门房组成，中间有一天井，比三合院更讲究。三合院和四合院居室以土坯、砖石、木料为基本材料，大门多向南，忌朝西。

9. 藏族碉房

藏族主要分布在西藏、青海、甘肃及四川西部一带，为了适应青藏高原上的气候和环境，传统藏族民居大多采用石构住宅。碉房是中国西南部的青藏高原的住宅形式，它在当地并无专名，外地人因其用土或石砌筑，形似碉堡，故称碉房（图 1-11）。

图 1-11　碉房

碉房一般为 3～4 层。底层养牲口和堆放饲料、杂物；二层布置卧室、厨房等；三层设有经堂。由于藏族信仰藏传佛教，诵经拜佛的经堂占有重要位置，神位上方不能住人或堆放杂物，所以都设在房屋的顶层。为了扩大室内空间，二层常挑出墙外，轻巧的挑楼与厚重的石砌墙体形成鲜明的对比，建筑外形因此富于变化。过游牧生活的蒙、藏等民族的住房还有“毡帐”，这是一种便于装卸运输的可移动的帐篷。

藏族民居的墙体下厚上薄，外形下大上小，建筑平面都较为简洁，一般多方形平面，也有曲尺形的平面。因青藏高原山势起伏，建筑占地过大将会增加施工上的困难，故一般建筑平面占地面积较小，而向空间发展。西藏那曲民居外形是方形略带曲尺形，中间设一小天井。内部精细隽永，外部风格雄健，高原的日光格外强烈，民居处于一片银色中，显得格外晶莹耀眼。

藏族民居在处理住宅的外形上是很成功的。因为简单的方形或曲尺形平面，很难避免立面的单调，而木质的出挑却以轻巧与灵活和大面积厚宽沉重的石墙形成对比，既给人以沉重的感觉又使外形变化趋向于丰富。这种做法不仅着眼于功能问题而且兼顾了艺术效果，自成格调。藏族民居色彩朴素协调，基本采用材料的本色：泥土的土黄色，石块的米黄、青色、暗红色，木料部分则涂上暗红，与明亮色调的墙面屋顶形成对比。粗石垒造的墙面上有成排的上大下小的梯形窗洞，窗洞上带有彩色的出檐。在高原蓝天白云、雪山冰川的映衬下，座座碉房造型严整而色彩富丽，风格粗犷而凝重。

10. 新疆“阿以旺”

维吾尔族住宅的布局一般有庭院和住宅两部分。住宅由客室、餐室、后室和储物、淋浴用的小间组成。常利用屋顶平台作休息处或堆放杂物，屋顶平台周围设木栏杆。客室和餐室的布置较为讲究。内墙面上设有壁龛、壁炉。墙顶的带状石膏花或木雕花，与绘有彩绘的顶棚连为一体。墙上挂有壁毯，地面铺有色调富丽的地毯。院中多种植物树木、葡萄或放置花卉盆景。廊内设置地毯、茶具，使庭院布置更加精巧、舒适。

新疆维吾尔族住宅的房屋连成一片，庭院在四周。阿以旺式民居由阿以旺厅而得名，带天窗的前厅称阿以旺，又称“夏室”，有起居、会客等多种用途。后室称“冬室”，是卧室，通常不开窗，住宅的平面布局灵活。“阿以旺”是维吾尔语，意为“明亮的处所”，它是新疆维吾尔族民居享有盛名的建筑形式，具有十分鲜明的民族特点和地方特色，已有2000多年历史。阿以旺厅是该类民居中面积最大、层高最高、装饰最好、最明亮的厅室，室内中部设2～8根柱子，柱子上部突出屋面，设高侧窗采光，柱子四周设2.5～5米宽、45厘米高的炕台，上铺地毯，为日常生活、待客就餐、纳凉休息、夏日夜宿、儿童游戏、老人养病及妇女纺纱、养蚕、织毯、农忙选种等农务的辅助空间。每当佳节喜庆，则是能歌善舞的维吾尔族人民欢聚弹唱、载歌起舞的欢乐空间。阿以旺式民居的其他房间都围绕着阿以旺厅布置。

从建筑的角度看，“阿以旺”完全是室内部分，是民居内共有的起居室；但从功能分析，它却是室外活动场地，是待客、聚会，歌舞活动的场所。“阿以旺”比其他户外活动场所如外廊、天井更加适应风沙、寒冷、酷暑等气候特点。这是一种根植于当地地理、文化环境中的本土建筑。新疆特有的气候特征是维吾尔族人民创造出“阿以旺”民居最深刻的源泉。

维吾尔族民居室内整洁美观，壁面全用织物装饰，如壁毡、门帘、窗帘等，地面铺地毯。采暖不用火塘直接烤火，以免烟灰污染，而用壁炉、火墙、火坑，保持室内清洁。维吾尔族民居多采用石膏花纹作装饰，尤其是尖拱门状的壁龛。此外壁炉的炉身、炉罩和檐口、内壁上缘也都用石膏刻花装饰。

五、中国园林建筑

（一）中国园林建筑的起源与发展

中国是世界园林艺术起源最早的国家之一，古典园林建筑与造园艺术密不可分，其历史可以追溯到3000年前。中国园林建筑的发展、艺术形式都具有独特的民族风格。园林建筑是园林中的重要元素，在秦汉时期已出现了楼、阁、廊等多种建筑类型。因此，我国园林发展的历史也是园林建筑发展的历史。

早在商周时期人们已经开始造园活动了。园林最初的形式为囿，是指在圈定的范围内，让草木和鸟兽滋生繁育并挖池筑台，供帝王和贵族们狩猎和享乐。随着历史的发展，造园活动和技艺也不断改善发展。春秋战国时期的园林中已经有了成组的风景，既有土山，又有池沼或台，自然山水园林已经萌芽，而且在园林中构亭营桥，种植花木。园林的组成要素在这一时期已经基本具备，不再是最初的园囿那样简单了。秦汉时期出现了以官室建筑为主的宫苑，秦始皇建上林苑，引渭水作长池，并在池中筑蓬莱山以象征神山仙境。魏晋南北朝时期是中国园林发展的转折点。佛教的传入及老庄哲学的流行使园林转向了崇尚自然，私家园林也逐渐增多。

园林在唐宋时期达到成熟阶段，官僚及文人墨客自建园林或参与造园，将诗画融入到园林的布局和造景中，反映了当时社会上层地主阶级的诗意化生活要求。使园林建筑不再仅仅是工匠的杰作，更是文人的杰作，园林的人文风景突显了出来。此外，唐宋写意山水园林在体现自然美的技巧上取得了很大的成就，如叠石、堆山、理水等。明清时期，园林艺术进入精深发展阶段，无论是江南的私家园林，还是北方的帝王宫苑，在设计和建造上都达到了高峰。现代保存下来的园林大多属于明清时代，这些园林充分表现了中国古代园林的独特风格和高超的造园艺术。

中国园林源于自然，高于自然，以表现大自然的天然山水景色为主旨，布局自由。所造假山池沼浑然一体，宛如天成，充分反映了“天人合一”的民族文化特色，表现了人与自然和谐统一的宇宙观。

（二）中国园林类型

随着朝代的更替，中国园林逐渐形成了自己独特的艺术风格，并产生了不同的类型。通常可以按其不同的分类方法划分。

1. 按园林从属关系分类

（1）皇家园林

皇家园林是专供帝王休息享乐的园林，属于皇帝个人和皇室私有，古籍里称之苑、宫苑、苑囿、御苑等。皇家园林是皇家生活环境的一个重要组成部分，因而它反映了封建统治阶级的皇权意识，体现了皇权至尊的观念，但它对自然的态度则是倾向于凌驾自然之上的皇家气派。皇家园林的人工气息浓厚，往往以人工美取胜，自然美仅居次要的位置。

皇家园林占地面积较大，规模宏大，常将有代表性的第宅、寺庙、名胜集中并在园林中再现出来。一般以主体建筑作为构图中心统率全园，主体建筑常居于支配地位，尺度较大，较为庄重，色彩富丽堂皇。园林建筑在园中占的面积比例较低，多采取“大分散，小集中”成群成组的布局方式，南北向轴对称较多，随意布置的较少。另外，各景区的景观往往离不开建筑，用建筑的形式美来点染、补充、裁剪、修饰天然山水。现存的著名皇家园林有：北京颐和园、北京圆明园、北京北海公园、河北承德避暑山庄等。

北京颐和园：颐和园位于北京西北郊，前身是清漪园，是我国现存最完整、规模最大的一座皇家园林。1750 年，清乾隆皇帝在这里建清漪园，1860 年被英法联军焚毁。1888 年，慈禧太后挪用海军经费 3000 万两白银重建，改称今名，作消夏游乐地。现在的颐和园是万寿山和昆明湖的总称，总面积 290 公顷。全园布局可分为政治活动区、生活居住区和风景浏览区三个部分。政治活动区以仁寿宫为主体，是召见群臣、处理朝政的地方。风景浏览区是以万寿山为中心，分为前山、昆明湖、后山三部分。计有各种形式的宫殿园林建筑 3000 余间，长廊 728 米，彩画 8000 余幅，是其他苑囿所不可及的特色和长处，被列为我国十大名胜之一。

北京明清三海：明清时期北京有内三海（南海、中海、北海）和外三海（也就是什刹海，分为前海、后海、西海积水潭）之说。

北海位于北京故宫西北，是我国现存历史悠久、规模宏伟的一处古代帝王宫苑。素有人间“仙山琼阁”之美誉。这里原是辽、金、元、明、清五个朝代的皇家“离宫御苑”。明、清两代，北海、中海、南海合称“三海”，中南海称为西苑。清乾隆年间大规模扩建，现存建筑多为那时所建。北海全区可分为琼华岛、团城、北海东岸与北岸四个部分。面积为 68 公顷，其中水面约占 39 公顷。综观北海全园的建筑布局，以白塔为中心，以琼华岛为主体的四面景观。琼华岛是全园的中心，岛上建筑、造景繁复多变，堪称北海胜景。东部以佛教建筑为主，永安寺、正觉殿、白塔，三座建筑自下而上，高低错落，其中尤以高耸入云的白塔最为醒目；西部以悦心殿、庆霄楼等系列建筑为主，另有阅古楼、漪澜堂、双虹榭和许多假山隧洞、回廊、曲径等建筑。

中南海位于北京故宫西侧，鳌玉桥以南。中南海是中海和南海的统称，明朝以前曾称为太液池、西海子和西苑。始建于辽金，后经元、明、清各代不断扩建，面积达1500亩左右（其中水面约700亩）。古代中南海一直是历朝封建帝王的行宫和宴游的地方。

中海主要景物有紫光阁、蕉园和孤立水中的水云榭。此榭原为元代太液池中的墀天台旧址，现在还存有清乾隆帝所题“燕京八景”之一的“太液秋风”碑石。南海主要景物有瀛台，台上为一组殿阁亭台、假山廊榭所组成的水岛景区。重要的建筑物有翔鸾阁、涵元殿、香依殿、藻韵楼、待月轩、迎薰亭等。瀛台东现有石桥通达岸边。此外，在中南海中还有丰泽园和静谷，是园中之园，尤以静谷的湖石假山的堆叠手法高超。中海“水云榭”，南海“瀛台”，连同北海琼华岛，构成“三海”中的“三神山”。

河北承德避暑山庄：承德避暑山庄又称承德离宫或热河行宫，位于河北省承德市，占地面积达564万平方米，宫墙周长约10公里。始建于康熙四十二年（公元1703年），历时87年才建成。它是我国最大的皇家园林，比北京的颐和园大了近一倍。避暑山庄由宫殿区和苑景区两部分组成。宫殿区有正宫、松鹤斋、万壑松风和东宫四组建筑，布局严谨，建筑朴素；苑景区的精华基本上在湖区，湖区的风景建筑大多是仿照江南的名胜建造的，集中了古代南北园林艺术之精华。外八庙融合了汉、蒙、藏等民族的建筑形式，如众星拱月，环列于山庄的东部和北部。分布于群山中的奇峰异石如磬锤峰、双塔山、罗汉山等，与山庄建筑相互映衬，使人文美与自然美融合一体。避暑山庄已列入世界文化遗产。

（2）私家园林

私家园林是供皇家的宗室外戚、王公官吏、富商大贾等休闲的园林，古籍里称之为园、园亭、园墅、池馆、山池、山庄、别墅、别业等。其特点是规模较小，一般只有几亩至十几亩，小者仅一亩半亩而已。常用假山假水，建筑小巧玲珑，表现其淡雅素净的色彩。造园师的主要构思是“小中见大”，即在有限的范围内运用含蓄、扬抑、曲折、暗示等手法来启动人的主观再创造；曲折有致，造成一种似乎深邃不尽的景境，扩大人们对于实际空间的感受；大多以水面为中心，四周散布建筑，构成一个个景点，几个景点围合而成景区；以修身养性，闲适自娱为园林主要功能；园主多是文人学士出身，能诗会画，善于品评，园林风格以清高风雅，淡素脱俗为最高追求，充溢着浓郁的书卷气。现存的私家园林有：北京的恭王府，苏州的拙政园、留园、沧浪亭、网师园，江苏无锡寄畅园、上海的豫园等。

苏州拙政园：拙政园是苏州园林中的经典作品，中国的四大名园之一。拙政园占地面积约4.1公顷，公元1509年由御史王献臣始建。在其后的400余年间，沧桑变迁，屡易其主，几度兴废，原来浑然一体的园林演变为相互分离、自成格局的三座园林。

东区的面积约31亩，现有的景物大多为新建。园中含门廊、兰雪堂、木构亭，萦绕流水及垂柳，间以石矶、立峰，临水建有水榭、曲桥等。

中区为全园精华所在，面积约为18.5亩，其中水面占1/3。水面有分有聚，临水建有形体各不相同，位置参差错落的楼台亭榭多处。主厅远香堂为原园主宴饮宾客之所，四面长窗通透，可览园中景色；厅北有临池平台，隔水可欣赏岛山和远处亭榭；南侧为小潭、曲桥和黄石假山；西循曲廊，接小沧浪廊桥和水院；东经圆洞门入枇杷园，园中以轩廊小院数区自成天地，外绕波形云墙和复廊，内植枇杷、海棠、芭蕉、竹等花木，建筑处理和庭院布置都很雅致精巧。

西区面积约为12.5亩，有曲折水面和中区大池相接。建筑以南侧的鸳鸯厅为最大，厅内以隔扇和挂落划分为南北两部，夏日用以观看北池中的荷蕖水禽，冬季则可欣赏南院的假山、茶花。池北有扇面亭——“与谁同坐轩”，造型小巧玲珑。东北为倒影楼，同东南隅的宜两亭互为对景。

苏州留园：留园位于阊门外，占地约50亩，为苏州四大名园之一。原为明嘉靖时太仆寺少卿徐泰时的东园，清嘉庆时刘恕改建，称寒碧山庄。经太平天国之役，苏州诸园多毁于兵燹，而此园独存。光绪初年易主，改名留园。现在的留园大致分为中部、东部、北部、西部四个部分。中部以山水为主，为原留园所在，是全园的精华。主要建筑有涵碧山房、明瑟楼、绿荫轩、远翠阁、闻木樨香处、可亭、小蓬莱、濠濮亭、曲溪楼、清风池馆等处。东部的中心是五峰仙馆，四周环绕着还我读书处、揖峰轩、汲古得绠处，以及林泉耆硕之馆、冠云沼、冠云亭、冠云楼等建筑。北面是著名的冠云、岫云和朵云三峰，为明代旧物，冠云峰高约9米，玲珑剔透，有“江南园林峰石之冠”的美誉。留园建筑数量较多，其空间处理以布局严谨，结构精巧见长；其花窗设计也别出心裁，独具匠心；充分体现了古代造园家的高超技艺和卓越智慧，俞樾在《留园记》中誉之为“吴中名园之冠”。

江苏无锡寄畅园：寄畅园位于江苏无锡市西郊的惠山东麓。此园在元朝时曾为僧舍，明代扩建成园。清顺治末康熙初，清朝工部尚书秦承恩的曾孙将其改筑，请造园名家张轼掇山理水，疏泉立石，园景益胜。康熙、乾隆两帝各六次南巡，必到此园，乾隆仿此园于颐和园中建“惠山园”（谐趣园）。咸丰同治年间，寄畅园多数建筑毁于兵火，后稍作修补。1952年秦氏后裔将此园献给国家，即作保护性修复。又将园西南角之贞节祠划入园中，后陆续重修园内景点。园景布局以山池为中心，假山依惠山东麓山脉作余脉状。又构曲涧，引“二泉”水流注其中，潺潺有声。园内大树参天，竹影婆娑，苍凉廓落，古朴清幽，经巧妙的借景，高超的叠石，精美的山水，洗练的建筑，在江南园林中别具一格，属山麓别墅园林。1988年列为全国重点文物保护单位。

(3) 寺观园林

寺观园林也称寺庙园林，指佛寺、道观、历史名人纪念性祠庙的园林，其风格特征是理性美。它的产生开辟了对园林景观对象的理性探索和领悟，并影响到整个园林艺术。它也创造了一些别具特色的景观形式，对以后的园林创作产生了影响。寺观园林在公元4世纪就已经出现。从两晋、南北朝到唐、宋，随着佛教、道教的几度繁盛，寺观园林的发展在数量和规模上都很可观，名山大岳几乎都有这类园林。

寺观园林不同于帝王苑囿和私家园林，总体组群一般包括宗教活动部分、生活供应部分、前导部分和园林游览部分。布局上大多与寺庙的园林部分隔离，有时也采用空廊、漏花墙，让园林景色渗透进来。在地段紧迫、地形陡变处，往往突破庭院式格局，随山势散点布置，融入自然环境。这样，宗教建筑自身也成了景观建筑，与园林游览部分融成一体。前导香道既是寺庙的主要交通路线，也是寺庙园林游览的序幕景观。长长的香道，常常结合丛林、溪流、山道的自然特色，精心选定路线，点缀山门、山亭、牌坊、小桥、放生池、摩崖造像、摩崖题刻等，起着铺垫、渲染宗教气氛，激发、增强游人兴致，逐步引入宗教天地和景观佳境的过渡作用。如四川乐山大佛寺的香道。园林游览部分随寺庙所处地段呈现不同的布局。位处城镇的寺观祠庙，如苏州的寒山寺、戒幢寺（西园），成都的武侯祠等，多是圈围在院墙内部、模仿自然的山水园，布局的方式和手法类同私家园林。位处山林环境的寺观，如杭州的灵隐寺，乐山的凌云寺，福州鼓山的涌泉寺，灌县青城山的天师洞，峨眉山的清音阁等，则突破模仿自然的山水园的格局，而着力于寺院内外天然景观的开发，通过少量景观建筑、宗教景物的穿插、点缀和游览路线的剪辑、连接，构成环绕寺院周围、贯连寺院内外的风景园式的格局。由于寺庙多位处山林，因此这类格局是寺庙园林布局的主流。

北京潭柘寺：潭柘寺始建于西晋，至今已有近1700年的历史，是北京地区最早修建的一座佛教寺庙。潭柘寺在晋代时名叫嘉福寺，唐代时改称龙泉寺，金代御赐寺名为大万寿寺，在明代又先后恢复了龙泉寺和嘉福寺的旧称，清代康熙皇帝赐名为岫云寺，但因其寺后有龙潭，山上有柘树，故而民间一直称其“潭柘寺”。

潭柘寺坐北朝南，背倚宝珠峰，周围有九座高大的山峰呈马蹄状环护，宛如九条巨龙护卫着中间的宝珠峰，潭柘寺古刹就建在宝珠峰的南麓。高大的山峰挡住了从西北方袭来的寒流，使潭柘寺所在之处形成了一个温暖、湿润的小气候。因而这里植被繁茂，古树名花数量众多，春夏秋冬各自有景，晨午晚夜情趣各异，自然景观十分优美，早在清代“潭柘十景”就已经名扬京华。

潭柘寺规模宏大，寺内占地2.5公顷，寺外占地11.2公顷，加上周围由潭柘寺管辖的森林和山场，总面积达121公顷以上。殿堂随山势高低而建，错落有致。北京故宫有房9999间半，潭柘寺在鼎盛时期的清代有房999间半。现存古建殿堂638间，建筑保持着明清时期的风貌，是北京郊区最大的一处寺庙古建筑群。整个建筑群充分体现了中国古建筑的美学原则，以一条中轴线纵贯当中，左右两侧基本对称，使整个建筑群显得规矩、严整、主次分明、层次清晰。其建筑形式有殿、堂、阁、斋、轩、亭、楼、坛等，多种多样。潭柘寺后有观音殿，寺外北有龙潭，南和东南有安乐延寿堂，东观音洞、明王殿。寺前有上、下塔院，寺内有金、元、明、清各代僧人墓塔70余座，都是砖石结构的，以密檐式为主。潭柘寺众多的建筑和景点，宛如捧月的众星，散布其间，组成了一个方圆数里，景点众多，形式多样，情趣各异的旅游名胜景区。

苏州寒山寺：苏州寒山寺位于阊门外枫桥镇，寺院坐东朝西，占地约1.06万平方米，现为佛教活动场所。唐诗人张继途经枫桥，写下了“月落乌啼霜满天，江枫渔火对愁眠，姑苏城外寒山寺，夜半钟声到客船”的名句，从此诗韵钟声千古传颂。如今每到新年，人们都有到寒山寺听钟声，以抛弃烦恼忧愁的习俗。

寺院古又称枫桥寺，始建于南朝梁天监年间，旧名妙普明塔院。相传因唐代高僧寒山和拾得自天台山国清寺来此住持，更名为寒山寺。南宋绍兴四年（公元1134年）僧法迁重建寺院。该寺曾多次毁于战火，现存殿宇多为清代重建。1954年初曾进行全面整修，并移建宋仙洲巷某宅花篮楼于寺中，恢复“枫江第一楼”之称。1995年，建于寺后逾42米的五级四面楼阁式仿唐佛塔“普明宝塔”落成，成为枫桥景区的标志性建筑。

杭州灵隐寺：灵隐寺又名云林寺，中国著名佛教寺院。位于浙江省杭州市西湖西北面，在飞来峰与北高峰之间灵隐山麓中，两峰挟峙，林木耸秀，深山古寺，云烟万状，是一处古朴幽静、景色宜人的游览胜地，也是江南著名古刹之一。

灵隐寺创建于东晋咸和元年（公元326年），至今已有1600余年的历史，为杭州最早的名刹。当时印度僧人慧理来到杭州，看到这里山峰奇秀，认为是“仙灵所隐”，所以就在这里建寺，取名“灵隐”。五代时吴越国王钱俶崇信佛教，广建寺宇，当时灵隐寺规模宏大，有九楼、十八阁、七十二殿堂，僧徒达三千余众。北宋时，有人品第江南诸寺，气象恢宏的灵隐寺被列为禅院五山之首。灵隐寺前有冷泉、飞来峰诸胜，清康熙南巡时，登寺后即兴为灵隐寺题匾。因北高峰上时看到山下云林漠漠，整座寺宇笼罩在一片淡淡的晨雾之中，有云有林，显得十分幽静，于是赐灵隐寺名为“云林禅寺”。灵隐寺自创建以来，曾毁建10余次，1956年和1975年两次整修，形成了现在的规模。

（4）名胜园林

名胜园林也称山林名胜或城郊风景区，这种园林规模较大，多是把自然和人造景物融为一体。如杭州西湖、无锡鼋头渚、九江庐山和嘉兴烟雨楼等。山林名胜或城郊风景区属于自然山水式园林，其主要特点表现在摹仿自然，以人工的力量创造自然景色，体现了中国古人尊重自然并与自然相亲近的观念。

杭州西湖：西湖位于浙江杭州西部，风景妩媚，早在南宋即出现“西湖十景”。经过历代妆点，使江湖、山林、洞壑、溪泉、春华秋实、夏荷冬雪等自然之胜，与古刹丛林及造园家的雕凿融为一体。秀丽的西湖，三面环山，一泓碧水，以具有东方艺术风格的巨型山水盆景著称于世。

西湖景区由一山（孤山）、两堤（苏堤、白堤）、三岛（阮公墩、湖心亭、小瀛洲）、十景（曲院风荷、平湖秋月、断桥残雪、柳浪闻莺、雷峰夕照、南屏晚钟、花港观鱼、苏堤春晓、双峰插云、三潭印月）构成。昔日的“西湖十景”基本围绕西湖分布，有的就位于湖上，各擅其胜，组合在一起又能代表古代西湖胜景精华。西湖最美为雪景，其“断桥残雪”著名于世（图1-12）。

杭州为吴越古都，又是丝绸之府、鱼米之乡，人物辈出，留下许多可歌可泣的历史故事和传诵千古的诗篇，与西子湖畔大量名胜古迹互为印证。

九江庐山：位于江西省九江市南，东濒鄱阳湖，北临长江，是以平地拔起的地垒式断块山为主体的山岳风景名胜区。主峰大汉阳峰海拔1474米。庐山风景具有雄、奇、险、秀的特色。自古有“匡庐瀑布誉满天下”的盛名。位于五老峰东的三叠泉，水分三级挂落于铁壁峰前，落差 120 米。山上有仙人洞、三宝树、龙首岩、含鄱口等景点，山下有晋代东林寺、宋代的观音桥和白鹿洞书院等名胜古迹（图 1-13）。

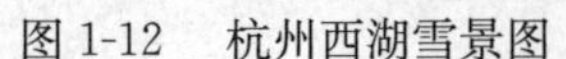

图 1-12　杭州西湖雪景图

图 1-13　九江庐山

西汉历史学家司马迁南登庐山，将庐山之名载入《史记》。东晋高僧慧远建造的东林寺，是中国最早的寺庙园林。慧远在庐山活动了 36 年，创建净土法门，使庐山成为中国南方的佛教中心。至宋代，庐山的寺庙多达 361 座。历史上先后有 1500 位名人登游庐山，为庐山留下了 4000 余首诗词、900 余处摩崖石刻和浩如烟海的著作、画卷及书法作品。

庐山是中外闻名的避暑胜地，现有英、美、德、法等 18 个国家建筑风格的别墅 600 余栋。美庐别墅、原歇尔曼别墅、原威廉斯别墅等已成为国家文物保护单位。在中国的名山中，唯庐山有这样大规模的“世界村”。

嘉兴烟雨楼：南湖位于浙江嘉兴，为浙江四大名湖之一，以烟雨风光著称于世。水面开阔，波光粼粼，淡水碧林相映成画，霪雨霏霏时，湖面薄雾如纱，富有诗意。湖中湖心岛上有以烟雨楼为主体的古园林建筑群。烟雨楼重檐飞翼，典雅古朴。楼周围亭阁、长廊、假山、花台，疏密相间，错落有致。湖中有池，岛中有堤，体现了中国造园艺术风格。

烟雨楼始建于五代后晋年间（公元 936～947 年），初位于南湖之滨，明嘉靖二十六年（公元 1548 年），疏浚市河，所挖河泥填入湖中，遂成湖心岛。次年移楼于岛上，从此这里被称为“小瀛洲”。现烟雨楼为 1918 年重建，正楼高约 20 米，面积 640 平方米，重檐画栋，朱柱明窗，气势非凡。烟雨楼后，假山巧峙，花木扶疏。假山西北，亭阁错落排列，回廊曲径相连，玲珑精致，各具情趣。烟雨楼素以“微雨欲来，轻烟满湖，登楼远眺，苍茫迷蒙”的景色著称于世。登烟雨楼望南湖景色，别有情趣。春天细雨霏霏，湖面上下烟雨朦胧，景色全在烟雾之中；夏日倚栏远眺，湖中接天莲叶无穷碧。

2. 按园林所处地理位置分类

（1）北方园林

因北方地域宽广，所以北方园林范围较大；又因大多为百郡（郡：中国唐朝前第一或第二级行政区划）所在，所以建筑富丽堂皇。由于自然气象条件局限，河川湖泊、园石和常绿树木都较少。北方园林风格粗犷，秀丽媚美显得不足。

北方园林大多集中于北京、西安、洛阳、开封等地，尤以北京为北方造园活动的中心。清代北京私家营园很多，兴建于这个时期并具备一定规模的宅园，据文献记载，明代宅园有50多处，清代宅园有100多处。迄今保存较完整、部分尚存或有遗址可查考的有50多处，其中尚不包括王府花园和会馆花园在内。王府花园是北方私家园林的一个特殊类别，它们的规模一般比宅园大，规制也稍有不同。会馆花园的内容与私家园林并无差别。

北方气候寒冷，建筑形式比较封闭、厚重，园林建筑亦别具一种刚健的美。北京是帝王之都，私家园林多为贵戚官僚所有，布局难免注重仪典性的表现，因而规划上使用轴线较多。叠山用石以当地所产的青石和北太湖石为主，堆叠技法亦属浑厚格调。植物栽培受气候的影响，冬天叶落，水面结冰，很有萧瑟寒林之感。规则布局的轴线、对景线运用较多，当然也就赋予园林以更为浑厚浓重的气度。比较著名的有一亩园、清华园、勺园、承德避暑山庄等。

(2) 江南园林

江南园林是以开池筑山为主的自然式风景山水园林。它一般与住宅相连，多呈内向形式，环境闭塞，很难获得开阔的视野和良好的借景条件。在园林中建筑的比重也往往较大，密度常达30%以上。江南园林所崇尚的自然是经过艺术再创造的、渗透了社会伦理道德和感情人格化的自然，是“虽由人作，宛自天成”的“人为自然”。

江南园林叠山石料的品种很多，以太湖石和黄石两大类为主。石的用量很大，能够仿真山之脉络气势，做出峰峦丘壑、洞府峭壁、曲岸石矶等，手法多样，技艺高超。江南气候温和湿润，花木生长良好，种类繁多。园林植物以落叶为主，配合若干常绿树，再辅以藤萝、竹、芭蕉、草花等构成植物配置的基调，并能够充分利用花木生长的季节性构成四季不同的景色，主题园林建筑常以周围花木命名。

江南园林建筑以高度发达的江南民间乡土建筑为创作的源泉，因而建筑的形式多样丰富。江南园林建筑的个体形象玲珑轻盈，具有一种柔媚的气质。室内外空间通透，露明木构件修饰为赭黑色，灰砖青瓦，白粉墙垣配以水石花木组成的园林景观，能显示一种恬淡雅致有若水墨渲染画的艺术格调。木装修、家具、各种砖雕、木雕、漏窗、洞门、匾联、花街铺地均表现了极精致的工艺水平。

南方人口较密集，河湖、园石、常绿树较多，所以园林地域范围小、景致较细腻精美。南方园林特点为明媚秀丽、淡雅朴素、曲折幽深，但面积小，略感局促。江南园林以扬州、无锡、苏州、湖州、上海、常熟、南京等城市为主，其中又以苏州、扬州最具代表性。

(3) 岭南园林

岭南庭园主要分布在广东、闽南和广西南部等经济富裕且文化水平较高的地方，如广州、潮汕、泉州和福州等地。由于各地文化的差异，庭园布局也有所不同。最早的岭南园林可上溯到南汉时的“仙湖”，它的一组水石景“药洲”保留至今。清初岭南地区经济比较发达，文化水准提高，私家造园活动开始兴旺，影响逐渐及于潮汕、福建和台湾等地。到清中叶以后而日趋兴旺，在园林的布局、空间组织、水石运用和花木配置方面逐渐形成自己的特色，终于异军突起而成为与江南、北方鼎峙的三大地方风格之一。

岭南园林以宅园为主，多为庭院和庭园的组合，其明显的特点是具有热带风光。因为其地处亚热带，又多河川，植被树木终年常绿，造园条件比北方、南方都好。由于气候炎热必须考虑自然通风，故园林建筑形象上的通透开敞更胜于江南，建筑物体量偏大、高而宽敞。

岭南园林地近澳门、广州，接触西洋文明可谓得风气之先，园林受到西洋的影响更多一些。不仅某些局部和细部的做法如西洋式的石栏杆、西洋进口的套色玻璃和雕花玻璃等，甚至个别园林的规划布局亦能看到欧洲规整式园林的摹仿迹象。现存岭南类型园林中，顺德的清晖园、东莞的可园、番禺的余荫山房、佛山的梁园被称为粤中四大名园。它们都完整保存下来，可视为岭南园林的代表作品，其中以余荫山房最为有名。

（三）中国园林的艺术特色

1. 以表现自然意趣为主旨，追求师法自然的艺术效果

所谓师法自然，意为“虽由人作，宛自天成”。在造园艺术上包含两层内容：一是总体布局、组合要合乎自然。山与水的关系以及假山中峰、涧、坡、洞各景象因素的组合，要符合自然界山水生成的客观规律。二是每个山水景象要素的形象组合要合乎自然规律。如假山峰峦是由许多小的石料拼叠合成，叠砌时要仿天然岩石的纹脉，尽量减少人工拼叠的痕迹。水池常作自然曲折、高下起伏状。花木布置应是疏密相间，形态天然。乔灌木也错杂相间，追求天然野趣。

2. 布局讲究虚实相生，将有限的面积化为无限丰富的空间意象

中国园林用种种办法来分隔空间，其中主要是用建筑来围蔽和分隔空间。力求从视角上突破园林实体的有限空间的局限性，使之融于自然，表现自然。为此，必须处理好形与神、景与情、意与境、虚与实、动与静、因与借、真与假、有限与无限、有法与无法等关系。中国园林利用叠石、围墙、漏窗、借景等艺术手法，把园内空间与自然空间融合和扩展开来。如漏窗的运用，使空间流通、视觉流畅，因而隔而不绝，在空间上起互相渗透的作用。在漏窗内看，玲珑剔透的花饰、丰富多彩的图案，有浓厚的民族风味和美学价值；透过漏窗，竹树迷离摇曳，亭台楼阁时隐时现，远空蓝天白云飞游，造成幽深宽广的空间境界和意趣。

3. 注重诗画意境的创造，激发游人的想象和联想

中国园林中，有山有水，有堂、廊、亭、榭、楼、台、阁、馆、斋、舫、墙等建筑。人工的山，石纹、石洞、石阶、石峰等都显示自然的美色。人工的水，岸边曲折自如，水中波纹层层递进，也都显示自然的风光。所有建筑，其形与神都与天空、地下自然环境吻合，同时又使园内各部分自然相接，以使园林体现自然、淡泊、恬静、含蓄的艺术特色，并收到移步换景、渐入佳境、小中见大等观赏效果。

4. 采用树木花卉表现自然

与西方系统园林不同，运用乔灌木、藤木、花卉及草皮和地被植物等材料，通过设计、选材、配置，发挥其不同功能，形成多样景观，是我国古典园林的重要表现手法。中国园林对树木花卉的处理与安设讲究表现自然。松柏高耸入云，

柳枝婀娜垂岸，桃花数里盛开，乃至于树枝弯曲自如，花朵迎面扑香，其形与神，其意与境都十分注重表现自然。追求自然是中国园林体现“天人合一”的民族文化所在，是中国园林的最大特色，也是其永具艺术生命力的根本原因

（四）中国园林的建筑类型

中国园林由六大要素构成：①筑山；②理池；③植物；④动物；⑤建筑；⑥匾额、楹联与刻石。其中建筑具有十分重要的作用。中国自然式园林建筑，一方面要可行、可观、可居、可游，一方面起着点景、隔景的作用。使园林移步换景、渐入佳境，以小见大，又使园林显得自然、淡泊、恬静、含蓄，这是与西方园林建筑大不相同之处。中国自然式园林中的建筑形式多样，有堂、厅、楼、阁、馆、轩、斋、榭、舫、亭、廊、桥、墙等。

1. 厅堂

厅堂是待客与集会活动的场所，也是园林中的主体建筑。厅堂的位置确定后，全园的景色布局才依次衍生变化，造成各种各样的园林景致。厅堂一般坐北朝南，其南面是全园最主要景观，通常是理池和造山所组成的山水景观。厅堂建筑的体量较大，空间环境相对也开阔，在景区中，通常建于水面开阔处，临水一面多构筑平台，如北京园林大多临水筑台、台后建堂。这成为明清时代构园的传统手法，如拙政园的远香堂、留园的涵碧山房、狮子林的荷花厅等，都采用此法布置厅堂。

2. 楼阁

楼阁为园林中二类建筑，属较高层的建筑。一般情况下，如作房阔，须回环窈窕；作藏书画，须爽阔高深；供登眺，视野要有可赏之景。楼与阁的体量处理要适宜，避免造成空间尺度的不和谐而影响全园景观。阁，四周开窗，每层设围廊，有挑出平座（平座：楼阁上的出檐廊），以便眺望观景。

3. 书房馆斋

馆可供宴客之用，其体量有大有小，与厅堂稍有区别。大型的馆，如留园的五峰仙馆、林泉香石馆，实际上是主厅堂。斋供读书用，环境当隐蔽清幽，尽可能避开园林中主要游览路线。建筑式样较简朴，常附以小院，植芭蕉、梧桐等树木花卉，以创造一种清静、淡泊的情趣。

4. 榭

建于水边或花畔，借以成景。平面常为长方形，一般多开敞或设窗扇，以供人们游憩、眺望。水榭则要三面临水。

5. 轩

为小巧玲珑、开敞精致的建筑物，室内简洁雅致，室外或可临水观鱼，或可品评花木、极目远眺。

6. 舫

是仿造舟船造型的建筑，常建于水际或池中。舫将船的造型建筑化，在体量上模仿船头、船舱的形式，便于与周围环境和谐协调，也便于内部建筑空间的使用。南方和岭南园林常在园中造舫，如南京煦园不系舟，是太平天国天王府的遗物。还有苏州拙政园的香洲和颐和园的石舫。

7. 亭

一种开敞的小型建筑物，主要供人休憩观景。可眺望、观赏、休息、娱乐。

亭或立山巅，或枕清流，或临涧壑，或傍岩壁，或处平野，或藏幽林，空间上独立自在，布局上灵活多变。

亭在造园艺术中的广泛应用，标志着园林建筑在空间上的突破。在建筑艺术上，亭集中了中国古代建筑最富民族形式的精华。按平面形状分，常见的有三角亭、方亭、短形亭、六角亭、八角亭、圆亭、扇面亭、梅花亭、套方亭；按屋顶形式分，有单檐亭、重檐亭、攒尖亭、盖顶亭、歇山亭，攒尖高耸，檐宇如飞，形象十分生动而空灵；按所处位置分，有桥亭、路亭、井亭、廊亭。凡有佳景处都可建亭，画龙点睛，为景色增添民族色彩和气质，即使无佳景，也可从平淡之中见精神，使园林更富有生气和活力。

8. 路与廊

路和廊是中国园林中最富有可塑性与灵活性的建筑，是一种生动活泼颇具特色的民族建筑。它既可在交通上连通自如，又可让游人移步换景。还可在酷暑风雨之时，观赏不同季节和不同气象时的园林美。廊有单廊与复廊之分，单廊曲折幽深；复廊是两条单廊的复合，于中间分隔墙上开设众多花窗，两边可对视成景，既移步换形增添景色，又扩大了园林的空间。以苏州沧浪亭的复廊最负盛名。

9. 桥

园林中的桥一般采用拱桥、平桥、廊桥、曲桥等类型，有石制、竹制、木制，十分富有民族特色。桥不但有增添景色的作用，而且用以隔景，在视觉上产生扩大空间的效果。特别是南方园林和岭南类型园林，由于多湖泊河川，桥也较多。

10. 园墙

中国园林中，建筑群多采用院落式布局，园墙是其中的组成部分。园墙不可缺少且具民族特色，如上海豫园，五条龙墙将豫园分割成若干院落，龙墙蜿蜒起伏，犹如长龙围院，颇有气派。南北园林通常在园墙上设漏窗、洞门、空窗等，形成虚实对比和明暗对比的效果，并使墙面丰富多彩。漏窗的形式有方、横长、圆、六角形等，窗的花纹图案灵活多样，有几何形和自然形两种。

（五）中国园林建筑的构景方法与美学思想

1. 园林建筑的构景方法

在人与自然的关系上，中国很早就在造园构景中运用多种手段来表现自然，以求渐入佳境、小中见大、步移景异的理想境界，取得自然、淡泊、恬静、含蓄的艺术效果。中国园林的构景手段很多，如讲究造园目的、园林的起名、园林的立意、园林的布局、园林中的微观处理等。

在微观处理中，通常有以下几种造景及观赏手段：

（1）抑景

中国传统艺术历来讲究含蓄，所以园林造景绝对不会让人一走进门口就看到最好的景色，最好的景色往往藏在后面。即“先藏后露”、“欲扬先抑”、“山重水复疑无路，柳暗花明又一村”。采取抑景的办法才能使园林显得有艺术磁力。如园林入口处常迎门设置假山，这种处理叫做山抑。

（2）添景

当某风景点在远方，没有其他景点在中间、近处作过渡，就显得虚空而没有层次。如果在中间、近处有乔木、花卉，作为中间、近处的过渡景，景色会显得有层次美。这类中间的乔木和近处的花卉称为添景。如，当人们站在北京颐和园昆明湖南岸的垂柳下观赏万寿山远景时，万寿山会因有倒挂的柳丝作为装饰而生动起来。

（3）夹景

当风景点在远方，或自然的山，或人文建筑，它们本身都很有审美价值。如果视线两侧大而无遮挡，就显得单调乏味。如果两侧用建筑物或树木花卉屏障起来，使风景点显得更有诗情画意，这种构景手法即为夹景。如在颐和园后山的后湖中划船，远方的苏州街主景，为两岸起伏的土山和美丽的林带所夹峙，构成明媚动人的景色。

（4）对景

在园林中，登上亭、台、楼、阁、榭，可观赏堂、山、桥、树木……；在堂、桥、廊等处，可观赏亭、台、楼、阁、榭。这种从一个观赏点观赏另一个观赏点的方法（或构景方法）叫对景。

（5）框景

园林建筑的框景，就是用类似画框的门、窗洞、框架，或乔木的冠环抱而成的空隙，把真实的自然风景或人文景观围起来，形成类似于“画”的风景图画，这种造景方法称为框景（图 1-14）。在设计框景时，应注意使观赏点的位置距景框直径两倍以上，同时视线与框的中轴线重合式效果最佳。

（6）漏景

园林的围墙或走廊墙上，常设漏窗，或雕以带有民族特色的几何图形，或雕以民间喜闻乐见的葡萄、石榴、老梅、修竹等植物，或雕以鹿、鹤、兔等动物。透过漏窗的窗隙，可见园外或院外的美景，这称为漏景（图 1-15）。

图 1-14 框景

图 1-15 漏景

（7）借景

大到皇家园林，小至私家园林，空间都是有限的。在横向或纵向让游人扩展视觉和联想，达到以小见大境界，最重要的办法便是借景。借景有远借、邻借、仰借、俯借、应时而借等。借远方的山，叫远借；借邻近的大树叫邻借；借空中的飞鸟，叫仰借；借池塘中的鱼，叫俯借；借四季的花或其他自然景象，叫应时

而借

2. 园林建筑的美学思想

(1) 飞动美

中国古代工匠喜欢把生气勃勃的动物形象用到艺术上去，这种艺术风格带有中国特有的文化色彩。如希腊建筑上的雕刻，多用植物叶子构成花纹图案。中国古代雕刻却擅长用龙、虎、鸟、蛇这一类生动的动物形象。至于植物花纹，是到唐代以后才逐渐兴盛起来。早在汉代，舞蹈、杂技等艺术十分发达，绘画、雕刻无一不呈现出飞舞状态。图案画常用云彩、雷纹和翻腾的龙构成，雕刻也多是雄壮的动物，还要加上能飞的翅膀。这充分反映了汉民族艺术方面的追求。

飞动之美，也成为中国古代建筑艺术的一个重要特点。不但建筑内外部的装饰，即便是整个建筑形象也着重表现一种动态。中国建筑特有的“飞檐”，就是起到这种飞动作用的典范。

(2) 空间美

建筑和园林的艺术处理，实质上是处理空间的艺术。中国园林从北京故宫三大殿旁的三海、郊外的圆明园、颐和园等皇家园林，到民间的老式房子的天井、院落，空间的艺术处理随心中意境可敛可放，是流动变化和虚灵的。

其一，园林艺术的基本思想是可行、可望、可游、可居。园林中建筑不仅可以居人，还必须可游，可行，可望。“望”即欣赏，“游”可“望”，“住”也要可“望”，因此窗子在园林建筑艺术中起着很重要的作用。如颐和园乐寿堂四边都设窗，面向湖景，每个窗向外望去都是一幅画。同一个窗从不同的角度看出去，景色都不相同。如此，画的境界就无限地增多了。不仅走廊和窗，一切楼、台、亭、阁都是为“望”，从小中见大，丰富空间美的感受。

其二，为了丰富空间的美感，园林建筑中采用种种手法来布置空间、组织空间、创造空间，例如借景、分景、隔景等。例如颐和园中“借景”看玉泉山的塔，如同是颐和园的一部分（图 1-16）。还有苏州留园的冠云楼，可以远借虎丘山景，也是“借景”；颐和园的长廊，把一片风景隔成两部分，一边是近于自然的湖山，一边是近于人工的楼台亭阁，游人可以两边眺望，丰富了美感，此为“分景”；颐和园中的谐趣园自成院落，另辟空间，别有一种情趣，这种大园林中的小园林叫做“隔景”；对着窗子挂一面大镜，把窗外大空间的景致照入镜中，称为“镜借”。“镜借”是凭镜借景，使景映镜中，化实为虚，园中凿池映景，亦为此意。

图 1-16　借景

无论是借景、对景还是隔景、分景，都是通过布置空间、组织空间、创造空间、扩大空间的种种手法，丰富美的感受，创造艺术意境。中国园林艺术在“空间美”方面的特殊表现手法，是理解中华民族美感特点的重要领域。

(3) 意境美

运用乔灌木、藤木、花卉及草皮和地被植物等材料，通过设计、选材、配置，发挥其不同功能，形成多样景观，是我国古典园林的重要表现手法。在园林风景布局方面，有的突出枫树，温彩流丹；有的突出梨树，轻纱素裹；有的突出古松，峰峦滴翠；湖岸边植垂柳，婀娜多姿。利用花色、叶色的变化，花型、叶状各异，四时有景。诗情画意与造园的直接结合，正反映了我国古代造园艺术的高超，大大提高了景色画面的表现力和感染力。

古典园林种植花木，常置于人们视线集中的地方，以创造多种环境气氛。如故宫御花园的轩前海棠，颐和园乐寿堂前后的玉兰，谐趣园的一池荷花等。在具体种植布局上，则"栽梅绕屋"、"移竹当窗"、"榆柳荫后圃，桃李罗堂前"，玉兰，紫薇常对植。许多花木讲究"亭台花木，不为行列"，如梅林、桃林、竹丛、梨园、橘园、柿园、月季园、牡丹园等，体现一种群体美。

古人造园植木，善寓意造景。选用花木常与比拟、寓意联系在一起，如松的苍劲、竹的潇洒、海棠的娇艳、杨柳的多姿、腊梅的傲雪、芍药的尊贵、牡丹的富华、莲荷的如意、兰草的典雅等。特别是善于利用植物的形态和季相变化，表达人的思想感情或形容某一意境，如"岁寒而知松柏之后凋"，表示坚贞不渝；"留得残荷听雨声"、"夜雨芭蕉"，表示宁静的气氛；海棠，为棠棣之华，象征兄弟和睦；石榴花则"万绿丛中红一点，动人春色不宜多"等。树木的选用也有其规律："庭园中无松，是无意画龙而不点睛"；南方杉木栽植房前屋后，"门前杉径深，屋后杉色奇"；利用树木本身特色"槐荫当庭"；"院广梧桐"，梧桐皮青如翠，叶缺如花，妍雅华净，赏心悦目。

第四节 中国传统建筑风水文化

中国传统建筑文化历经数千年的发展，形成了内涵丰富、成就辉煌、风格独特的体系。中国传统建筑文化与建筑理论包括营造学、造园学、风水学三大部分。建筑风水学无论如何定性，是智慧还是文化，是民俗还是迷信，都是中国古代建筑理论与实践的重要组成部分。也是中华民族特有传统文化（中医、武术、风水）中不可分割的一部分，具有悠久的历史与传承。中国古代建筑包括寺观、陵墓、园林、民居等，从选址、规划到设计、装潢，无不受到风水思想的深刻影响。

古代建筑思想的"风水术"也称"堪舆术"，是道教诸多法术中的一种。业界研究者多认为风水既难以定性为纯粹"迷信"，也不能简单说是现代西方意义上的"科学"。它实质上是古人在趋吉避凶心理意识支配下，为寻找理想居住环境而发展起来的，是一门关于建筑选址、布局的技艺或方术。

一、建筑风水文化的源流、诠释与争议

（一）建筑风水文化的源流与演变

历史上最先给风水下定义的是晋代的郭璞，他在《葬书》中说："葬者，乘生气也。夫阴阳之气，噫而为风，升而为云，降而为雨，行乎地中而为生气，行乎地中发而生乎万物。……气乘风则散，界水则止。古人聚之使不散，行之使有止，故谓之风水。""风水之法，得水为上，藏风次之。"清人范宜宾为《葬书》作注：

"无水则风到而气散，有水则气止而风无，故风水二字为地学之最，而其中以得水之地为上等，以藏风之地为次等"。即风水是古代一门有关生气的术数，只有在避风聚水的情况下才能得到生气。

《地理人子须知》中说："而生气何以察之？曰气之来，有水以导之；气之止，有水以界之；气之聚，无风以散之。故曰要得水，有藏风。又曰气乃水之母，有气斯有水；有曰噫气惟能散生气；又曰外气横形，内气止生；有曰得水为上，藏风次之；皆言风与水所以察生气之来与止聚云尔。总而言之，无风则气聚，得水则气融，此所以有风水之名。循名思义，风水之法无余蕴矣"。

《青乌先生葬经》谈及："内气萌生，外气成形，内外相乘，风水自成"。"内气萌生，言穴暖而生万物也；外气成形，山川融结而成像也。生气萌于内，形象成于外，实相乘也。"

《风水辨》："所谓风者，取其山势之藏纳，土色之坚厚，不冲冒四面之风与无所谓地风者也。所谓水者，取其地势之高燥，无使水近夫亲肤而已；若水势曲屈而环向之，又其第二义也。"即所谓看风水，就是在建邑筑室立墓时，须据形势，相水泉，择向背，纳休和，始为至善。

《吕氏春秋——季春》中载有："生气方盛，阳气发泄"，即：生气是万物生长发育之气，是能够焕发生命力的元素。

《汉书——艺文志》载有《堪舆金匮》也是谈风水方位之书。堪舆：堪为天，舆为地。堪又与勘、坎有相通之义。此外又有称风水为青囊、青乌、相宅、地理等。

中国早在先秦就有相宅活动，其中涉及陵墓称阴宅，涉及住宅称为阳宅。先秦相宅没有什么禁忌和太多迷信色彩，逐步发展成一种术数。汉代出现了以堪舆为职业的术士，民间常称以堪舆为职业的术士为地理先生，有许多堪舆著作也径直冠以"地理"之名。汉代是一个充斥禁忌的时代，有时日、方位、太岁、东西益宅、刑徒上坟等各种禁忌，出现了《移徙法》、《图宅术机》、《堪舆金匾》、《论宫地形》等有关风水的书籍。较有影响的是青乌子撰写的《葬经》，被后世风水师奉为宗祖。

魏晋产生了管辂、郭璞这样的宗师。管辂是三国时期平原术士，占墓有验而闻名天下。现在流传的《管氏地理指蒙》就是托名于管辂而作。郭璞的事迹更加神奇，在《葬书》注评中有详细介绍。南齐时，相地最有名的是萧吉，撰有《相地要录》等书。

唐朝时期，一般有文化者都懂得一些风水，出现了张说、浮屠泓、司马头陀、杨筠松、丘延翰、曾文遄等一大批风水名师。其中以杨筠松最负盛名，他把宫廷的风水书籍挟出，到江西一带传播，弟子盈门。当时，风水在西北也比较盛行，敦煌一带有许多风水师，当地流传一本《诸杂推五胜阴阳宅图经》，书中提倡房屋向阳、居高、邻水的原则。

宋代宋徽宗相信风水，老百姓普遍讲究风水。宋代的风水大师极多，赖文俊、陈抟、吴景鸾、傅伯通、徐仁旺、邹宽、张鬼灵、蔡元定、厉伯韶等都很有名。传闻明代刘基最精于风水，有一本《堪舆漫兴》就是托名于他。

纵观历史，先秦是风水学说的孕育时期，宋代是盛行时期，明清是大范围扩散时期。20世纪以来风水学在旧中国大有市场。1949年建国后，尤其是“文化大革命”期间，风水学说在理论上受到沉重打击，实践中却还不断运用。近年随着国内外对建筑风水的探讨及其适用性，这门古老学说重新引起学术界重视与研究。

（二）建筑风水的诠释与争议

现代社会提到“堪舆”或“风水”反应迥异，批评者认为这是迷信、是封建糟粕；褒扬者则认为风水学乃是一门综合性科学，是“大自然科学”。

对于风水一词，《辞海》（1999年版）中给出的定义是：“风水，也叫堪舆。旧中国的一种迷信。认为住宅基地或坟地周围的风向水流等形势，能招致住者或葬者一家的祸福。也指相宅、相墓之法。”学者们对《辞海》的定义持不同见解，主流倾向是不同意将风水与迷信简单地划等号。研究风水术的著名学者尹弘基（韩国出生，美国伯克力大学获博士学位，新西兰奥克兰大学任教的人文地理学者）在《自然科学史研究》（1989年第一期）撰文写道：“风水是为找寻建筑物吉祥地点的景观评价系统，它是中国古代地理选址布局的艺术，不能按照西方概念将它简单称为迷信或科学。”长期从事中国建筑史等研究的学者在《风水探源》序言中写道：“风水的核心内容，是人们对居住环境进行选择和处理的一种学问，其范围包含住宅、宫室、寺观、陵墓、村落、城市诸方面。”还有学者认为风水学是一种传统文化现象，一种广泛流传的民俗，一种择吉避凶的术数，一种有关环境与人的学问，一种有关“阴宅”与“阳宅”的理论体系与实践历程，是人们长期实践经验的积淀。当代是风水整合更新时期，应取其精华，剔除糟粕，结合现代自然科学，实事求是地对建筑风水学做出科学评价和阐释，使其更好地为人类造福。

在风水学的研究中，有学者认为，没有必要去探讨风水是科学还是迷信，世界上有许多东西不能用科学的辩证法、逻辑学来衡量解释，比如舞蹈和音乐。越探讨风水是不是科学越会遭到误解，所以对风水学的学习、评论，不能以适应不适应某种逻辑关系为标准，而应该以探讨事物的法则，提高理解的境界。因此，世界上把风水作为中国文化进行研究，这种定位就非常好。还有一些人认为“风水”一词已过时，应向西方研究领域靠拢，采用“建筑与环境”、“地理与环境”、“居住与环境”等新名词，另一些人却愿意回归或还中国“风水”本来面目，为中国“风水”理论与实践平反、正名。

总之，归纳起来，业内研究者对于建筑风水的主流观点有三类：

（1）对风水不加研究就否定，这本身就是一种迷信；

（2）风水里大部分是迷信，但也内蕴某种科学；

（3）风水绝对是伪科学，是祸害。

上述三种观点孰是孰非，相信还会继续争论下去。

二、建筑风水文化的内涵

（一）古代建筑风水的基本思想

在中国古代建筑文化、建筑理论与建筑实践中，风水思想贯穿于营造学、造园学之中。建筑风水的两大基本构成为“山”和“水”。

（1）蜿蜒曲折的山为山龙（龙脉），源远流长的水为水龙，以龙山为吉地，山的气脉集结处为龙穴，龙穴适宜作墓地或建宅。

（2）河曲之内为吉地，河曲外侧为凶地。《堪舆泄秘》中即有“水抱边可寻地，水反边不可下”之说。

（3）坐北朝南的基本格局。风水学理论以青龙、白虎、朱雀、玄武来表示东、西、南、北方位。在《阳宅十书》中有：“凡宅左有流水，谓之青龙；右有长道，谓之白虎；前有汙池，谓之朱雀；后有丘陵，谓之玄武，为最贵地。”

（4）风水学中的“四象必备”。其条件是：“玄武垂头，朱雀翔舞，青龙蜿蜒，白虎驯俯”。即玄武方向的山峰垂头下顾，朱雀方向的山脉要来朝歌舞，左之青龙的山势要起伏连绵，右之白虎的山形要卧俯柔顺，这样的环境为“风水宝地。”

（5）风水四大要素——龙、穴、砂、水。其原理是“龙真”、“穴的（dì）”、“砂环”、“水抱”四大准则。

“龙”指山脉，“龙真”指生气流动的山脉。龙在山地蜿蜒崎岖地跑，由此推断，地下生气势必随其蜿蜒崎岖地流动。其中的主山为“来龙”；由山顶蜿蜒而下的山梁为“龙脉”，也称“去脉”。寻龙的目的是点穴，点穴必须先寻龙。

“穴”指山脉停驻、生气聚结的地方，称为吉穴，用来做安居、下葬的场地。

“砂”指穴周围的山势，“砂环”指穴地背侧和左右山势重叠环抱的自然环境。环境好可以使地中聚结的生气不致被风吹散。

“水”指与穴相关的水流水向，“水抱”指穴地面前有水抱流，使地中生气环聚在内，而没有走失的可能。

（二）建筑风水的选址原则

1. 整体系统

系统思想源远流长，但整体系统论作为一门完整的科学，人们公认是在20世纪由美籍奥地利人、理论生物学家L·V·贝塔朗菲（L. Von. Bertalanffy）创立的。整体系统论作为一种朴素的方法，中国古人很早就开始运用了。即风水理论把环境作为一个整体系统，这个系统以人为中心，包括天地万物。环境中的每一个整体系统都是相互联系、相互制约、相互依存、相互对立、相互转化的要素。风水思想就是要宏观地把握各子系统之间的关系，优化结构，寻求最佳组合。

古代风水学说充分注意到环境的整体性。《黄帝宅经》主张“以形势为身体，以泉水为血脉，以土地为皮肤，以草木为毛发，以舍屋为衣服，以门户为冠带，若得如斯，是事严雅，乃为上吉。”清代姚延銮在《阳宅集成》中强调整体功能性，主张“阴宅须择好地形，背山面水称人心，山有来龙昂秀发，水须围抱作环形，明堂宽大为有福，水口收藏积万金，关煞二方无障碍，光明正大旺门庭。”整体原则是风水理论的总原则，其他原则从属于整体原则，以整体原则处理人与环境的关系，是风水学的基本特点。

2. 因地制宜

因地制宜，即根据环境的客观性，采取适宜于自然的生活方式。《周易大壮卦》提出“适形而止”。先秦时的姜太公倡导因地制宜，《史记·货殖列传》记载：“太公望封于营丘，地泻卤，人民寡，于是太公劝其女功，极技巧，通渔盐。”

中国地域辽阔，气候差异很大，土质也不一样，建筑形式亦不同。西北干旱少雨，人们就采取穴居式窑洞居住。窑洞位多朝南，施工简易，不占土地，节省材料，防火防寒，冬暖夏凉，人可长寿；西南潮湿多雨，虫兽很多，人们就采取栏式竹楼居住。《旧唐书·南蛮传》中说："山有毒草，虱腹蛇，人并楼居，登梯而上，号为干栏。"楼下空着或养家畜，楼上住人。竹楼空气流通，凉爽防潮，大多修建在依山傍水之处。此外，草原的牧民采用蒙古包为住宅，便于随水草而迁徙；贵州山区和大理人民用山石砌房，华中平原人民以土建房，这些建筑形式，都是依据当时当地的具体条件而创立。

风水思想所追求的因地制宜，就是根据实际情况，采取切实有效的方法，使人与建筑适宜于自然，回归自然，返璞归真，天人合一，这也是中国的传统文化思想。

3. 依山傍水

依山傍水是建筑风水最基本的原则之一。山体是大地的骨架，水域是万物生机的源泉，离开水人就不能生存。我国考古发现，原始部落几乎都建在河边台地，这在当时非常适宜狩猎、捕捞、采摘果实等。

依山的形势有两类：

一类是"土包屋"，即三面群山环绕。其中有旷地，南面敞开，房屋隐于万树丛中。湖南、安徽、四川、河南、山东、山西、广东等地，有许多村镇都是处于这样的地形。如湖南岳阳县渭洞乡张谷英村即处于这样的地形，五百里幕阜山余脉绵延至此，在东北西三方突起三座山峰，如三大花瓣拥成一朵莲花。明代宣德年间，张谷英来这里定居，五百年来发展为六百多户、三千多人的赫赫大族，全村八百多间房子串通一气，男女老幼尊卑有序，过着安宁祥和的生活。

依山另一类形式是"屋包山"，即成片的房屋覆盖着山坡，从山脚一直到山腰。长江中上游沿岸的码头小镇都是这样。土耳其的伊斯坦布尔、美国的夏威夷也是如此，背枕山坡，拾级而上，气宇轩昂。现代案例也有许多，如有百年历史的武汉大学，即建筑在青翠的珞珈山麓。设计师充分考虑到特定的风水，依山建房，学生宿舍贴着山坡，像环曲的城墙，有了个城门形的出入口。山顶平台上以中孔城门为轴线，图书馆居中，教学楼分别立于两侧。主从有序，严谨对称。学校得天然之势，有城堡之壮，显示了高等学府的宏大气派。

六朝故都南京，滨临长江，四周是山，有虎踞龙盘之势。其四边有秦淮河入江，沿江多山矶，从西南往东北有石头山、马鞍山、幕府山；东有钟山；西有富贵山；南有白鹭洲和长命洲形成夹江。明代高启有诗赞曰："钟山如龙独西上，欲破巨浪乘长风。江山相雄不相让，形胜争夸天下壮。"

4. 观形察势

清代的《阳宅十书》指出："人之居处宜以大河为主，其来脉气最大，关系人之祸福最为切要。"风水理论非常重视山形水势，也非常重视把小环境放入大环境中进行考察。

中国的地理形势，每隔8度左右就有一条大的纬向构造，如天山—阴山纬向构造；昆仑山—秦岭纬向构造。《考工记》中："天下之势，两山之间必有川矣。大川之上必有途矣。"《禹贡》把中国山脉划为四列九山。风水学把绵延的山脉称为龙脉。如前所述，龙脉源于西北的昆仑山，向东南延伸出三条龙脉，分为北龙、中龙和南龙。每条大龙脉都有干龙、支龙、真龙、假龙、飞龙、潜龙、闪龙，勘测风水首先要搞清楚来龙去脉，顺应龙脉的走向。

风水理论中，从大环境观察小环境，便可知道小环境受到的外界制约和影响，诸如水源、气候、物产、地质等。任何一块宅地表现出来的吉凶，都是由大环境所决定的，只有形势完全美，宅地才美。每建一座城市，每建一个村落，盖一栋房屋，都应当先考虑山川大环境。大处着眼，小处着手，以免后顾之忧。

5. 地质检验

风水思想对地质很讲究，甚至是挑剔，认为地质决定人的体质。现代科学证明这也并非危言耸听，地质对人体的影响至少有以下四个方面：

第一，土壤中含有锌、钼、硒、氟等几十种微量元素，在相互作用下放射到空气中，直接影响人的健康。早在《山海经》中就记载了许多地质与身体的关系，特别是由特定地质生长出的植物，对人类的体形、体质、生育都有影响。

第二，潮湿或臭烂的地质，会导致关节炎、风湿性心脏病、皮肤病等。潮湿腐败地是细菌的天然培养基地，是产生各种疾病的根源，因此此类地质情况不宜建宅。

第三，地球磁场的影响。地球是一个被磁场包围的星球，人感觉不到它的存在，但它时刻对人产生着作用。强烈的磁场可以治病，也可伤人，甚至引起头晕、嗜睡或神经衰弱。中国古代很早就认识了磁场，《管子·地数》有道“上有磁石者，下有铜金。”战国时有了司南，宋代已普遍使用指南针，都是科学运用地磁之举。风水思想主张顺应地磁方位，杨筠松在《十二杖法》提出：“真冲中煞不堪扦，堂气归随两（寸）边。依脉稍离二三尺，法中开杖最精元。”这就是说要稍稍避开来势很强的地磁，才能得到吉穴。风水师常说巨石和尖角对门窗不吉，很可能是在古代无法检测的情况下，担心巨石可能放射出的强磁对住户的干扰。

第四，有害波影响。如果在住宅地面3米以下有地下河流，或有双层交叉的河流、坑洞、复杂的地质结构，都可能放射出长振波、污染辐射线、粒子流，导致人头痛、眩晕、内分泌失调等症状。

研究者认为，以上四种情况，旧时风水师知其然不知其所以然，不能以科学道理加以解释，在实践中自觉不自觉地采取回避措施或使之神秘化。有的风水师在相地时亲临现场，用手研磨，用嘴尝泥土，甚至挖土井察看深层的土层、水质，俯身贴耳聆听地下水流向及声音，看似装势作样，其实不无道理。

6. 水质分析

风水理论不仅主张考察水的来龙去脉，还注重水质分析。古时辨别水质的方法比较直接。《管子·地贞》认为土质决定水质，从水的颜色判断水的质量，水白而甘，水黄而糗，水黑而苦。风水经典《博山篇》主张“寻龙认气，认气尝水。其色碧，其味甘，其气香主上贵。其色白，其味清，其气温，主中贵。其色淡、其味辛、其气烈，冷主下贵。若苦酸涩，右发馒，不足论。”《堪舆漫兴》论水之善恶：“清涟甘美味非常，此谓嘉泉龙脉长。春不盈兮秋不涸，于此最好觅佳藏。”“有如热汤又沸腾，混浊赤红皆不吉。”

不同地域的水中含有不同的微量元素及化合物质，有些可以致病，有些可以治病。如浙江省泰顺承天象鼻山下有一眼山泉，泉水终年不断，热气腾腾，当地人生了病就到泉水中浸泡，据称比吃药还有效。后经检验发现，泉水中含有大量放射性元素氡。《山海经·西山记》记载，石脆山旁有灌水，“其不有流赭，以涂牛马无病”。

云南省腾冲县有一个“扯雀泉”，泉水清澈见底，但无生物，鸭子和飞禽一到泉边就会死掉。经科学家考察发现，泉中含有大量杀害生物的剧毒物质氰化酸、氯化氢。据有关分析，《三国演义》中描写蜀国士兵深入荒蛮之地，误饮毒泉，伤亡惨重，可能与此毒有关。在这样的水源附近肯定不宜修建村庄住宅。

中国的绝大多数泉水具有开发价值。山东济南称为泉城。福建省发现矿泉水点1590处，居全国各省之最，其中可供医疗、饮用的矿泉水865处。广西凤凰山有眼乳泉，泉水似汁，用来泡茶，茶水一周不变味。江西永丰县富溪日乡九峰岭脚下有眼一平方米的味泉，泉水有鲜啤酒的酸苦清甘味道。由于泉水通过地下矿石过滤，往往含有钠、钙、镁、硫等矿物质，以优质泉水来饮用、冲洗、沐浴，应有益于健康。

7. 坐北朝南

考古发现我国原始社会，绝大多数房屋都是大门朝南，修建村落也遵照坐北朝南的原则。中国位于地球北半球，欧亚大陆东部，大部分陆地位于北回归线（北纬23°26′）以北，一年四季的阳光都由南方射入。朝南的房子便于采取阳光。现代科学证明，阳光对人的好处很多：一是可以取暖，冬季时朝南房比朝北房的温度高1～2度；二是利于人体维生素D的合成，小儿常晒太阳可以预防佝偻病；三是阳光中的紫外线具有杀菌作用，尤其对经呼吸道传播的疾病，有较强的灭菌作用；四是可以增强人体免疫功能。

在20世纪之前，我国城乡建筑基本是根据坐北朝南原则建设。房屋坐北朝南，不仅是为了采光，还为了避风。中国的地势决定了其气候为季风型，冬天有西伯利亚的寒流，夏天有太平洋的暖风，一年四季风向变换不定。古人认为风有阴风与阳风之别，清末何光廷在《地学指正》中提到：“平阳原不畏风，然有阴阳之别，向东向南所受者温风、暖风，谓之阳风，则无妨。向西向北所受者凉风、寒风，谓之阴风，直有近案遮拦，否则风吹骨寒，主家道败衰丁稀。”其意指要避免西北风。

建筑风水思想中择宅坐北朝南的原则，是对自然现象的正确认识。房屋坐北朝南可得山川之灵气，受日月之光华，颐养身体，因此沿袭至今。不过中国人讲中庸之道，虽认为阳光是人类安居不可缺少的因素，但阳光太强也有害身体，如《相宅经纂》认为，阳光太胜者，又易退败。故在炎热地区，房屋可建于背阴之处。

8. 适中、居中

适中，就是恰到好处，不偏不倚，不大不小，不高不低，尽可能优化，接近至善至美。《管氏地理指蒙》论穴言：“欲其高而不危，欲其低而不没，欲其显而不彰扬暴露，欲其静而不幽囚哑噎，欲其奇而不怪，欲其巧而不劣。”

适中的风水原则早在先秦时就已经产生。《论语》提倡的中庸，就是无过不及，处事选择最佳方位，以便合乎正道。《吕氏春秋·重已》指出："室大则多阴，台高则多阳，多阴则蹶，多阳则接，此阴阳不适之患也。"阴阳平衡就是适中。风水理论主张山脉、水流、朝向都要与穴地协调，房屋的大与小也要协调，房大人少不吉，房小人多不吉，房小门大不吉，房大门小不吉。

适中的另一层意思是居中。中国历代都城之所以不选择在广州、上海、昆明、哈尔滨等地，皆因其地理位置太偏。《太平御览》卷有记载："王者受命创始建国，立都必居中土，所以控天下之和，据阴阳之正，均统四方，以制万国者。"洛阳成为九朝故都，在于它位居天下之中。

适中的原则还要求突出中心，布局整齐，附属设施紧紧围绕轴心。在经典的风水景观中，都有一条与地球的经线平行、向南北延伸的中轴线。中轴线的北端最好是横行的山脉，形成丁字形组合；南端最好有宽敞的明堂（平原）；中轴线的东西两边有建筑物簇拥，还有弯曲的河流。明清时期的帝陵，清代的园林，包括都城，都是按照这个原则修建的。

9. 顺乘生气

风水理论认为，气是万物的本源，太极即气，土、水、人及万物均得之于气。由于季节、太阳出没、风向等的变化，使生气的方位也发生变化。不同的月份，生气和死气的方向不同。生气为吉，死气为凶。《管子·枢言》有道："有气则生，无气则死，生则以其气。"《黄帝宅经》认为，正月的生气在子癸方，二月在丑艮方，三月在寅甲方，四月在卯乙方，五月在辰巽方，六月在乙丙方，七月在午丁方，八月在未坤方，九月在申庚方，十月在酉辛方，十一月在戌乾方，十二月在亥壬方。风水罗盘就体现了风水理气派的生气方位观念。

明代蒋平阶在《水龙经》中提出水和气的关系，识别生气的关键是望水。"气者，水之母，水者，气之止。气行则水随，而水止则气止，子母同情，水气相逐也。行溢于地外而有迹者为水，行于地中而无表者为气。表里同用，此造化之妙用。故察地中之气趋东趋西，即其水或去或来而知之矣。行龙必水辅，气止必有水界。"明代的另一位风水大师缪希雍在《葬经》中提出，应当通过山川草木辨别生气。"凡山紫气如盖，苍烟若浮，云蒸蔼蔼，石润而明，如是者，气方钟而来休。云气不腾，色泽暗淡，崩摧破裂，石枯土燥，草木凋零，水泉干涸，如是者，非山冈之断绝于掘凿，则生气之行乎他方。"可见，生气就是万物的勃勃生机，就是生态表现出来的最佳状态。

风水理论提倡在有生气的地方修建城镇房屋，这叫做顺乘生气。只有得到生气，植物才会欣欣向荣，人类才会健康长寿。宋代黄妙应在《博山篇》云："气不和，山不植，不可扦；气未上，山走趋，不可扦；气不爽，脉断续，不可扦；气不行，山垒石，不可扦。"扦就是点穴，确定地点。风水理论认为：房屋的大门为气口，如果有路有水环曲而至，即为得气，这样便于交流，可以得到信息，又可以反馈信息；如果把大门设在闭塞的一方，谓之不得气；得气有利于空气流通，对人的身体有好处。

10. 改造风水

人们认识世界的目的在于改造世界为自己服务，《周易》有道："已日乃孚，革而信之。文明以说，大亨以正，革而当，其悔乃亡。天地革而四时成，汤武革命，顺乎天而应乎人。革之时义大矣。”革就是改造，人们只有改造环境，才能创造优化的生存条件。

改造风水的实例很多。研究者认为，四川都江堰就是改造风水的成功范例。岷江泛滥，淹没良田和民宅，李冰父子用修筑江堰的方法驯服了岷江，使其造福于人类。再如北京城中，到处可见改造风水的名胜古迹。故宫的护城河是人工挖成的屏障，河土堆砌成景山，威镇玄武；北海在金代时蓄水成湖，积土为岛，以白塔为中心，寺庙以山势排列；圆明园堆山导水，修建一百多处景点，堪称是“万园之园”。

中国的乡村建设也很注重改造风水，在许多历史留下的地方志书、村谱、族谱中，首卷都叙述了建筑风水，细加归纳可以发现许多改造风水的记载。

第五节　现代科学技术对建筑的影响

一、现代建筑科技发展趋势

随着建筑业和现代科学技术的高速发展，世界各国都在致力于改善居住条件，研究与开发新型建筑材料，开发建筑节能和新能源等。人们越来越重视环境科学与建筑的关系，更多地对太阳能加以利用，计算机辅助设计也日臻成熟。主要发展趋势体现在如下几个方面：

（1）技术研发与成果转化

技术进步和技术转移可以促进研究开发成果的实际应用，以较少的投入，提高整个行业的水平。因此，日、美等国非常重视将技术从官方转向民间，从大学、研究所转向企业，从大企业转向中小企业。技术成果最终要在企业转化为生产力，主要采取委托开发、推荐开发、技术转让、企业内部研究与开发的衔接等方式将科技成果转化为生产力。

日、美等发达国家住宅产业研究开发经费比例大大高于我国，但与本国其他产业相比，还是非常低。这也造成住宅产业的科技水平远落后于其他产业，而且不同规模企业之间差别悬殊。近年国外住宅产业也提出要增加研究与开发的投入，科技投入的主体是一些大型的建筑企业或住宅产业集团。很多著名建筑学家和业内人士认为，绿色环保、智能化、健康型等类型建筑将形成较大发展趋势。

（2）节能环保的绿色建筑

《绿色建筑评价标准》（GB/T 50378—2006）中，对绿色建筑做出了如下定义：在建筑的全寿命周期内，最大限度地节约资源（节能、节地、节水、节材）、保护环境和减少污染，为人们提供健康、适用和高效的使用空间，与自然和谐共生的建筑。从概念上来讲，绿色建筑主要包含了三点。一是节能，这个节能是广义上的，包含了上面所提到的“四节”，主要是强调减少各种资源的浪费；二是保护环境，强调的是减少环境污染，减少二氧化碳排放；三是满足人们使用上的要求，为人们提供“健康”、“适用”和“高效”的使用空间。

面对能源危机、生态危机和温室效应，走可持续发展道路已经成为全球共同面临的紧迫任务。作为能耗占全部能耗将近1/3的建筑业，很早就将可持续发展列入核心发展目标。绿色建筑正是在这种环境下应运而生。绿色建筑源于建筑对环境问题的响应，最早始于20世纪60年代的太阳能建筑，其后在一些发达国家发展较快。可以说，绿色建筑是顺应时代发展的潮流和社会民生的需求，是建筑节能的进一步拓展和优化。绿色建筑日益体现出愈来愈旺盛的生命力，具有非常广阔的发展前景。

地球上的资源是有限的，而人类的消耗太大，人类不得不面对资源更加匮乏的境地。怎样节约资源，为后代留下足够的生存空间，建筑师们有两点考虑：一是建筑材料；二是造出来的房子自身消耗的能源要少。从绿色环保建筑的趋势看，一般认为，无毒、无害、无污染的建材和饰材将是市场消费的热点，其中室内装饰材料要求更高，绿色观念更强。具体要求是：绿色墙材，如草墙纸，丝绸墙布等；绿色地材，如环保地毯、保健地板等；绿色板材，如环保型石膏板，在冷热水中浸泡48小时不变形、不污染；绿色照明，通过科学设计，形成新型照明环境；绿色家具，要求自然简单，保持原有木质花纹色彩，避免油漆污染。

目前，世界各国已经兴起绿色建筑的热潮。我国也已非常重视生态、环保建筑的开发与建设。如上海建筑科学研究院正在加紧建设我国首幢生态办公楼，它充分利用太阳能、地热等再生能源，安装太阳能热水系统、太阳能空调，收集雨水再利用，全方位采取节能降耗技术，综合能耗为普通建筑的四分之一，再生能源利用率占建筑使用能耗的20%，室内环境优质，再生建材资源利用率60%。

(3) 智能化建筑

从技术的角度看，发展到当前已广泛应用的楼宇自动化控制，是一种保证建筑内全部设备整体正常运转的技术。智能化建筑首先解决的是安全问题和设备管理问题。安全问题主要包括保安和防火。通过电脑控制中心的可视电话和指纹识别系统，对来访者的身份加以辨别和确认，杜绝恶意来访者进入建筑或社区。适时的火灾预警系统不仅对发生的火情发出警报，而且在第一时间通知消防部门，同时启动自动控制设备进行相应的处理。设备管理包括两个方面：一是住户对设备的要求；二是物业管理者对设备的要求。

居住建筑智能化对安全的要求，从居住建筑可能发生的危险源入手去构造安全环境，要将安全防范的技术及管理问题纳入设计标准，以最大限度地提高居家安全度。国内不少地区已开始采用现代高科技，如多媒体安全防范及综合减灾物业管理系统，与社区及建筑物安全设计相结合，确保建筑物安全系统的自动化、智能化水平。

(4) 健康型建筑和特型建筑

现有的建筑虽然不会对居住者的健康有副作用，但确实存在令人不舒服的因素，如建筑原材料的放射性问题。有的材料，包括建筑用土、混凝土和石材的含氡量比较高，会对人体产生一定的影响。解决这些问题一是从建筑材料方面入手，尽量减少可能有害物质的含量；二是加强建筑物的通风。法国有的建筑师在建筑模型完成后要进行“吹风”实验，以观察建筑物的通风性能，完善建筑群的整体规划。英国住房协会为用户提供的特型建筑，有流线形顶棚、多层玻璃窗，装有太阳能供水和循环用水系统，具有采光充分、内部空间灵活以节省建材的特点。

住房是人类生存的基本物质条件，人居环境是生态环境的重要组成部分，居住质量是人类文明进步的重要标志。人居环境的恶化，不仅是发展中国家，也是发达国家共同面临的社会发展问题。为了人类的繁衍和发展，改善人类的居住环境，我们应加大对建筑和科技的设计研究与开发实践。

二、高层建筑

(一) 高层建筑的概念

高层建筑指超过一定高度和层数的多层建筑。高层建筑的起点高度或层数，各国规定不一，且多无绝对、严格的标准。中国在《高层建筑混凝土结构技术规程》(JGJ 3—2002) 里规定：10 层及 10 层以上，或高度超过 28 米的钢筋混凝土结构称为高层建筑结构。当建筑高度超过 100 米时，称为超高层建筑。因我国的房屋一般 8 层以上就需要设置电梯，对 10 层以上的房屋，专有特殊防火要求的防火规范。在《民用建筑设计通则》(GB 50352—2005)、《高层民用建筑设计防火规范》(GB 50045—95) 中，将 10 层及 10 层以上的住宅建筑、高度超过 24 米的公共建筑和综合性建筑划归为高层建筑。

联合国将 9 层至 40 层（高度 100 米以内）的建筑定为高层建筑，将 40 层以上或高度超过 100 米的建筑定为超高层建筑；日本将 5～15 层的建筑定为高层，15 层以上的建筑称为超高层建筑；美国将 24.6 米或 7 层以上建筑物视为高层建筑；英国则把高度≥24.3 米的建筑视为高层建筑；法国高层建筑界定为住宅 8 层及 8 层以上，或高度≥31 米；德国高层建筑指高度≥22 米（从室内地面起）建筑；前苏联将住宅 10 层及 10 层以上、其他建筑 7 层及 7 层以上定为高层建筑；比利时的高层建筑为超过 25 米（从室外地面起）者。

第二次世界大战以后，出现了世界范围的高层建筑繁荣时期。高层建筑可节约城市用地，缩短公用设施和市政管网的开发周期，从而减少市政投资，加快城市建设。

(二) 高层建筑的发展

高层建筑是近代经济发展和科学技术进步的产物，至今已有 100 余年的历史。多年来，世界上最高的高层建筑集中在美国、加拿大。直到 20 世纪 80 年代末，北美洲一直是世界高层建筑的中心。按 1991 年公布的排行表，世界上最高的 100 座最高建筑中，美国占了 78 座，加拿大 5 座，墨西哥 1 座，即北美洲占了 84%。

1. 国外高层建筑的发展

国外高层建筑的发展分为三个阶段。第一阶段是 19 世纪中期以前，主要建筑材料是砖石和木材，受到设计手段和施工技术的限制，欧美国家一般只能建造 6 层及以下的建筑。第二阶段是 19 世纪中期开始至 20 世纪 50 年代初，由于 1855 年发明了电梯系统，使人们建造更高的建筑成为可能。此时高层建筑已经发展到了采用钢结构，建筑物的高度越过了 100 米大关。第三阶段从 20 世纪 50 年代开始，由于在轻质高强材料、抗风抗震结构体系、施工技术及施工机械等方面都取得了很大进步，加之计算机在设计中的应用，使得高层建筑飞速发展。美国是世界上高层建筑最多的国家。

世界上最早的钢筋混凝土框架结构高层建筑，是1903年在美国辛辛那提建造的因格尔斯大楼，16层，高64米。1931年美国纽约曼哈顿建造了102层、高381米的帝国大厦，它做为世界最高建筑达41年之久。这一时期，虽然高层建筑有了比较大的发展，但受到设计理论和建筑材料的限制，结构材料用量较多、自重较大，且仅限于框架结构，建于非抗震区。1972年在纽约建造了世界贸易中心大楼(WorldTradeCenterTowers)，110层，高402米，钢结构。1974年美国在芝加哥又建成了当时世界最高的西尔斯大厦（SearsTower)，110层，高443米，钢结构。1990年至今，世界上新建的最高建筑，几乎全部集中在亚洲地区，陆续建成了超过200米、300米的高层建筑。一般高度的高层建筑（80～150米）更是大量兴建。21世纪的亚洲将成为新的高层建筑中心。

2. 中国高层建筑的发展

国内高层建筑的发展分为如下几个阶段。第一阶段是从新中国成立到60年代末，为初步发展阶段，主要是20层以下的框架结构。第二阶段为20世纪70年代，建筑物可达20～30层，主要用于住宅、旅馆、办公楼。1974年建成的北京饭店新楼，20层，高87.4米，是当时北京最高的建筑。1976年建成的广州白云宾馆，33层、高114.05米。第三阶段为20世纪80年代，仅1980～1983年所建的高层建筑，就相当于1949年以来30多年中所建高层建筑的总和。深圳发展中心大厦，43层，高165.3米，加上天线的高度共185.3米，是我国第一座大型高层钢结构建筑。第四阶段从20世纪90年代开始，高层建筑兴建速度加快。1990～1994年间，每年建成10层以上建筑在1000万平方米以上，占全国已建成的高层建筑的40%。超高层建筑、高层建筑的发展及层数和高度增长更快，建成了多座200米以上的高层建筑。

（三）高层建筑的结构体系与设计特点

1. 纯框架结构

是我国采用较早的一种梁、板、柱结构体系，其优点是建筑平面布置灵活，可以形成较大的空间，特别适用于各类公共建筑，建筑高度一般不超过60米。但由于侧向刚度差，在高烈度地震区不宜采用。

2. 剪力墙结构

利用建筑物的内墙和外墙作为承重骨架构成剪力墙结构体系。一般为钢筋混凝土墙，墙体高度不低于140米，此体系侧向刚度大，可承受较大水平、竖向荷载。缺点是平面被分隔成小开间。施工方法为大模、滑模施工。

3. 框支剪力墙结构

把剪力墙结构的部分纵横墙体在底部一层或数层不落到底，采用框架支撑上部剪力墙，形成框支剪力墙结构。特点是能满足底部商店、餐厅等公共用房较大平面空间的需要，又具有较大的抗侧向荷载能力。应用于底层作商店的高层住宅和高层旅馆建筑。

4. 框架一剪力墙结构

框一剪结构平面布置灵活，又能较好承受水平荷载，且抗震性能良好。适用15～30层、高度不高于120米的高层建筑。

5. 筒体结构

是框架和剪力墙结构发展而成的空间体系，由若干片纵横交错的框架或剪力墙与楼板连接围成的筒状结构，并由一个或几个筒体作为承重结构的高层建筑结构体系。整个筒体如一个固定于基础上的封闭的空心悬壁梁，不仅可抵抗很大弯矩，也可抵消扭矩，是非常有效的抗侧力体系。建筑结构布置灵活，单位面积结构耗材少，常用于超高层建筑中。可分为筒体框架结构、筒中筒结构和多筒结构。采用滑升模板施工较为适宜。

（四）世界著名摩天大楼

1. 阿联酋迪拜塔

阿联酋迪拜塔，简称迪拜塔，位于阿拉伯联合酋长国迪拜，是世界最高的建筑项目。2004 年开始兴建，竣工时间为 2009 年 12 月。迪拜塔由韩国三星公司负责营造，这座将居住和购物集于一身的综合性大厦地上共有 162 层，最终高度为 818 米，迄今已成为世界第一高建筑物。项目由美国芝加哥公司的美国建筑师阿德里安·史密斯设计。建筑设计采用了一种具有挑战性的单式结构，由连为一体的管状多塔组成，具有太空时代风格的外形，基座周围采用了富有伊斯兰建筑风格的几何图形——六瓣的沙漠之花。迪拜塔加上周边的配套项目，总耗资约 80 亿美元。迪拜塔 37 层以下是一家酒店，45 层至 108 层则作为公寓。第 123 层将是一个观景台，站在上面可俯瞰整个迪拜市。建筑内有 1000 套豪华公寓，周边配套项目包括老城、迪拜 MALL 以及配套的酒店、住宅、公寓、商务中心等项目。整个建筑外墙约使用玻璃 8.3 万平方米，金属 2.7 万平方米，总共相当于 17 个足球场。大厦内部设有温泉、游泳池、豪华公寓、零售商店和个人商务套房，124 层还有俯瞰全城的观望台。“迪拜塔”在距大厦 95 公里外的地方即可看到。

2. 台湾 101 大楼

被称为“台北新地标”的 101 大楼 1998 年 1 月动工，主体工程于 2003 年 10 月完工。有世界最大且最重的“风阻尼器”，还有两台世界最高速的电梯，从 1 楼到 89 楼，只要 39 秒的时间。在世界高楼协会颁发的证书里，台北 101 大楼拿下了“世界高楼”四项指标中的三项世界之最，即“最高建筑物”（508 米）、“最高使用楼层”（438 米）和“最高屋顶高度”（448 米）。

3. 上海环球金融中心与金茂大厦

上海环球金融中心是以日本的森大厦株式会社（Mori Building Corporation）为中心，联合日本、美国等 40 多家企业投资兴建的项目，总投资额超过 1050 亿日元（逾 10 亿美元）。原设计高 460 米，总建筑面积达 38.16 万平方米，比邻金茂大厦。1997 年初开工后，因受亚洲金融危机影响，工程曾一度停工，2003 年 2 月工程复工。但当时中国台北和香港都已在建 480 米高的摩天大厦，超过环球金融中心的原设计高度。日本方面兴建世界第一高楼的初衷不变，对原设计方案进行了修改。修改后环球金融中心比原来增加 7 层，达到地上 101 层，地下 3 层，建筑主体高度 492 米，楼层总面积约 37.73 万平方米。

金茂大厦是具有中国传统风格的超高层建筑，也是上海迈向 21 世纪的标志性建筑之一，由美国 SOM 设计事务所主持设计。1998 年 8 月建成。占地 2.36 万平方米，建筑面积 28.95 万平方米。高 420.5 米，88 层。金茂大厦主楼 1～52 层为办公用房，53～87 层为五星级宾馆，88 层为观光层。大厦充分体现了中国传统的文化与现代高新科技相融合的特点，既是中国古老塔式建筑的延伸和发展，又是海派建筑风格在浦东的再现。

4. 马来西亚双塔大楼

马来西亚国家石油公司双塔大楼位于吉隆坡市中心美芝律，于 1993 年 12 月 27 日动工，1997 年建成使用。楼高 452 米，地上 88 层，曾经是世界最高的摩天大楼，直到 2003 年 10 月 17 日被台北 101 超越。但仍是目前世界最高的双塔楼，以 451.9 米的高度打破了美国芝加哥希尔斯大厦保持了 22 年的最高纪录。登上双塔大楼，整个吉隆坡市秀丽风光尽收眼底，夜间城内万灯齐放，景色尤为壮美。

由美国建筑设计师西萨・佩里（Cesar Pelli）所设计的双塔大楼，表面大量使用了不锈钢与玻璃等材质，并辅以伊斯兰艺术风格的造型，充分反映出马来西亚的伊斯兰文化传统。

5. 美国芝加哥西尔斯大厦

西尔斯大厦是位于美国伊利诺伊州芝加哥的一幢摩天办公大楼，于 1973 年竣工，最终高度超过 450 米。总建筑面积 41.8 万平方米，地上 110 层，地下 3 层。由著名建筑师密斯・凡德罗设计。

西尔斯大厦由 9 座塔楼组成。它们的钢结构框架焊接在一起，这样也助于减少因其高度所造成的风摆。所有的塔楼宽度相同，但高度不一。大厦外面的黑色环带巧妙地遮盖了服务性设施区。西尔斯大厦一度是世界上最高的办公楼。每天约有 1.65 万人到这里上班。在第 103 层有一个供观光者俯瞰全市用的观望台，它距地面 412 米，天气晴朗时可以看到美国的 4 个州。

世界摩天大楼排名见表 1-2。

世界摩天大楼排名表　　　　**表 1-2**

建筑名称	所在城市	设计高度（m）	地上层数	建造时间
阿联酋迪拜塔	迪拜	818	162	2009 年
台湾 101 金融大厦	台北	508	101	2003 年
上海环球金融中心	上海	492	101	2008 年
国家石油公司双塔大楼	吉隆坡	452	88	1996 年
西尔斯大厦	芝加哥	443	110	1974 年
金茂大厦	上海	420	88	1998 年
国际金融中心大厦	香港	420	90	2003 年
帝国大厦	纽约	381	102	1931 年
中环广场大厦	香港	374	78	1992 年
中国银行大厦	香港	369	70	1989 年
T/C 大厦	高雄	347	85	1997 年
阿摩珂大厦	芝加哥	346	80	1973 年
约翰・汉考克大厦	芝加哥	344	100	1969 年
国贸中心	北京	330	74	2007 年
地王大厦	深圳	325	83	1996 年
中信大厦	广州	322	80	1996 年
BAIYOKE 大厦	曼谷	320	90	1997 年
克莱斯勒大厦	纽约	319	77	1930 年
国家银行广场大厦	亚特兰大	312	55	1992 年

三、大跨度建筑

（一）大跨度建筑的概念与发展

大跨度建筑通常是指横向跨越30米以上空间的各类结构形式的建筑。主要用于民用建筑的影剧院、体育场馆、展览馆、大会堂、航空港候机大厅及其他大型公共建筑。在工业建筑中则主要用于大跨度厂房、飞机装配车间、飞机库和大型仓库等。

大跨度建筑在古罗马已经出现，如公元120～124年建成的罗马万神庙，呈圆形平面，穹顶直径达43.3米，用天然混凝土浇筑而成，是罗马穹顶技术的光辉典范。在万神庙之前，罗马最大的穹顶是公元1世纪阿维奴斯地方的一所浴场穹顶直径大约38米。然而大跨度建筑真正得到迅速发展还是在19世纪后半叶以后，特别是第二次世界大战后的最近几十年中。例如1889年为巴黎世界博览会建造的机械馆，跨度达到115米，采用三铰拱钢结构；1912～1913年在波兰布雷斯劳建成的百年大厅直径为65米，采用钢筋混凝土肋穹顶结构。目前世界上跨度最大的建筑是美国底特律的韦恩县体育馆，圆形平面，直径达266米，为钢网壳结构。我国大跨度建筑是在新中国成立后才迅速发展起来的，20世纪70年代建成的上海体育馆，圆形平面，直径110米，钢平板网架结构。我国目前以钢索及膜材做成的结构最大跨度已达到320米。

大跨度建筑迅速发展的原因，一方面是由于社会发展使建筑功能愈来愈复杂，需要建造高大的建筑空间来满足群众集会、举行大型的文艺体育表演、举办盛大的各种博览会等；另一方面则是新材料、新结构、新技术的出现，促进了大跨度建筑的进步。一是需要，二是可能，两者相辅相成，相互促进，缺一不可。例如在古希腊古罗马时代就出现了规模宏大的容纳几万人的大剧场和大角斗场，但当时的材料和结构技术条件却无法建造能覆盖上百米跨度的屋顶结构，结果只能建成露天的大剧场和露天的大角斗场。19世纪后半叶以来，钢结构和钢筋混凝土结构在建筑上的广泛应用，使大跨度建筑有了很快的发展。特别是近几十年来，新品种的钢材和水泥在强度方面有了很大的提高，各种轻质高强材料、新型化学材料、高效能防水材料、高效能绝热材料的出现，为建造各种新型的大跨度结构和各种造型新颖的大跨度建筑创造了更有利的物质技术条件。

大跨度建筑发展的历史相比传统建筑毕竟是短暂的，它们大多为公共建筑，人流集中，占地面积大，结构跨度大，从总体规划、个体设计到构造技术都提出了许多新的研究课题。

（二）大跨度建筑的结构类型

大跨度建筑的结构类型有折板结构、壳体结构、网架结构、悬索结构、充气结构、张力结构等。

1. 折板屋顶结构

一种由许多块钢筋混凝土板连接成波折形的整体薄壁折板屋顶结构。这种折板也可作为垂直构件的墙体或其他承重构件使用。折板屋顶结构组合形式有单坡和多坡，单跨和多跨，平行折板和复式折板等，能适应不同建筑平面的需要。常用的截面形状有V形和梯形，板厚一般为5～10厘米，最薄的预制预应力板的厚度为 3 厘米。跨度为 6～40 米，波折宽度一般不大于 12 米，现浇折板波折的倾角不大于 30°。坡度大时须采用双面模板或喷射法施工。折板可分为有边梁和无边梁两种。无边梁折板由若干等厚度的平板和横隔板组成，V 形折板是无边梁折板的一种常见形式。有边梁折板由板、边梁、横隔板等组成，一般为现浇，如 1958 年建成的巴黎联合国教科文组织总部大厦会议厅的屋顶，是意大利 P·L·奈尔维设计施工的。他按照应力变化的规律，将折板截面由两端向跨中逐渐增大，使大厅屋顶的外形富有韵律感。

2. 壳体屋顶结构

用钢筋混凝土建造的大空间壳体屋顶结构。壳体形式有圆筒形、球形扁壳，劈锥形扁壳和各种单曲、双曲抛物面、扭曲面等形式。美国在 20 世纪 40 年代建造的兰伯特圣路易市航空港候机室，由三组厚 11.5 厘米的现浇钢筋混凝土壳体组成，每组是两个圆柱形曲面壳体正交，并切割成八角形平面状，相接处设置采光带。两个圆柱形曲面相交线做成突出于曲面上的交叉拱，既增加了壳体强度，又把荷载传至支座。支座为铰结点，壳体边缘加厚，有加劲肋，向上卷起，使壳体交叉拱的建筑造型简洁别致。

3. 网架屋顶结构

使用比较普遍的一种大跨度屋顶结构。这种结构整体性强，稳定性好，空间刚度大，防震性能好。网构架高度较小，能利用较小杆形构件拼装成大跨度的建筑，有效地利用建筑空间。适合工业化生产的大跨度网架结构，外形可分为平板型网架和壳形网架两类，能适应圆形、方形、多边形等多种平面形状。平板型网架多为双层，壳形网架有单层和双层之分，并有单曲线、双曲线等屋顶形式。

20 世纪 50 年代后期上海同济大学曾建造了装配整体式钢筋混凝土单层联方网架壳形结构建筑，大厅部分净跨度为 40 米，外跨度 54 米。上海文化广场的改建设计采用钢结构球节点平板型网架，1970 年建成。1976 年建成的美国新奥尔良市体育馆，圆形平面直径达 207.3 米，是当今世界上最大的钢网架结构建筑。

4. 悬索屋顶结构

由钢索网、边缘构件和下部支承构件三部分组成的大跨度屋顶结构，如 1961 年建成的北京工人体育馆，直径为 94 米。国际上较早的悬索结构是 1953～1954 年建成的美国罗利市的牲畜馆，它是一个双曲马鞍形悬索结构。1958～1962 年 E·沙里宁设计建造的美国华盛顿杜勒斯国际机场候机楼是有名的实例。候机楼宽 45.6 米，长 182.5 米，上下两层，屋顶每隔 3 米有一对直径 2.5 厘米的钢索悬挂在前后两排的柱顶上。在悬索结构上部铺设预制钢筋混凝土板构成屋面，建筑造型轻盈明快。

5. 充气屋顶结构

用尼龙薄膜、人造纤维表面敷涂料等作材料，通过充气构筑成的大跨度屋顶结构。这种结构安装、拆装都很方便。

6. 张力屋顶结构（膜结构或索—膜结构）

是在悬索结构基础上发展起来的一种大跨度屋顶结构。张拉式膜（或索—膜）结构自 20 世纪 80 年代以来，在发达国家获得极大发展，应用也较为广泛。它主要

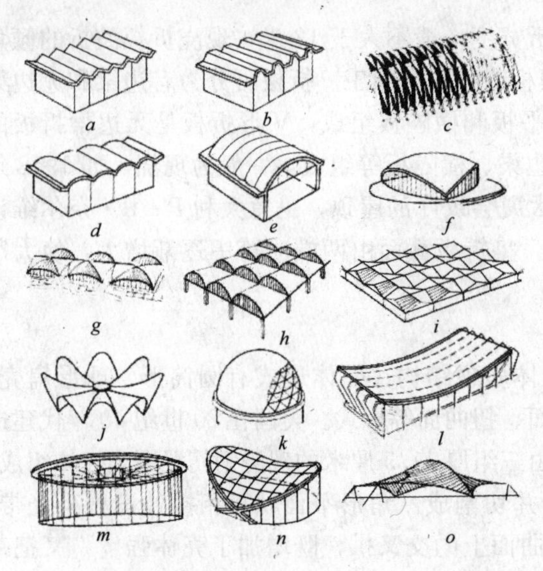

图 1-17 大跨度结构屋顶示意图

a、*b*、*c*—折板结构；*d*、*e*、*f*、*g*、*h*、*i*、*j*—壳体结构；*k*—网架结构；*l*、*m*、*n*—悬索结构；*o*—篷帐张力结构

是利用撑杆或撑架、拉索、篷布或薄膜和拉固点，组成各种形状的篷帐张力屋顶。大跨度结构屋顶如图 1-17 所示。

四、未来城市的设想

根据统计和计算，全世界人口已经超过 70 亿，并且每 12 年左右就增加 10 亿。如果按照这个速度增长，到公元 2800 年，每 40 平方厘米的陆地上将有一个人；到公元 4300 年，人口的重量将超过地球的重量。因此，未来的人类将居住在什么样的城市里，成为一个令人关注的问题。

未来城市，虽然人们没有直接亲临过，但在科幻小说或科幻影视剧中间接光顾过。这是一些光怪陆离的地方，是远离人们今日所居住的城市的地方。在不同的科幻作家笔下，未来城市的外观、功能都不尽相同。科学家和建筑师憧憬的未来城市则更具现实性。近年来，世界各国规划师提出了各种各样的未来城市设想，如应对土地资源有限的海上城市、海底城市；不破坏生态的空间城市；模拟自然生态的仿生城市。还有超级城市、高塔城市、拱形城市、海洋城市、数字化城市、生态城市、太阳城市、紧凑城市、田园城市、宇宙城市、立体城市、地下城市等。此外，还有人提出群体城市、山上城市、摩天城市、沙漠城市以及分散城市等。据最新信息和科学预测，未来新兴城市的发展将定格在虚拟城市、生态城市、地下城市、海洋城市等形式上，有些已经付诸实施。

（一）虚拟城市

虚拟城市是综合运用 GIS、遥感、遥测、网络、多媒体及虚拟仿真等技术，对城市内的基础设施、功能机制进行自动采集、动态监测管理和辅助决策的数字化城市。

随着信息技术和网络的高速发展，能够在全球范围内灵活移动的虚拟城市将可能飞速发展起来。在这种虚拟城市中，一些跟人一样聪明而富有感情的机器人将为城市的人们提供从工作到生活、从医疗到娱乐的多种有效的服务。只要将所需要的知识、信息和功能都输送储存在它的大脑之中，它就会像一个真正的人那样去开拓、进取，去创造一切。

（二）生态城市

广义的生态城市，是建立在人类对人与自然关系更深刻认识基础上的新的文化观，是按照生态学原则建立起来的社会、经济、自然协调发展的新型社会关系，是有效利用环境资源实现可持续发展的新生产和生活方式。狭义地讲，就是按照生态学原理进行城市设计，建立高效、和谐、健康、可持续发展的人类聚居环境。

生态城市，这一概念是在 20 世纪 70 年代联合国教科文组织发起的“人与生物圈(MAB)”计划研究过程中提出的，一经出现，立刻就受到全球的广泛关注。关于“生态城市”概念众说纷纭，至今还没有公认的确切定义。前苏联生态学家杨尼斯基认为生态城市是一种理想城模式，其中技术与自然充分融合，人的创造力和生产力得到最大限度发挥，而居民的身心健康和环境质量得到最大限度保护。中国有学者认为，生态城市是根据生态学原理综合研究城市生态系统中人与“住所”的关系，并应用科学技术手段，协调现代城市经济发展与生态的关系，保护并合理利用一切自然资源与能源，使人、自然、环境融为一体，互惠共生。

将大自然全面引进城市，使城市像生命体那样生存。这种“生态城市”将成为未来城市的主流。生态城市中的建筑物，几乎融入了所有现代的生态理念。其住宅的每个房间都阳光明媚，既不需要取暖的炉子，也不需要空调。热水可以通过太阳能热水器获取。另外，这些建筑物还力求冬暖夏凉，其中的一切能源都不依靠外界供给。更无需传统的供电站送电。它的电源来自可储存太阳能的阻挡层光电池。这种电池把获取的太阳能转化为电，并将其储藏在电池里。当冰箱、烘干机、洗衣机、洗碗机、电吹风等家用电器需要供电时，阻挡层光电池就把电输送给这些家用电器。

（三）仿生城市

这是一种模仿植物结构和功能的新概念城市，人们把城市的商业区、无害工业区、公园绿化、街道广场等组成要素，层层叠叠地密集置于一个巨型结构体中，空气和阳光通过调节器送入“主干”部分，而居住区置于悬挑出来的“支干”和“叶片”上，可以接触自然空气和阳光。

（四）海底城市

把城市建在海底，可以不占用海面和地面，并且便于开发海底资源。这种城市包括许多圆柱体，中部设学校和办公室，上部设医院和住宅，高级住宅设在圆柱体突出海面处，能享受到阳光和新鲜空气。突出海面的部分有供直升机起降和船舶停靠的平台。当特别巨大的风暴和海啸来临时，为躲避风浪，露出海面的上层部分可以通过特殊的升降装置降落到海面以下。整个城市的用水从海中获得，能源可以利用海水表层和深层的温差进行发电来获得。通过模仿鱼类呼吸的“人工腮”技术，人们可以方便地在浅海区游泳和嬉戏，没有溺水之忧。另外有人设想，把城市设计成可以同海底基座脱离的形式，当有海底地震和海底火山爆发的预报时，城市与海底的基座脱离，充气上浮到海面，并迁移到安全海域，降落到预先准备好的备用海底基座上。

（五）地下城市

未来世界的地下城市具有几个主要优越性，可解决城市中缺乏可用地的问题。这种城市不太会受到地震灾害的影响。由于地震时地表以下比地表以上更为稳固，因此这种新型地下城市比地上城市更安全。几近不变的地下自然温度使得地下城市能够保存更多的有效能源，因此地下城市结构将有助于缓解一个国家依靠外来能源供应的状况。地下城市的一部分将配有透明的圆屋顶，可以使居民对天空和星星一览无余。地下城市的地理结构，其实是一个由隧道连通的巨大地下城市空间网。每个网络站由商店区、旅馆和办公区组成，都同几个商店和游乐场的网点连接起来。网络站之间也通过隧道连接起来。地下城市的建筑群至少可供50万人居住。

（六）摩天城市

摩天城市实际就是一栋摩天大楼，只不过里面各种设施配套齐全。美国正在筹建高1500米，528层的建筑物，它可容纳一个中等城市的居民在上面居住。摩天城市的出现将极大提高土地的利用率，解决土地价格暴涨、住房紧张等问题。

（七）太空城市

在环绕地球或其他行星的轨道上可以建立巨大的空间站作为太空城市。利用太空城市的自转可以产生人工重力，消除失重感觉。国外设想的一种太空城市直径为6～7公里，长度30公里，呈圆筒状，利用太阳能实现能源的自给自足。太空城市有自己的太空港和对接舱，便于货运飞船的往来。由于有发达的通信和交通运输手段，未来相距遥远的太空城市也可以进行贸易，并互相派遣人员。

（八）海上城市

地球上四分之三的面积是海洋，建设海上城市是解决人类居住问题的重要途径，科学家们构想的"海上城市"种类较多。如将城市设计成一种锥形的四面体，高20层左右，漂浮在浅海和港湾，用桥同陆地相连。这种海上城市实际是特殊的人工岛，建筑师设想把机械和动力装置安置在底层，将商业中心和公共设施设置在四面体内部，上层的临海部位是居住区，运动场设置在甲板上，一些无害的轻工业厂房也可以设置在上面。较有影响的"海上城市"设计有：

1. 日本的"海上城市"，原名"巴西玛鲁"，是日本一艘国际远航客货轮，已有50多年的历史，船长156米、宽19.6米，共有七层，排水量达1.7万吨。

2. 荷兰马斯博默尔（Maasbommel）住宅，是一个由40栋3层可以漂浮在水面上的"两栖房屋"组成的住宅区。马斯博默尔住宅虽然是拴在地面的，但上升与下降都是随着水位变化，此做法可以使住宅适应水位，而不是试图与其抗衡。

3. 美国打造的海上浮动城市——"自由之船"。源于丹麦建筑师朱利安·德施默得（Julien de Smedt）提出的"美人鱼"项目，像漂浮在海面上的人工岛，船体高度相当于37层楼，顶端是大型机场跑道，可起降多架飞机。

4. 日本可供75万人居住的金字塔形海上城市。为了解决未来人口居住问题，斯坦福大学的意大利建筑师丹特·比尼打算在日本东京海湾建一座"超级金字塔"，正式名称为"清水TRY2004大都市金字塔"。从设计图看，这座"超级金字塔"总共为8层，1～4层商住两用，5～8层设有娱乐和公共设施，每层高度为250.5米，合计高度为2004米。总占地面积约8平方公里，可容纳75万人同时居住。"超级金字塔"还是一座可以自给自足的人工智能型生态城，绝对环保，人们住在里面，与住在地面上的公寓毫无区别。但目前仍处于构想阶段。

5. 比利时建筑师文森特·卡勒（Vincent Callebaut）设计的"睡莲之家"，他将城市建成睡莲形状，并将其定位为"浮动生态城市"，城市能够容纳数万人居住。

第二章　建筑设计与工程案例

第一节　建　筑　设　计

一、建筑设计基本知识

（一）基本建设程序与阶段

基本建设须履行三个程序：（1）主管部门对计划任务书的批文；（2）规划管理部门同意用地批文；（3）房屋设计。其中，房屋设计含有初步设计和施工图设计两个阶段。

基本建设的阶段划分：（1）工程建设前期阶段；（2）工程建设准备阶段；（3）工程建设实施阶段；（4）工程验收与保修阶段；（5）终结阶段。房屋的施工过程与设备安装又分为准备阶段、主体工程阶段和装修阶段。

（二）建筑活动中的从业单位

建设单位：国际上统称业主，是指拥有相应的建设资金，办妥项目建设手续，以建成该项目达到其经营或使用目的的政府部门、事业单位、企业单位和个人。

房地产开发企业：指在城市或者村镇从事土地开发、房屋及基础设施和配套设施开发及经营业务的、具有法人资格的经济实体。包括专营和兼营两种。

工程承包企业：指对工程从立项到交付使用的全过程进行承包的企业，包括房地产企业、建筑企业、设计院、设备采购或提供企业等。

工程勘察设计单位：指依法取得资格，从事工程勘察、工程设计的单位。

工程监理单位：指取得工程监理资格证书，具有法人资格的单位。

建筑企业：指从事建筑工程、市政工程、各种设备安装工程、装修工程的新建及改扩建活动的企业。

工程咨询与服务单位：工程咨询与服务单位主要向业主提供工程咨询和管理等智力型服务的单位。

（三）建筑设计程序

建筑设计是指对建筑物进行的建筑、结构、设备等方面的综合性设计工作，是由建筑师来承担和完成的工作。建筑设计程序包括建设项目决策，即可行性研究咨询、设计任务书编制、项目建设地点的论证选择等；编制设计文件；施工与验收；工程总结。

1. 设计任务书

设计任务书是业主对工程项目设计提出的要求，是工程设计的主要依据。进行可行性研究的工程项目，可以用获批的可行性研究报告代替设计任务书。设计任务书一般应包括以下几方面内容：（1）设计项目名称、建设地点；（2）批准设计项目的文号、协议书文号及其有关内容；（3）设计项目的用地情况，包括建设用地范围的地形、场地内原有建筑物、构筑物、要求保留的树木及文物古迹的拆除和保留情况等，还应说明场地周围道路及建筑等环境情况；（4）工程所在地区的气象、地理条件、建设场地的工程地质条件；（5）水、电、气、燃料等能源供应情况，公共设施和交通运输条件；（6）用地、环保、卫生、消防、人防、抗震等要求和依据资料；（7）材料供应及施工条件情况；（8）工程设计的规模和项目组成；（9）项目的使用要求或生产工艺要求；（10）项目的设计标准及总投资；（11）建筑造型及建筑室内外装修方面要求。

2. 设计周期

根据有关设计深度和设计质量标准所规定的各项基本要求完成设计文件所需要的时间称为设计周期。设计周期是工程项目建设总周期的一部分。根据有关建筑工程设计法规、基本建设程序和有关规定，以及建筑工程设计文件相关规定制定设计周期定额。设计周期定额考虑了各项设计任务一般需要投入的力量。对于技术上复杂而又缺乏设计经验的重要工程，经主管部门批准，在初步设计审批后可以增加技术设计阶段。技术设计阶段的设计周期根据工程特点具体议定。设计周期定额一般划分方案设计、初步设计、施工图设计三个阶段，每个阶段的周期可在总设计周期的控制范围内进行调整。

（四）建筑设计内容

建筑物的设计一般包括建筑设计、结构设计和设备设计等几部分。

建筑设计主要是根据建设单位提供的任务书，在满足总体规划的前提下，对基地环境、建筑功能、材料设备、结构布置、建筑施工、建筑经济和建筑形象等做全面的综合分析，提出建筑设计方案，并将此方案绘制成建筑设计施工图；结构设计是在建筑设计的基础上选择结构方案，确定结构类型，进行结构计算与结构设计，最后完成结构施工图；设备设计包括给水排水、采暖通风、电器照明、通信、燃气、动力等专业的设计，确定其方案类型、设备选型并完成相应的施工图设计。

在建筑设计中，技术设计是一个关键环节。其设计内容主要包括：整座建筑物和各个局部的具体处理；建筑物各部分确切的尺寸关系；内外装修的设计；结构方案的计算和具体内容；各节点构造和用料的确定；各种设备系统的设计和计算；各技术工种之间矛盾的合理解决；设计预算的编制等。

技术设计是在各相关技术工种共同商议之下进行的，并应相互认可。技术设计的要点，除体现初步设计的整体意图外，还要考虑施工的方便易行，选择较为省事、省时、省钱的办法，获得最好的使用效果和艺术效果。

（五）建筑设计阶段划分

建筑设计通常分三个阶段，即方案设计、技术设计及施工图绘制。

1. 方案设计

了解设计要求，获得必要设计数据，绘制出各层主要平面、剖面和立面，必要时要画出效果图。要标出房屋的主要尺寸、面积、高度、门窗位置和设备位置等，以充分表达出设计意图、结构形式和构造特点。这个阶段和业主等相关人员接触较多，如果方案确定，即可进入下一步的技术设计阶段。

2. 技术设计

这一阶段主要是和其他建筑工种互相提供资料及要求，协调与各工种（如结构、给排水、暖通、电气等）之间的关系，为后续编制施工图打好基础。在建筑设计上，这一阶段要求建筑工种标明与其他技术工种有关的详细尺寸，并编制建筑部分的技术说明。

3. 施工图绘制

这是建筑设计中工作量最大也是最后的一步，主要工作是绘制出满足工程要求的施工图纸，确定全部建筑尺寸、用料、造型等。建筑设计要配合其他结构施工图、给排水施工图、暖通施工图、电气施工图等，完成建筑施工图的全套图纸。建筑施工图完成后，需要审核、盖注册建筑师章、设计院出图章，设计人员审核人员等相关人员签字。签字盖章后的建筑施工图具有法律效力，相关工程技术人员就要为所设计的建筑承担相应责任。

建筑设计的依据文件有：主管部门有关建设任务使用要求，建筑面积、单方造价和总投资批文，以及国家有关部委或各省、市、地区规定的设计定额和指标等。

（六）建筑热工设计

建筑热工设计的宗旨即为建筑节能。为了贯彻国家节约能源的政策，扭转我国严寒和寒冷地区居住建筑采暖能耗大、热环境质量差的状况，需要在建筑热工设计中采用有效的技术措施，以降低建筑能耗，达到建筑节能的目的。

建筑节能是当今人类面临的生存与可持续发展的重大问题，生态节能是世界建筑发展的基本趋势。因此，建筑设计应该按照我国最新颁布的各种建筑节能标准，针对我国的地域环境和建筑特点，进行与节能相关的热工计算。为使建筑热工设计与地区气候相适应，我国《民用建筑热工设计规范》（GB 50176—93）中，对建筑热工设计分区及设计要求做了明确规定。见表 2-1。

建筑热工设计分区及设计要求 **表 2-1**

分区名称	分区指标		设计要求
	主要指标	辅助指标	
严寒地区	最冷月平均温度≤－10℃	日平均温度≤5℃的天数≥145天	必须充分满足冬季保温要求，一般可不考虑夏季防热
寒冷地区	最冷月平均温度0～－10℃	日平均温度≤5℃的天数90～145天	应满足冬季保温要求，部分地区兼顾夏季防热
夏热冬冷地区	最冷月平均温度0～10℃ 最热月平均温度25～30℃	日平均温度≤5℃的天数0～90天，日平均温度≥25℃的天数40～110天	必须满足夏季防热要求，适当兼顾冬季保温
夏热冬暖地区	最冷月平均温度＞10℃ 最热月平均温度25～29℃	日平均温度≥25℃的天数100～200天	必须充分满足夏季防热要求，一般可不考虑冬季保温
温和地区	最冷月平均温度0～13℃ 最热月平均温度18～25℃	日平均温度≤5℃的天数0～90天	部分地区应考虑冬季保温，一般可不考虑夏季防热

（七）建筑设计图

建筑设计图纸包括底图和蓝图，根据图纸大小又分为不同图号 0～5#，0# 规格尺寸为 841mm×1189mm，其他依次为对折后尺寸。设计图对图线、字体及图例符号的要求比较高，原为设计人员利用绘图工具手工绘图，现在多采用计算机软件绘图，如 CAD 及其他绘图软件。

（八）建筑设计术语

开间：指房屋建筑图中，在水平方向编号的轴线墙之间的标志尺寸。通常房屋开间尺寸都要符合建筑模数，如：3 米，3.3 米，3.6 米等。

进深：指房屋建筑图中，在一个房间垂直方向编号的轴线墙之间的标志尺寸。房屋的进深尺寸通常也要符合建筑模数。

层高：楼房本层地面到相应上一层地面垂直方向的尺寸。

净高：楼房房间内地面上表皮到顶棚下表皮的垂直尺寸。

地坪：也称室外地坪，指室外自然地面。

建筑红线：建设用地范围。指规划部门批给建设单位的占地范围，一般用红笔画在总图上，具有法律效力。

二、建筑设计风格

建筑设计风格包括建筑物设计和室内装饰设计两个方面。在世界经济、信息、科技、文化高度发展时期，社会的物质和精神生活都会不断提升，人们对自身所处的生活、生产活动环境的质量，也在安全、健康、舒适、美观等方面有了更高的要求。因此，创造更具科学性、艺术性建筑作品，既能满足功能要求、又有文化内涵，以人为本、合情合理，是未来建筑设计的发展趋势。

（一）建筑设计风格与文化

建筑设计风格的形式，具有不同的时代思潮和地区特点，通过创作构思和表现，逐渐发展成为具有代表性的室内外设计形式。一种典型风格的形式，通常是和当地的人文因素和自然条件密切相关，又需有创作中的构思和造型的特点。风格虽然表现于形式，但风格具有艺术、文化、社会发展等深刻的内涵。从这一深层含义来说，风格又不停留或等同于形式。

在建筑设计历史上，不同的地域和人文环境，不同的功能需要，不同的风格和文化内涵，都有不同的建筑表现形式。建筑设计师们在体现艺术特色和创作个性的同时，对主要表现的建筑风格进行了探索和研究。将风格的外在因素（民族特性、社会体制、生活方式、文化潮流、科技发展、风俗习惯、宗教信仰、气候物产、地理位置）和风格形成的内在因素（个人或群体创作构思，其中包括创作者的专业素质和艺术素质）相结合，从而赋予建筑作品视觉愉悦感和文化内涵。将体现艺术特点和创作个性的各种风格融入建筑设计中，运用物质技术手段和建筑美学原理，创造出功能合理，舒适优美，满足人们物质和精神生活需要的居住生活环境。

除前面所述赖特贴近大自然的“草原住宅”、密斯·凡德罗“少就是多”的建筑设计风格、柯布西耶及其“新建筑五点”外，下面列举一些较为典型的建筑设计实例，剖析、鉴赏建筑风格与文化的完美结合，感知优秀建筑设计师如何创造出理想的文化氛围、使人震撼的视觉冲击和愉悦舒适的居住空间。

（二）建筑设计风格及实例

1. 阿尔瓦·阿尔托（Alvar Aalto），芬兰现代建筑师，人情化建筑理论的倡导者，主要的创作思想是探索民族化和人情化的现代建筑道路。他所设计的建筑平面灵活，使用方便，结构构件巧妙地化为精致的装饰，建筑造型娴雅，空间处理自由活泼且有动势，使人感到空间不仅是简单的流通，而且在不断延伸、增长和变化。阿尔托热爱自然，他设计的建筑总是尽量利用自然地形，融合优美景色，风格纯朴（图 2-1、图 2-2）。

图 2-1 芬兰音乐厅

图 2-2 欧塔尼米技术学院礼堂

2. 建筑设计师 McBride Charles Ryan 设计的、位于澳大利亚墨尔本郊外的奇特建筑，外形像一艘坠毁的太空船，或者隐形战机。设计师的意图是模糊建筑体“内部表面”和“外部表面”的概念，给人一种身处外太空的感觉（图 2-3）。

图 2-3 墨尔本郊外的外太空建筑设计风格

3. 建筑大师安藤忠雄作品，集艺术和智慧的天赋于一身。他有超强的洞察力，超脱了当今最盛行的运动学派或风格。所设计的房屋无论大小，都实用而且富有灵性及表现力。他的建筑是形式与自然及居住人群的综合统一。通过最基本的几何形式，他用不断变幻的光图成功地营造了个人的微观世界（图 2-4）。除了获得一些抽象的设计概念，他的建筑更多是充分反映一种“安逸之居”的意念。

4. 莫斯科圣巴索教堂，建于 1555～1561 年。是为纪念 1552 年“伊凡雷帝”胜利攻占喀山和阿斯特拉罕市，并将其并入俄国版图而建。教堂的建筑风格独特：

由九座洋葱头型的教堂所组成的建筑群，修建在高大的台基上，主教堂高约 47 米。以富丽堂皇而著名于世，为当地标志性建筑，也是世界著名建筑之一（图 2-5）。

图 2-4 曼哈顿阁楼图

图 2-5 莫斯科圣巴索教堂

5. 法国卢瓦尔河香波城堡（Chambord Castle）。古典主义风格，举世闻名，风景优美宜人，曾是法国国王行宫。香波城堡是卢瓦尔河谷所有城堡中最宏伟的一个，已有五百多年的历史。古堡长宽各有 100 多米，气势磅礴。护城河环绕四周，背靠大森林，面倚大花园，绿树、鲜花、雕塑和清澈的湖水，给人以极佳的视觉享受。与我国古代皇家园林相似，宫堡是王权的象征，是为了炫耀和享受，它体现的是华丽夸张的皇家园林风格，是皇权和艺术的完美结合。香波城堡充满浓厚的法国贵族生活气息，被法国人视为国宝，1981 年被列入世界文化遗产名录（图 2-6）。

图 2-6 法国卢瓦尔河香波城堡

6. 标新立异的现代建筑。建筑师摆脱传统建筑形式的束缚，大胆创造适应当代社会的崭新建筑。现代风格建筑时尚大气，追求标新立异的设计风格，彰显独特建筑魅力及其新颖的设计（图 2-7）。

三、世界著名建筑师经典作品解析

（一）创新建筑师——圣地亚哥·卡拉特拉瓦

卡拉特拉瓦（Santiago Calatrava）是世界上最著名的创新建筑师之一，也是备受

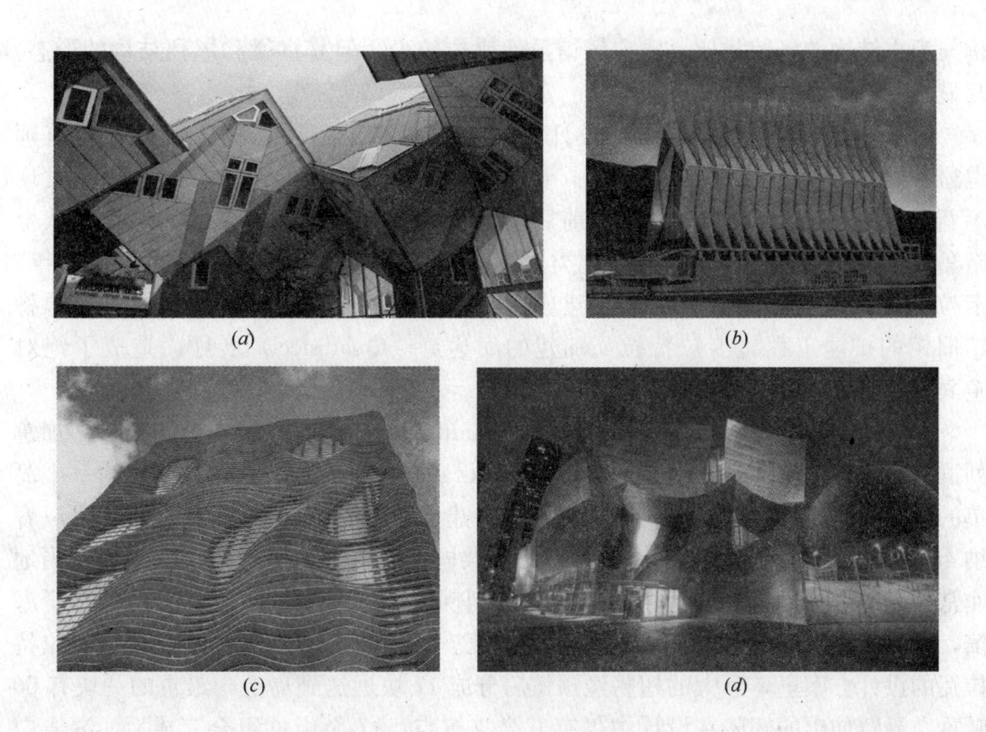
(a)　(b)　(c)　(d)

图 2-7　现代风格建筑

(a) 方块屋：荷兰鹿特丹；(b) 小圣堂：美国科罗拉多州斯普林斯市；
(c) 水楼：美国芝加哥；(d) 古根海姆博物馆：西班牙毕尔巴鄂

争议的建筑师。他出生在西班牙巴伦西亚附近的贝尼马米特（Benimamet），在巴伦西亚修完建筑与城市设计专业以后，于 1979 年获得了瑞士苏黎世联邦工学院的结构工程博士学位，随后留校任教，并开始参加建筑设计竞赛。他以桥梁结构设计及艺术建筑闻名于世，设计了威尼斯、都柏林、曼彻斯特、巴塞罗那的桥梁，以及里昂、里斯本、苏黎世的火车站（图 2-8），还有著名的 2004 年雅典奥运会主场馆（图 2-9）。

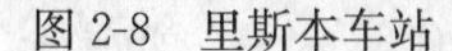
图 2-8　里斯本车站

图 2-9　雅典奥运会主场馆

雅典奥运会主场馆由已有 20 年历史的旧场馆加建而成。由于奥运会在酷热的盛夏举行，为了使大部分观众能舒适地欣赏比赛，改建的主要目标是尽量增加有盖座位。卡拉特拉瓦在原场馆上设计了两条长 304 米、高 80 米的大型拱梁，用钢缆拉起总面积超过 10000 平方米、总重量 16000 吨的纤维板屋顶。改建之后的场馆能够容纳超过七万人，有盖座位由 35％增加至 95％。与上届悉尼奥运会的以空间构架为主结构的场馆相比，雅典场馆虽然座位较少，但其拱梁和屋顶结构的形态，却显然有着欧洲式的优雅。

自20世纪初以来，桥梁的设计一直被托付给了路桥结构工程师，建筑师退避三舍似乎已成习惯。由于有了卡拉特拉瓦，全世界的建筑师们才忽然发现了新的课题。在20世纪90年代前后爆发了对桥梁进行建筑设计的热潮，从全新角度重新开始塑造城市中的这类元素，进而影响到城市的面貌。2001年，卡拉特拉瓦在美国的第一个作品建成，是基于威斯康星州密尔沃基的美术博物馆旧馆的扩建工程。卡拉特拉瓦加建的库达奇（Quadracci）展厅，造成了绝对喧宾夺主的局面。

卡拉特拉瓦设计的坦纳利佛音乐厅（Auditorio de Tenerife），位于西班牙加拿列群岛（Canary Is lands）的圣达克罗（Santa Cruz）市。原本只是要作为一个简单的音乐演奏厅，经这位建筑大师打造后，建成了可容纳1800人的礼堂和可以容纳400人的室内音乐厅，成为25万市民们共同拥有的多功能音乐文化中心及当地非常著名的地标建筑。坐落于海边的坦纳利佛音乐厅夜间散发出的光芒映落于海滨，成为热爱海洋的西班牙人的另一个表征。高耸伸出的翅膀再度出现在卡拉特拉瓦的设计方案里，巨大的翅膀经预铸后分成17块运送到岛上，最重的一块有60吨重。悬臂伸出的翅膀在设计中仅有五个支撑点，17个组件组合完成后，灌入白色混凝土，此建筑物最后使用了2000吨混凝土。

由于卡拉特拉瓦拥有建筑师和结构工程师的双重身份，他对结构和建筑美学之间的互动有着准确的掌握。他认为美态能够由力学的工程设计表达出来，在大自然之中，林木虫鸟的形态美，同时有着惊人的力学特点。所以，他常常以大自然作为启发灵感的源泉。卡拉特拉瓦设计的桥梁具有纯粹结构形成的优雅动态，展现出技术理性所能呈现的逻辑之美，而又仿佛超越了地心引力和结构法则的束缚。有的时候，他的设计难免会让人想起外星来客，极其突兀的技术美似乎全然出乎人们的常规预料。

（二）现代主义建筑大师——贝聿铭

贝聿铭，美籍华人，世界著名的建筑设计师。生于广州，其父是中国银行创始人之一贝祖怡。贝聿铭10岁随父亲来到上海，18岁到美国，先后在麻省理工学院和哈佛大学学习建筑，于1955年建立建筑事务所。作为20世纪世界最成功的建筑师之一，贝聿铭一直都坚持着现代主义风格，反对在建筑上的随波逐流、趋于流行。在追逐潮流的现代建筑界，贝聿铭体现出一种自信、坚定、明确的设计立场，被描述为一个注重于抽象形式的建筑师。他喜好的材料包括石材、混凝土、玻璃和钢，设计了大量的划时代建筑。贝聿铭属于实践型建筑师，作品很多，论著较少，他的思想对建筑理论的影响基本局限于其作品本身。贝聿铭被称为“美国历史上前所未有的最优秀建筑家”。1983年，他获得了建筑界的“诺贝尔奖”——普利茨克建筑奖。

贝聿铭认为“建筑是一种社会艺术的形式”，在他的任何设计中都不会放松协调、纯化、升华这种关系的努力。在设计时，他对空间和形式常常都做多种探求，赋予它们既能适应其内容又不相互雷同的建筑风貌。贝聿铭具有统观全局的设计思想，他说：“建筑设计中有三点必须予以重视：首先是建筑与其环境的结合；其次是空间与形式的处理；第三是为使用者着想，解决好功能问题。”贝聿铭的设计创造出了承前启后的建筑风格，他注意纯化建筑物的体型、尽可能去掉那些中间的、过渡的、几何特性不确定的组成部分，使他设计的空间形象具有鲜明的属性。他的设计还具有强烈生动的雕塑性和明快活跃的时代感，以及被绘画、雕塑作品加强的艺术性。贝聿铭建筑设计中的室内设计部分，几乎均由他本人设计以保证内外的谐调统一。

贝聿铭设计的许多大型建筑遍布世界各地，为世界建筑史留下经典杰作。1999 年在北京建成的中国银行总部大厦，是贝聿铭建筑设计生涯中的最后一项大型建筑设计项目，耗时七年。大厦楼内有园，似北京四合院，园内水池中自云南石林采来的黑石分布有致，两侧竹丛相映成趣，在空间组织上将中国传统设计手法运用得十分精到。他设计的波士顿肯尼迪图书馆，被誉为美国建筑史上最杰出的作品之一；丹佛市的国家大气研究中心，纽约市的议会中心，也使很多人为之赞叹不已；费城社交山大楼的设计，使贝聿铭获得了“人民建筑师”的称号；华盛顿国家艺术馆东大厅更是令人叹为观止。美国前总统卡特称赞说：“这座建筑物不仅是首都华盛顿和谐而周全的一部分，而且是公众生活与艺术之间日益增强联系的艺术象征。”贝聿铭设计的北京西山的香山饭店，集中国古典园林建筑之大成，设计构思别具一格；他设计的苏州博物馆新馆，独特、大气，保留了东方特色和江南水乡风格，是现代与传统建筑的完美融合（图 2-10）。贝聿铭还应法国总统密特朗的邀请，完成了法国巴黎拿破仑广场的卢浮宫的扩建设计，使这个拥有埃菲尔铁塔等世界建筑奇迹的国度也为之倾倒。这项工程完工后，卢浮宫成为世界上最大的博物馆（图 2-11）。人们赞扬这位东方民族的设计师的独到设计“征服了巴黎”。还有德国历史博物馆、日本 MIHO 博物馆、香港中银大厦等。

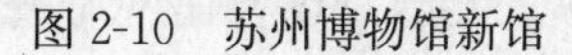

图 2-10　苏州博物馆新馆

图 2-11　法国巴黎卢浮宫

（三）塑性建筑流派建筑大师——安东尼奥·高迪

安东尼奥·高迪（Antonio Gaudi，1852～1926），西班牙建筑师，塑性建筑流派的代表人物，属于现代主义建筑风格。高迪曾就学于巴塞罗那省立建筑学校，毕业后初期作品近似华丽的维多利亚式，后采用历史风格，属于哥特复兴的主流。高迪最早接受的委托项目是巴塞罗那的圣家族大教堂（1883～建设中）（图 2-12），这是一座极有个性和感染力的建筑物（高迪去世时仅完成一个耳堂和四个塔楼之一）。代表作有米拉公寓（图 2-13），巴特罗公寓（又称巴特罗之家）（图 2-14），吉埃尔礼拜堂和古埃尔公园。

在高迪的眼中，一切灵感来源于自然和幻想：海浪的弧度、海螺的纹路、蜂巢的格致、神话人物的形状，都是他酷爱采用的表达思路。他不喜欢硬邦邦的直线，乐于用柔和曲线和五彩颜色表达一切。甚至每一个烟囱的造型、每一块砖的摆法，他都有兴趣玩味半天。因此他承包的工程都成了鸿篇巨制，古埃尔公园耗费了 14 年，圣家族大教堂直到他去世后仍未完成，如果投资稳定（每年需耗资 300 万美元）的话，至少需要继续建造 65 年方可竣工。

图 2-12　圣家族大教堂

图 2-13　米拉公寓

图 2-14　巴特罗之家

（四）勇于创新和突破的建筑师——伦佐·皮亚诺

伦佐·皮亚诺（Renzo Piano）1937 年 9 月 14 日出生于意大利热那亚（Genoa）一个建筑商世家。1964 年，皮亚诺从米兰科技大学获得建筑学学位，开始了他永久性的建筑师职业生涯。他先是受雇于费城的路易斯·康工作室、伦敦的马考斯基工作室，其后在热那亚建立了自己的工作室。在那里，他开始了一系列试验性的设计：炼油厂、展览馆的陈列厅、多功能医院等。尽管皮亚诺深受多位建筑大师作品的影响，但自出道之日起，他就特立独行，绝不墨守成规、拾人牙慧，并且始终偏爱开放式设计与自然光的效果。

1971 年，皮亚诺与罗杰斯合作参加并赢得了巴黎的蓬皮杜中心国际竞赛，活泼靓丽、五彩缤纷的通道，加上晶莹透明、蜿蜒曲折的电梯，使得蓬皮杜中心成了巴黎公认的标志性建筑之一。自此项目之后，皮亚诺以他层层叠叠的建筑图纸营造了世界性的声誉，日本、德国、意大利和法国都有他大胆的商业性和公共建设项目，他设计的博物馆更是让人望尘莫及。因为休斯敦梅尼尔（menil）博物馆和瑞士巴塞尔附近的贝耶勒基金会博物馆（图 2-15），人们对皮亚诺的赞誉之声不绝于耳。他用关西机场美妙绝伦的候机楼装点日本大阪湾的一座人工岛，他还在新喀里多尼亚的努美阿建造了一所高耸入云的木棚状文化中心。

皮亚诺注重建筑艺术、技术以及建筑周围环境的结合。他的建筑思想严谨而抒情，在对传统的继承和改造方面，大胆创新勇于突破。皮亚诺用现代主义的表现手法实现了先辈大师如达·芬奇、米开朗琪罗同样深远的理想——人、建筑和环境完美的和谐，并以热诚的态度关注着建筑的宜居性与可持续发展。皮亚诺的作品范围博大，从博物馆、教堂到酒店、写字楼、住宅、影剧院、音乐厅（图 2-

16）及空港和大桥。在他的作品中，广泛地体现着各种技术、材料和各种思维方式的碰撞，这些活跃的散点式的思维方式，是一个真正具有洞察力的大师和他所率领的团队奉献给全人类的礼物。

皮亚诺的伟大之处在于，他的建筑作品没有一个固定的模式。与其他建筑师一望即知的建筑模式不同，皮亚诺作品的识别标志是它们没有识别标志。皮亚诺本人对于那些排斥教条主义的年轻建筑师们来讲，是一个榜样和激励。他的作品没有浮夸，表现出的是稀有而温暖的人文精神，执着地关心着天空、大地和人的内心。

图 2-15 瑞士贝耶勒基金会博物馆

图 2-16 罗马综合音乐厅

（五）解构主义建筑师——扎哈·哈迪德

扎哈·哈迪德（ZahaHadid），1950 年出生于巴格达（英籍），在黎巴嫩就读过数学系，1972 年进入伦敦的建筑联盟学院学习建筑学，1977 年毕业获得伦敦建筑联盟（AA，Architectural Association）硕士学位。此后加入大都会建筑事务所，执教于 AA 建筑学院，后来在伦敦创办了自己的事务所。直至 1987 年，哈迪德一直从事学术研究，曾在哥伦比亚大学和哈佛大学做访问教授，在世界各地教授硕士研究生班和各种讲座。

哈迪德于 1983 年开始在 AA 建筑学院举办大型绘画回顾展，此后其绘画作品一直在世界各地展出。大型展出地点有纽约古金汉博物馆（1978 年）、东京 GA 画廊（1985 年）、纽约现代艺术博物馆（1988 年）、哈佛大学设计研究生院（1994 年）和纽约中央火车站候车室（1995 年）。哈迪德的作品还被众多机构如纽约现代艺术博物馆、法兰克福德意志建筑博物馆等作为永久收藏品收藏。

哈迪德是建筑界的一个传奇。有人说她是异端人物，有人说她是建筑界的“女魔头”，还有人说她是特立独行的建筑大师。无论如何，哈迪德被誉为当今世界上最优秀的“解构主义大师”。哈迪德曾带领她的团队获得了世界多个最顶尖的建筑设计竞赛殊荣：意大利米兰一幢外形扭曲的写字楼，西班牙巴塞罗那的大学和会议大楼，中国广州的歌剧院，德国斯特拉斯堡电车站，丹麦哥本哈根艺术博物馆，美国辛辛那提艺术博物馆，伦敦 2012 年奥运会水上运动中心，土耳其西北部港口城市伊斯坦布尔，迪拜商业湾（Business Bay）的“舞蹈大厦”和阿联酋阿布扎比（Abu Dhabi）表演艺术中心等（图 2-17～图 2-19）。

图 2-17 芝加哥千禧公园伯纳姆

图 2-18 扎哈·哈迪德设计方案

图 2-19 马德里民事法庭

2004 年，哈迪德获得了建筑界的“诺贝尔奖”——普利茨克建筑奖，成为第一个获得这个世界最高荣誉建筑奖项的女性。普利茨克奖评委之一、美国建筑资深评论家艾达·路易丝·赫克斯特布尔称：“哈迪德改变了人们对空间的看法和感受。”空间在哈迪德手中就像橡胶泥一样，任由她改变形状：地板落差极大，墙壁倾斜，顶棚高吊，内外不分……。从哈迪德的多项设计作品的构思和表达方式来看，她的许多设计手法和观念似乎是在被阿拉伯血统中的刚劲精神热烈地鼓舞着勇往直前。与此同时，她也在一些“随形”和流动的建筑设计方案中流露出贴近自然的浪漫品位。哈迪德的设计一向以大胆的造型出名，被称为建筑界的“解构主义大师”，主要源于她独特的创作方式。她的作品看似平凡，却大胆运用空间和几何结构，反映出都市建筑繁复的特质。但是，尽管她得过大大小小的奖项，有时候一年获 4 项，但是她的很多作品都只能安静地躺在图纸上，无法付诸实施，她甚至一度被称为“纸上谈兵”的建筑设计师。这种状况至 20 世纪 90 年代末有所改观，除了荣誉之外，各种请她主持设计的邀请单也像雪片一样飞来。在欧洲，她获得为宝马公司设计位于德国莱比锡的新总部，以及设计坐落于罗马的意大利国立现代艺术中心。在美国，她身为最终 5 位入围者之一，得到设计 2012 年伦敦奥运会游泳馆的任务。

(六)“高技派”的代表人物——诺曼·福斯特

诺曼·福斯特（Norman Foster），当今国际上最杰出的建筑大师之一，被誉为“高技派”代表人物，第 21 届普利茨克建筑奖得主。福斯特于 1935 年出生于曼彻斯特，1961 年自曼彻斯特大学建筑与城市规划学院毕业后，获得耶鲁大学亨利奖学金而就读于 Jonathan Edwards 学院，取得建筑学硕士学位。1967 年成立自己的事务所，至今其工程遍及全球。福斯特建筑事务所的设计产品很广泛，包括城市规划，建筑物设计，产品设计，展览等。产品大到世界上最大的建筑设计——香港新机场，小到一套家具上的门。

福斯特建筑事务所在国际上拥有着良好的口碑，它的代表性作品包括：英国麦克拉伦技术中心，英国伦敦“千年大厦”，德国新议会大厦（柏林）；大不列颠博物馆大厅（伦敦）；汇丰银行香港和伦敦总部；德意志商业银行总部；法国加里艺术中心；美国斯坦福大学塞恩斯伯里视觉艺术中心等（图 2-20、图 2-21）。福斯特建筑事务所在城市规划设计等方面也有良好的造诣。

由于在建筑设计等领域的卓越表现，福斯特建筑事务所目前已荣获了 280 多个奖项，赢得了 50 多次国内和国际设计竞赛。福斯特因其建筑方面的杰出成就，于 1983 年获得英国皇家建筑师学会金质奖章，1990 年被册封为骑士，1997 年被女皇列入杰出人士名册，1999 年获终身贵族荣誉，并成为泰晤士河岸的领主。福斯特拥有很多荣誉头衔：英国皇家建筑师学会成员、皇家艺术学会成员、英格兰皇家院士、美国建筑师学会名誉会员等。

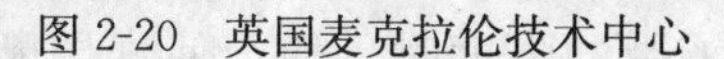

图 2-20　英国麦克拉伦技术中心

图 2-21　英国伦敦“千年大厦”

福斯特特别强调人类与自然的共同存在，而不是互相抵触，认为要从过去的文化形态中吸取教训，提倡那些适合人类生活形态需要的建筑方式。他认为“建筑应该给人一种强调的感觉，一种戏剧性的效果，给人带来宁静”。

第二节　抗震设计与设防

一、基本知识

（一）建筑荷载

建筑荷载通常是指直接作用在建筑结构上的各种力，也称为直接作用荷载。还有一类可以引起结构受力变形的因素，如地基不均匀沉降、温度变化、混凝土收缩、地震等。由于它们不是以力的形式直接作用在结构上，所以称为间接作用荷载。由荷载作用而引起的结构内力和变形，称为荷载效应或作用效应。建筑荷载分类比较复杂，按照《建筑结构荷载规范》（GB 50009—2001）的荷载分类，结构上的荷载归纳为三类：

1. 永久荷载

在结构使用期间，其值不随时间变化，或其变化与平均值相比可以忽略不计，或其变化是单调的并能趋于限值的荷载。例如结构自重、土压力、预应力、混凝土收缩、基础沉降、焊接变形等。

2. 可变荷载

在结构使用期间，其值随时间变化，且其变化与平均值相比不可以忽略不计的荷载。例如安装荷载、屋面与楼面活荷载、雪荷载、风荷载、雨荷载、吊车荷载、积灰荷载和自然灾害荷载等。

3. 偶然荷载

在结构使用期间不一定出现，一旦出现，其值很大且持续时间很短的荷载。例如爆炸力、撞击力、雪崩、严重腐蚀、地震、台风等。

建筑物、构筑物上的常见荷载还可以细分为恒荷载、活荷载、动荷载（指使结构或结构构件产生不可忽略加速度的荷载。如机器设备振动、高空坠物冲击作用等）、地震荷载等。除上述几种常见荷载外，荷载按照作用方向还分为垂直荷载，如结构自重、雪荷载等；水平荷载，如风荷载、水平地震力作用等。

（二）地震的种类

地震一般可分为人工地震和天然地震两大类。由人类活动（如开山、开矿、爆破等）引起的地震叫人工地震，除此之外统称为天然地震。天然地震按照其成因，主要分为以下几种类型：

1. 构造地震

构造地震指地壳运动引起地壳构造的突然变化、地壳岩层错动破裂而发生的地壳震动。由于地球不停地运动变化，内部会产生巨大的力，这种作用在地壳单位面积上的力，叫地应力。在地应力长期缓慢地作用下，地壳的岩层发生弯曲变形。当地应力超过岩石本身能承受的强度时，便会使岩层断裂错动，其巨大的能量突然释放，能量以波的形式传到地面即地震。世界上90%以上的地震，都属于构造地震。强烈的构造地震破坏力很大，是人类预防地震灾害的主要对象。

2. 火山地震

由火山活动时岩浆喷发冲击或热力作用引起的地震叫火山地震。这种地震一般较小，造成的破坏也极少，火山地震只占地震总数的7%左右。目前世界上大约有500座活火山，每年平均约有50起火山喷发。我国的火山主要分布在东北黑龙江、吉林省和西南的云南等省。近代活动喷发的火山在黑龙江省的五大连池、吉林省的长白山、云南省的腾冲及海南岛等地。

火山和地震都是源于地壳运动，往往互有关联。火山爆发有时会激发地震的发生，地震若发生在火山地区，也常会引起火山爆发。如1960年5月22日智利地震，48小时后就使沉睡了55年之久的普惠山火山复活喷发，火山云直冲6000米高空，其喷发蔚为壮观。

3. 陷落地震

由于地下水溶解了可溶性岩石，使岩石中出现空洞并逐渐扩大，或由于地下开采矿石形成了巨大的空洞，造成岩石顶部和土层崩塌陷落引起地震，叫陷落地震。这类地震约占地震总数的3%左右，震级都很小。矿区陷落地震最大可达5级左右，我国曾发生过4级的陷落地震。虽然陷落地震的震源浅，但对矿井上部和下部仍会造成较严重的破坏。

4. 诱发地震

在特定的地区因某种地壳外界因素诱发而引起的地震，叫诱发地震。如地下核爆炸、陨石坠落、油井灌水等都可诱发地震，其中最常见的是水库地震。如福建省水口电站自1993年3月底水库开始蓄水，当年5月起的2年内，共诱发小级别地震近千次，其中最大的3.9级。广东河源新丰江水库1959年建库，1962年诱发了最大震级为6.1级的地震。究其原因，主要是水库蓄水后改变了地面的应力状态，且库水渗透到已有的断层里，起到润滑和腐蚀作用，促使断层产生新的滑动。但并非所有的水库蓄水后都会发生水库地震，只有当库区存在活动断裂、岩性刚硬等条件，才有诱发的可能性。

（三）地震波与震源

地震指地壳的天然震动，同台风、暴雨、洪水、雷电等一样，是一种自然现象。据相关研究，全球每年发生地震约500万次，其中能感觉到的地震有5万多次，造成破坏性的5级以上地震约1000次，7级以上有可能造成巨大灾害的地震约十几次。

1. 纵波和横波

地震波分为纵波和横波。纵波每秒钟传播速度5～6千米，能引起地面上下跳动；横波传播速度较慢，每秒3～4千米，能引起地面水平晃动。由于纵波衰减快，离震中较远的地方，只感到水平晃动。一般情况下，地震时地面总是先上下跳动，后水平晃动，两者之间有一个时间间隔，可根据间隔的长短判断震中的远近，用每秒8千米乘以间隔时间可以估算出震中距离。

2. 震源和震中

地下发生地震的地方叫“震源”。震源正对着的地面叫“震中”。震中附近震动最大，一般也是破坏性最严重的地区，称为“极震区”。从震中到震源的垂向距离，为“震源深度”。在地面上，受地震影响的任何一点，到震中的距离，称“震中距”，到震源的距离，称“震源距”。在地图上，把地面破坏程度相似的各点连接起来的曲线，叫“等震线”。

通常根据震源的深浅，把地震分为浅源地震（震源深度小于70千米）、中源地震（震源深度70～300千米）和深源地震（震源深度大于300千米）。全世界95%以上的地震都是浅源地震，震源深度集中在5～20千米上下。

（四）震级与烈度

1. 地震震级

地震震级是依据地震强度所划分的等级，以震源处释放的能量大小来确定。释放能量越大，震级也越大。按照国际通用的里氏分级，把地震震级分为九级，一般小于2.5级的地震人无感觉；2.5级以上人有感觉；5级以上的地震会造成破坏。

里氏震级（Richter magni tude scale）是由两位来自美国加州理工学院的地震学家里克特（Charles Francis Richter）和古登堡（Beno Gutenberg）于1935年提出的一种震级标度，是目前国际通用的地震震级标准。它是根据离震中一定距离所观测到的地震波幅度和周期，并且考虑从震源到观测点的地震波衰减，经过公式计算出来的震源处地震（所释放出能量）的大小。里氏震级的主要缺陷在于它与震源的物理特性没有直接的联系，并且由于“地震强度频谱的比例定律”的限制及饱和效应，使得一些强度明显不同的地震在用传统方法计算后得出里氏震级数值却一样。到了21世纪初，地震学者普遍认为这些传统的震级表示方法已经过时，转而采用一种物理含义更为丰富，更能直接反映地震过程物理实质的表示方法，即“矩震级”。该标度能更好地描述地震的物理特性，如地层错动的大小和地震的能量等。改进后的里氏震级直接反映地震释放的能量，其中级能量 2.0×10^{13} 尔格（2.0×10^{6} 焦耳），按几何级数递加，每级相差31.6倍。一次里氏5级地震所释放出来的能量，相当于在花岗岩中爆炸2万吨TNT炸药，每增加一级，释放的能量增加31.6倍。

中国通常把地震分为六个级别：1～3级称为弱震或微震，3～4.5级为有感地震，中强地震4.5～6级，强烈地震6～7级，大地震7～8级，大于8级的为巨大地震。目前世界上已测得的最大震级是1960年智利大地震，为里氏8.9级（后修订为里氏9.5级）。智利大地震引发了大范围地陷、沙土液化和海啸。至今世界上记录的巨大地震还有：1957年3月9日美国阿拉斯加大地震，为里氏9.1级；1906年1月31日南美洲厄瓜多尔大地震，为里氏8.8级。另外引发2004年印度洋海啸的地震，美国一监测机构称里氏震级为9.0级。2008年5月12日汶川发生里氏8.0级大地震，其释放的能量约为 6.3×10^{16} 焦耳，据报相当于1500万吨TNT炸药或750个广岛原子弹的能量。

2. 地震烈度

地震烈度是指某一地区地面和各类建筑物遭受一次地震影响和破坏的强烈程度，是地震对特定地点破坏程度的度量。同一地震发生后，不同地区受地震影响破坏的程度不同，烈度也不同，受地震影响破坏越大的地区，烈度越高。烈度的大小，可根据人的感觉、家具及物品振动的情况、房屋及建筑物受破坏的程度以及地面出现的破坏现象等判断。

影响烈度的大小与下列因素有关：地震等级、震源深度、震中距离、土壤和地质条件、建筑物的性能类别、震源机制、地貌和地下水等。在其他条件相同的情况下，震级越高，烈度也越大。地震烈度（例如麦加利地震烈度）是表示地震破坏程度的标度，与地震区域的各种条件有关，并非地震的绝对强度。地震烈度可以直接理解为建筑物的破坏程度，一次地震只有一个震级，却有许多烈度区。例如：1976年唐山大地震7.8级，震中区域烈度11度，房屋普遍倒塌；唐山市内10度；天津8～9度；北京6～7度；石家庄、太原等只有4～5度。

我国把烈度划分为12度，不同烈度的地震，其影响和破坏大致如下：小于3度人无感觉，只有仪器才能记录到；3度在夜深人静时人有感觉；4～5度睡觉的人会惊醒，吊灯摇晃；6度器皿倾倒，房屋轻微损坏；7～8度房屋受到破坏，地面出现裂缝；9～10度房屋倒塌，地面破坏严重；11～12度毁灭性的破坏。地震烈度是国家主管部门根据地理、地质和历史资料，经科学勘查和验证，对我国主要城市和地区进行的抗震设防与地震分组的经验数值，是地域概念。根据抗震设防的甲、乙、丙、丁建筑类别，全国大部分地区的房屋抗震设防烈度一般为 8 度。

二、地震灾害及其特点

（一）地震造成灾害的原因

地震发生时产生的地震波，会引起对地面建筑物的破坏，导致人员伤亡，形成地震灾害。地震对建筑物的破坏，主要是由地震力通过地震波发挥作用。即纵波地震力使建筑物上下颠簸，引起建筑物的纵向结构松动，随后横波地震力再使建筑物发生水平晃动，引起横向结构损坏。当先颠后晃的地震力超过建筑物的承受力时，在几秒钟内就可使建筑物破坏。

此外，地震力引起的断层错动开裂、地基不均匀沉降以及沙土液化等地基失效问题，也会间接造成建筑物的倾倒和损坏。

（二）地震的时间分布特征

基于历史地震和现今地震大量资料的统计，表明地震活动在时间上具有一定的周期性。即在一个时间段内发生地震的频次高、强度大，称之为地震活跃期；而在另一个时间段内发生的地震相对频次低、强度小，称之为地震平静期。根据地震发生的特征，又可在活跃期中划出若干“活跃幕”。

地震活跃期是指地震活动相对频繁和强烈的时期，是相对地震平静期而言的。在我国华北地区，出现 6 级地震频繁活动，就标志着华北地区地震活动进入了活跃期。在台湾和喜马拉雅山地区则以 7 级地震频繁活动为活跃期的标志。在东北和华南则以 5 级地震频繁活动为活跃期的标志。地震活跃期在各地经历的时间长短也不一样，华北和华南地区约 200 年，天山地区约 100 年，青藏高原北部约为 150 年，青藏高原南部和中部为几十年。

地震活跃幕是指一个地震活跃期中地震活动相对频繁和强烈的阶段。活跃期中地震活动相对平静的阶段，称之为平静幕。在华北地区一个地震活跃期包括 7 个地震活跃幕，我国大陆地区 20 世纪以来已经历了 4 次大地震活跃幕，现已进入第五个活跃幕。每个活跃幕经历的时间约为十几年。根据多数专家的研究判定，20 世纪 90 年代到 21 世纪初可能是我国大陆地区地震活动的第五个高潮期，其间可能发生多次 7 级、个别甚至级别更大的地震，强震的主体活动地区将在我国西部、东部地区，中强地震活动也将相对活跃。

（三）地震灾害的特点

1. 突发性

地震一般是在平静的情况下突然发生的自然现象。强烈的地震可以在几秒或几十秒的短暂时间内造成巨大的破坏，严重者顷刻之间可使一座城市变成废墟。尤其发生在夜间的地震，后果更为严重。

2. 连续性

在一个区域，或者一次强烈地震发生后，为调整区域应力场，或岩石破裂的延续活动，往往在某一时间内地震活动连续出现，继续造成灾害。

3. 次生灾害

强烈的地震不仅可以直接造成建筑物、工程设施的破坏和人员的伤亡，而且往往引发一系列次生灾害和衍生灾害，造成更大的破坏。如由地震灾害诱发的火灾、水灾、毒气和化学药品的泄漏污染，以及细菌污染、放射性污染、瘟疫等，还有滑坡、泥石流、海啸等次生灾害。如 1923 年 9 月 1 日的日本关东大地震引起火灾，造成 136 处起火，烧毁 45 幢房屋，有 5.6 万人死亡，其中大部分人死于窒息。

（四）我国地震带分布及历次大地震

1. 我国地震带分布

地震的地理分布受地质构造影响，具有一定的规律，最明显的是呈带状分布。全球的地震主要分布在两个地带。一是环太平洋地震带，这是世界上地震最活跃的地带，全球 80％的地震和释放地震能量的 75％就集中在这条地震带上。二是欧亚地震带，全球 15％左右的地震发生在这条地震带上。

中国地处欧亚板块的东南部，位于世界两大地震带——环太平洋地震带与欧亚地震带之间，受环太平洋地震带和欧亚地震带的影响，是个多地震的国家。我国的地震活动主要分布在五个地区的 23 条地震带上。这五个地区是：①台湾省及其附近海域；②西南地区，主要是西藏、四川西部和云南中西部；③西北地区，主要在甘肃河西走廊、青海、宁夏、天山南北麓；④华北地区，主要在太行山两侧、汾渭河谷、阴山－燕山一带、山东中部和渤海湾；⑤东南沿海的广东、福建等地。我国的台湾省位于环太平洋地震带上，西藏、新疆、云南、四川、青海等省区位于喜马拉雅－地中海地震带上，其他省区处于相关的地震带上（图 2-22）。

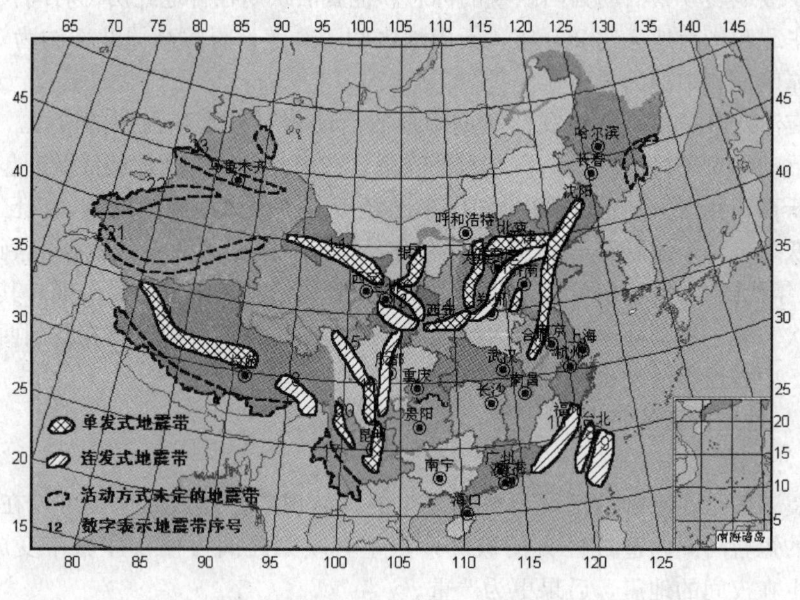

图 2-22　中国 23 个主要地震带

2. 我国历次大地震

中国地震活动频度高、强度大、震源浅，分布广，是一个震灾严重的国家。20 世纪以来，我国共发生 6 级以上地震近 800 次，遍布除贵州、浙江两省和香港特别行政区以外的所有省、自治区、直辖市。地震及其他自然灾害的严重性构成中国的基本国情之一。

若以地震及其随后冻、瘟疫致死的总数论，死亡人数最多的地震首推1556年1月23日（明嘉靖三十四年十二月十二日）子夜发生在陕西华县的8级地震。死亡人数“其奏报有名者83万有奇，不知名者复不可数计”。1976年7月28日河北唐山7.8级地震，直接死于地震（房屋倒塌砸死、压死）的人数为24.2万人，伤16.4万人。规模最大的地震山崩为1950年西藏察隅、墨脱地区的8.6级地震，在20万平方公里范围内形成大量的山崩塌方，巨石纷飞，村庄被掩埋和坠毁，破坏田地和道路，堵塞江河，引起雪崩，洪水泛滥和大片森林被毁。沿雅鲁藏布江的多雄拉山、南木冬山、金珠山严重山崩，地震时形成的波密西北—加马其美沟的继发性岩崩，至今每年崩塌的土石方量仍达1000立方米，促成了泥石流的活动。规模最大的地震黄土滑坡群是1920年宁夏南部海原8.5级地震，震中烈度高达12度，形成大规模黄土滑坡群。据不完全统计，海原、西吉、固原三县9度地震区内的严重滑坡面积即达3800多平方公里，上述三县以外地区，约有657处大滑坡。滑坡堵塞大大小小的河沟，形成星罗棋布的堰塞湖。

我国20世纪以来较为严重的7级以上地震灾害如下：

2008年5月12日四川省汶川地震，8.0级；

2001年11月14日青海省昆仑山地区地震，8.1级；

1999年9月21日台湾省花莲西南地震，7.6级；

1996年2月3日云南省丽江地震，7.0级；

1995年7月12日云南孟连县中缅边界地震，7.3级；

1988年11月6日云南澜沧县境内和耿马县与沧源县交界处，分别发生7.6级和7.2级地震；

1985年8月23日，新疆乌恰与疏附县交界的托姆洛安山峰东北地震，7.4级；

1976年8月16日四川省松潘—平武地震，7.2级；

1976年7月28日河北省唐山地震，7.8级，死亡24万人；

1976年5月29日，云南西部龙陵县先后发生两次强烈地震，震级为7.3级和7.4级；

1975年2月4日辽宁省海城地震，7.3级；

1974年5月11日云南省大关地震，7.1级；

1973年2月6日四川省炉霍地震，7.6级；

1970年1月5日云南省通海地震，7.7级；

1969年7月18日渤海湾地震，7.4级；

1966年3月8日至29日河北省邢台地震，7.2级；

1955年4月15日，新疆乌恰东北地震，7级；

1955年4月14日，四川康定折多塘地区地震，7.5级；

1954年2月11日，甘肃山丹县城以东地震，7.3级；

1952年8月18日，西藏那曲桑雄地区地震，7.5级；

1951年11月18日，西藏当雄发生8级地震；9个月后，即1952年8月18日，当雄东北又发生了一次7.5级地震；

1950年8月15日西藏墨脱地震，8.6级；

1933年8月25日，四川北部岷江上游茂县叠溪城地震，7.5级；

1931年8月11日新疆富蕴地震，8级；

1925年3月16日云南大理地震，7级；

1920年12月16日宁夏南部海原县地震，8.5级，死亡23万人。

三、抗震设防

抗震设防是为了使建筑物免于地震破坏或减轻地震破坏，在工程建设时对建筑物进行抗震设计并采取抗震措施。抗震设计主要包括地震作用计算和抗力计算；抗震措施指除地震作用计算和抗力计算以外的抗震设计内容，包括抗震构造措施。我国《建筑抗震设计规范》（GB50011－2001）规定，烈度在6度及以上地区的建筑，必须进行抗震设防。

抗震设防通常包括三个环节：（1）确定抗震设防要求，即确定建筑物必须达到的抗御地震灾害的能力；（2）抗震设计，采取基础、结构等抗震措施，达到抗震设防要求；（3）抗震施工，严格按照抗震设计施工，保证建筑质量。上述三个环节相辅相成密不可分，都必须认真进行。

抗震设计中，根据使用功能的重要性把建筑物分为甲、乙、丙、丁四个抗震设防类别。甲类建筑为重大建筑工程和地震时可能发生严重次生灾害的建筑，包括：（1）中央级、省级的电视调频广播发射塔建筑，国际电信楼、国际海缆登陆站、国际卫星地球站、中央级的电信枢纽（含卫星地球站）；（2）研究、中试生产和存放剧毒生物制品、天然人工细菌与病毒（如鼠疫、霍乱、伤寒等）的建筑；（3）三级特等医院的住院部、医技楼、门诊部。乙类建筑为地震时使用功能不能中断或需尽快恢复的建筑。丙类建筑为除甲、乙、丁类以外的一般建筑。丁类建筑应属于抗震次要建筑。

各抗震设防类别建筑的抗震设防标准，应符合下列要求：

甲类建筑，地震作用应高于本地区抗震设防烈度的要求，其值按批准的地震安全性评价结果确定。抗震措施，当抗震设防烈度为6～8度时，应符合本地区抗震设防烈度提高1度的要求；当为9度时，应符合比9度抗震设防更高的要求。

乙类建筑，地震作用应符合本地区抗震设防烈度的要求。抗震措施，一般情况下，当抗震设防烈度为6～8度时，应符合本地区抗震设防烈度提高1度的要求；当为9度时，应符合比9度抗震设防更高的要求。地基基础的抗震措施，要符合有关规定。对较小的乙类建筑，当其结构改用抗震性能较好的结构类型时，允许其仍按本地区抗震设防烈度的要求采取抗震措施。

丙类建筑，地震作用和抗震措施均应符合本地区抗震设防烈度的要求。

丁类建筑，一般情况下，地震作用仍应符合本地区抗震设防烈度的要求。抗震措施允许比本地区抗震设防烈度的要求适当降低，但抗震设防烈度为6度时不得降低。

当抗震设防烈度为6度时，除规范有具体规定外，对乙、丙、丁类建筑可不进行地震作用计算，但仍采取相应的抗震措施。

四、国际先进建筑抗震技术

（一）日本抗震技术

日本是一个地震多发的国家，每年发生有感地震1000多次，全球约10%的地震发生在日本及其周边地区。因此，日本在建筑抗震、防火等方面有严格的法律与规定，其大城市在防震减灾新技术研发方面也较为领先。日本提高建筑物抗震性能的设计思路和发明主要在如下几个方面：

（1）高层建筑通过提高结构的刚性设计，增加其抗震性能。如在结构中使用直径和厚度较大的钢管，钢管中注入数倍于普通混凝土强度的高强混凝土。若遇到高级别地震发生，柔性结构建筑一般摆幅在1米左右，而刚性结构建筑摆幅仅30厘米。

（2）建筑结构中使用橡胶提高抗震性能，即所谓“弹性建筑”。日本东洋橡胶工业和熊谷组两公司，1988年10月20日共同研制开发出可将地震振动减至1/3～1/5的“基础减震积层橡胶”和“地板减震系统”。在高层、超高层建筑物上使用高强度的基础减震积层橡胶，这种积层橡胶以天然橡胶为基础，具有60年以上超耐久性。当烈度为6度的地震发生时，可将建筑物的受力减少50%。如日本在东京建造了12座“弹性建筑”，经里氏6.6级地震的考验，减灾效果显著。另有用于超高层楼房的抗震装置，使用类似橡胶的黏弹性体，可将强风造成的摇动减轻40%，同时也可提高抗震能力。

日本的免震结构建筑初期普及较慢。1995年阪神大地震时，千叶县八千代台仅有的2栋免震大楼完好无损，证明了免震用积层橡胶的有效性。因此，免震积层橡胶建筑由大地震前每年建设数栋，增加为震后每年建设超过百栋。

（3）研发出“局部浮力”的抗震系统。这种称为“局部浮力”的抗震系统，是在传统抗震构造基础上，借助于水的浮力支撑整个建筑物。“局部浮力”系统是在建筑上层结构与地基之间设置贮水槽，水的浮力承担建筑物约一半重量。地震发生时，由于浮力作用延长了固有振荡周期，建筑物晃动的加速度得以降低。如6～8层建筑的振荡周期最大可以达到5秒以上，在城市海湾沿岸等地层柔软地带，建筑可以获得较好抗震效果。此外，贮水槽内贮存的水在发生火灾时可用于灭火，地震发生后可作为临时生活用水。

（4）借助“滑动体”基础提高建筑物抗震性能。独户建筑、古旧建筑与高层楼房相比整体重量轻，积层橡胶不起作用。日本采用的抗震方法是在建筑物与基础之间加上球型轴承或是滑动体，形成一个滚动式支撑结构，以减轻地震造成的摇动。在建筑下面装上了一套类似于滑板的结构，即使房子摇动得厉害，也能够进行缓冲。日本对一些古旧建筑实施了这样的抗震补修工程。

日本从1970年开始研究隔震技术，目前已有10%的新建住宅、大部分公共建筑以及所有的医院应用了抗震设计和技术。

（二）国际上较为先进的抗震技术

近年许多国家在高层建筑的抗震设计方面，运用现代科技不断研发新的抗震结构，设计建造了许多新型抗震建筑。如：美国纽约一座42层建筑物，是建在与基础分离的98个橡胶弹簧上的；在硅谷，工程师们建造了防震性能良好的“滚珠大楼”（电子工厂大厦），即在建筑物每根柱子或墙体下安装不锈钢滚珠，由滚珠支撑整个建筑。建筑物与地基用纵横交错的钢梁固定，发生地震时，富有弹性的钢梁会自动伸缩，大楼在滚珠上会轻微地前后滑动，可以大大减弱地震的破坏力。前苏联有些建筑物，利用主体结构与基础分离的沙垫层来抗震。还有一些已获美国、中国和英国发明专利权的抗震技术，在工程实践中采用隔震、减震、消震等刚柔并用技法，都十分成功。先进国家的抗震建筑，都尽量避免使用危害较大的插入式钢箍的结构体系，改变了建筑结构受力体系，对“以刚克刚”的设计规范形成冲击。

目前国际上最先进的抗震技术，就是在建筑物底部和基础之间设置隔震层。即在建筑物与基础之间设置柔性隔震系统，把建筑物与基础隔开。隔震层由橡胶支座和阻尼器组成，由于这种隔震系统是柔性的，可以吸收地震释放出的巨大能量，阻止地震波向建筑物上部传递，从而有效地保护建筑物。

建筑隔震技术的研发与推广应用带来了显著的效果。使用隔震橡胶支座的建筑物，部分已经经受住了强地震的考验。如1994年美国洛杉矶发生里氏6.8级地震，采用橡胶支座的南加州大学8层高的医院即未遭受破坏，而震区其余几座医院均因地震破坏而关闭；1995年日本阪神地震，西部邮政大楼由于采用了橡胶隔震技术，不仅整体结构良好，其设备、仪器也完好无损；2008年我国汶川地震中，甘肃陇南武都县3栋6层民用住宅使用了隔震技术，地震后完好无损，附近建筑物则普遍出现破坏。

（三）我国的抗震设计

我国在抗震法律法规、国家标准方面相对比较完备。发布有《建筑工程抗震设防分类标准》、《城市抗震防灾规划管理规定》等国家标准，对建筑物抗震设防分类、责任划归、防灾规划均有具体划分。在《城市抗震防灾规划管理规定》中规定：当遭受多遇地震时，城市一般功能正常；当遭受相当于抗震设防烈度的地震时，城市一般功能及生命线系统基本正常，重要工矿企业能正常或者很快恢复生产；当遭受罕遇地震时，城市功能不瘫痪，要害系统和生命线工程不遭受严重破坏，不发生严重的次生灾害。

我国地震抗震标准，不同地区有所不同，主要依据国家的抗震设防烈度图（图2-23），分6～9级不同的抗震设防标准，不同地区的建筑物须执行相应地震级别的建筑物抗震标准。这些标准多为强制性的，如烈度在6度以上的地区，所有的建筑物都必须执行地震抗震设防标准，否则建筑物不予以验收。

2008年“5·12”汶川大地震之后，我国重新对原有的《建筑抗震设计规范》（GB50011－2001）局部进行了修订，其中对四川等地区的设防烈度，以及所有需抗震设防的建筑的分类等方面，做了调整和修改，使得《建筑抗震设计规范》进一步完善。如在建筑的选址方面，新增了针对山区房屋选址和地基设计的抗震要求；在建筑物的选材方面，推荐优先采用整体性和安全性较高的现浇混凝土板；在建筑的设计方面，要求对造型不规则建筑设计的方案进行专门研究和论证等。此外，还加强了对房屋一些重要“生命通道”的安全指标要求，如要求在楼梯间设计更多的构造柱防止倒塌，更大限度地保证逃生时的安全。对于医院、学校等

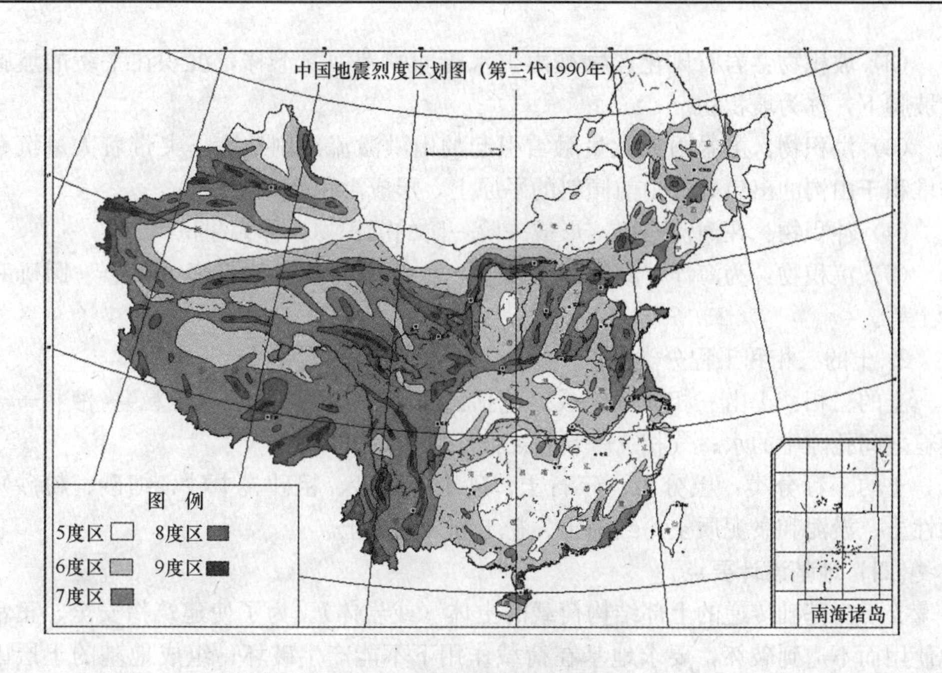

图 2-23　中国抗震设防烈度图

注：南海诸岛抗震设防我国尚无规定

重点建筑，也相应提高了设防指标。

第三节　地基设计、结构设计及经典工程案例

一、地基的基本知识

（一）地基

地基是指直接承受建筑物、构筑物荷载的土体或岩体。地基土分为持力层和下卧层。持力层是指在基础之下直接承受建筑荷载的土层。地基承受建筑物荷载而产生的应力和应变随着土层深度的增加而减小，在达到一定深度后就可忽略不计。因此持力层之下的土层称为下卧层，理论上建筑荷载传递到该层已经小到可以忽略不计（图 2-24）。

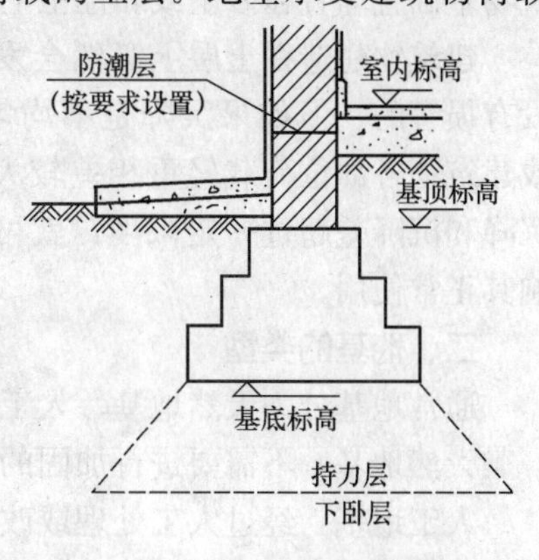

图 2-24　地基与基础

（二）地基允许承载力

地基允许承载力指地基土层所能够承受的、具有一定的安全度和不引起"不许可沉降量"的荷载。它介于临塑性荷载与极限荷载之间。使地基中开始出现塑性变形区的荷载，称临塑性荷载；使地基剪切破坏，失去整体稳定的荷载，称极限荷载。

（三）地基土的物理性质与工程分类

1. 土的成因

（1）残积物：原岩风化剥蚀后，在原地未被搬运的产物，称为残积物。

（2）坡积物：岩石风化产物被雨雪水流冲刷剥蚀并下移，沉积在平缓的坡腰或坡脚下，称为坡积物。

（3）洪积物：由暴雨或大量融雪引起的山洪激流冲刷地表，夹带着大量沉积物堆积于山沟的出口处或山前倾斜的平原上，形成洪积物。

（4）冲积物：在河流两岸，形成一阶一阶的沉积物，称为冲积物。

（5）沉积物：为海洋、湖泊的沉积物，在滨海和湖岸地带多为卵石、圆砾和砂土等。

2. 土的三相和工程分类

土的三相：土由三相体系组成。包括：固相——固体颗粒（土粒）；液相——颗粒之间孔隙中的水；气相——颗粒之间空隙中的气体。

土的工程分类：土分为：碎石土、砂土（砾砂、粗砂、中砂、细砂、粉砂）、黏性土、淤泥和淤泥质土、红黏土、粉土和人工填土。

（四）地基设计要点

支承由基础传递的上部结构荷载的土体（或岩体）。为了使建筑物安全、正常地使用而不遭到破坏，要求地基在荷载作用下不能产生破坏；组成地基的土层因膨胀收缩、压缩、冻胀、湿陷等原因产生的变形不能过大。在进行地基设计时，要考虑如下因素。

（1）强度：地基要具有足够的承载力。建筑物通过基础将全部重力荷载和其他作用力传给地基，地基需要具有相应的承载能力。

（2）变形；建筑物允许有沉降，但不允许有过大的不均匀沉降。地基的沉降量需控制在一定范围内，不同部位的地基沉降差不能太大，否则建筑物上部会产生开裂变形。

（3）稳定：地基要有防止产生倾覆、失稳等的能力。

（4）其他：在进行建筑物地基设计的同时，要进行建筑结构的基础设计；建筑物基础宜埋置在砂土或黏性土上，埋置深度至少在土的冰冻线以下。

建筑物建造在土层上必然会发生沉降，如果沉降是均匀的话，它对建筑物是没有损害的。但如果沉降是不均匀的，特别是当地基土层软硬不均、厚薄不匀，或建筑物各部位荷载轻重相差较大时，建筑物将会产生较大的不均匀沉降。如果沉降和沉降差超过一定限度，就可能使基础以上的结构受到损害，发生裂缝，影响其正常使用。

二、地基的类型

通常地基分为天然地基、人工地基和一些特殊性能地基。

天然地基：不需要进行加固的天然土层，施工方便，工程造价相对较低。

人工地基：经过人工处理或改良的地基。

特殊地基：包括①稳定性有问题的地基，如岩溶土洞，滑坡坍塌，泥石流，地裂缝带，矿山采空区，砂土液化区等；②特殊性能岩土地基，如湿陷性黄土，红黏土，膨胀土，大孔土，多年冻土，盐渍土等。此类地基需要因地制宜处理。

当土层的地质状况较好，承载力较强时可以采用天然地基。而在地质状况不佳的条件下，如坡地、沙地或淤泥地质，或虽然土层质地较好，但上部荷载过大时，为使地基具有足够的承载能力，则要采用人工加固地基，即人工地基。人工地基加固处理的主要方法有：

（1）压实法：利用重锤、碾压和振动法将土层压实。

（2）换土法：用碎石、粗沙等空隙大、压缩性低、无侵蚀性的材料取代原有的高压缩性土。

（3）打桩法：将数根钢筋混凝土桩打入较深的土层，以此作为具有较高承载力的基础。

三、地基相关的工程案例

（一）加拿大特朗斯康谷仓的地基破坏事故

加拿大特朗斯康谷仓，由于地基强度破坏发生整体滑动，是建筑物失稳的典型案例。

概况：加拿大特朗斯康谷仓平面呈矩形，长 59.44 米，宽 23.47 米，高 31.0 米，容积 36368 立方米。谷仓为圆筒仓，每排 13 个圆筒仓，共 5 排 65 个圆筒仓组成。谷仓的基础为钢筋混凝土筏基，厚 61 厘米，基础埋深 3.66 米。谷仓于 1911 年开始施工，1913 年秋完工。谷仓自重 20000 吨，相当于装满谷物后满载总重量的 42.5%。1913 年 9 月起往谷仓装谷物，仔细地装载，使谷物均匀分布、10 月当谷仓装了 31822 立方米谷物时，发现 1 小时内垂直沉降达 30.5 厘米。结构物向西倾斜，并在 24 小时间谷仓倾倒，倾斜度离垂线达 26°53′。谷仓西端下沉7.32 米，东端上抬 1.52 米。

1913 年 10 月 18 日谷仓倾倒后，上部钢筋混凝土筒仓坚如磐石，仅有极少的表面裂缝（图 2-25）。

事故原因：1913 年春即有发生事故的预兆，当冬季大雪融化，附近由石碴组成高为 9.14 米的铁路路堤面的黏土下沉 1 米左右，迫使路堤两边的地面成波浪形。谷仓的地基土事先未进行调查研究，根据邻近结构物基槽开挖试验结果，计算承载力为 352kPa，应用到这个仓库。谷仓的场地位于冰川湖的盆地中，地基中存在冰河沉积的黏土层，厚 12.2 米。黏土层上面是更近代沉积层，厚 3.0 米。黏土层下面为固结良好的冰川下冰碛层，厚 3.0 米。这层土支承了此地区很多更重的结构物。

1952 年经勘察试验与计算，发现基底之下为厚十余米的淤泥质软黏土层。地基的极限承载力为 251kPa，而谷仓的基底压力已超过 300kPa，地基实际承载力远小于谷仓破坏时发生的基底压力。从而造成地基的整体滑动破坏。基础底面以下一部分土体滑动，向侧面挤出，使东端地面隆起。

综上所述，加拿大特朗斯康谷仓发生地基滑动强度破坏的主要原因，是由于对谷仓地基土层事先未作勘察、试验与研究，采用的设计荷载超过地基土的抗剪强度，导致这一严重事故。由于谷仓整体刚度较高，地基破坏后，筒仓仍保持完整，无明显裂缝，因而地基发生强度破坏而整体失稳。

处理方法：为修复筒仓，在基础下设置了 70 多个支承于深 16 米基岩上的混凝土墩，使用 388 个 50 吨千斤顶以及支撑系统，才把仓体逐渐纠正过来。补救工作是在倾斜谷仓底部水平巷道中进行，新的基础在地表下深 10.36 米。经过纠倾处理后，谷仓于 1916 年恢复使用，修复后位置比原来降低了 4 米。

（二）香港宝城滑坡

1972 年 7 月，香港宝城路附近，数万立方米残积土从山坡上下滑，巨大滑动体正好冲过一幢高层住宅——宝城大厦，顷刻间宝城大厦被冲毁倒塌。因楼间净距太小，宝城大厦倒塌时，砸毁相邻一幢大楼一角约五层住宅（图 2-26）。宝城大厦住户多为金城银行的员工，因大厦冲毁时为清晨 7 点钟，人们都还在睡梦中，当场死亡 120 人。这起重大伤亡事故引起了西方世界极大的震惊。

原因：山坡上残积土本身强度较低，加之雨水入渗使其强度进一步大大降低，土体滑动力超过土的强度，于是山坡土体发生滑动。

图 2-25　加拿大特朗斯康谷仓

图 2-26　香港宝城滑坡

（三）日本阪神大地震中地基液化

砂土液化：松砂地基在振动荷载作用下，丧失强度变成流动状态的一种现象。饱和的粉、细砂在动荷载作用下易发生砂土液化现象，使地基失去承载力。在许多案例中，虽然地基破坏使建筑物严重倾斜甚至倒下，但是建筑物结构本身并未破坏。

在神户码头，阪神大地震引起大面积砂土地基液化后产生很大侧向变形和沉降，大量建筑物倒塌或遭到严重损伤（图 2-27）；沉箱式岸墙因砂土地基液化失稳滑入海中。1964 年 6 月 16 日，日本新潟发生 7.5 级地震，也引起大面积砂土地基液化，产生很大的侧向变形和沉降，大量建筑物倒塌或遭到严重损伤（图 2-28）。

图 2-27　阪神大地震破坏情况

图 2-28　受到地震破坏的日本三菱银行

(四) 比萨斜塔

1. 概况

比萨市位于意大利中部，而比萨斜塔位于比萨市北部，它是比萨大教堂建筑群中的一座钟塔，在大教堂东南方向，相距约25米。比萨斜塔是一座独立的建筑，周围空旷。比萨斜塔建造经历了三个时期：

第一期，自1173年9月8日至1178年，建至第4层，高度约29米时，因塔倾斜而停工。

第二期，钟塔施工中断94年后，于1272年复工，至1278年，建完第7层，高48米，再次停工。

第三期，第二次施工中断82年后，于1360年再复工，至1370年竣工，全塔共八层，高度为55米。

全塔总荷重约为145MN，塔身传递到地基的平均压力约500kPa。目前塔北侧沉降量约90厘米，南侧沉降量约270厘米，塔倾斜约5.5°，属于倾斜十分严重的情况。比萨斜塔向南倾斜，塔顶离开垂直线的水平距离已达5.27米，为我国虎丘塔倾斜后塔顶离开水平距离的2.3倍。幸亏比萨斜塔的建筑材料大理石条石质量优，施工精细，尚未发现塔身有裂缝。比萨斜塔基础底面倾斜值，经计算为0.093，即93‰，我国国家标准《建筑地基基础设计规范》(GBJ 7—89) 中规定：高耸结构基础的倾斜，当建筑物高度 H_g 为：50m＜H_g≤100m 时，其允许值为0.005，即5‰。目前比萨斜塔基础实际倾斜值已等于我国国家标准允许值的18倍。由此可见，比萨斜塔倾斜已达到极危险的状态 (图2-29)。

2. 事故原因分析

关于比萨斜塔倾斜的原因，早在18世纪记载，就有两派不同见解：一派由历史学家兰尼里·克拉西为首，坚持比萨塔有意建成不垂直；另一派由建筑师阿莱山特罗领导，认为比萨塔的倾斜归因于它的地基不均匀沉降。20世纪以来，一些学者提供了塔的基本资料和地基土的情况。比萨斜塔地基土的典型剖面由上至下，可分为8层：①表层为耕植土，厚160米；②第2层为粉砂，夹黏质粉土透镜体，厚度5.40米；③第3层为粉土，厚3.0米；④第4层为上层黏土，厚度10.5米；⑤第5层为中间黏土，厚为5.0米；⑥第6层为砂土，厚为2.0米；⑦第7层为下层黏土，厚度12.5米；⑧第8层为砂土，厚度超过20.0米。有学者将上述8层土合为3大层：1～3层为砂质粉质土；4～7层为黏土层；8层为砂质土层。地下水位深1.6米，位于粉砂层。根据上述资料分析，研究者认为比萨钟塔倾斜的原因是：

图2-29　比萨斜塔

(1) 钟塔基础底面位于第2层粉砂中。施工不慎，南侧粉砂局部外挤，造成偏心荷载，使塔南侧附加应力大于北侧，导致塔向南倾斜。

（2）塔基底压力高达500kPa，超过持力层粉砂的承载力，地基产生塑性变形，使塔下沉。塔南侧接触压力大于北侧，南侧塑性变形必然大于北侧，使塔的倾斜加剧。

（3）钟塔地基中的黏土层厚达近30米，位于地下水位下，呈饱和状态。在长期重荷作用下，土体发生蠕变，也是钟塔继续缓慢倾斜的一个原因。

（4）在比萨斜塔基底深层抽水，使地下水位下降，相当于大面积加载，这是钟塔倾斜的重要原因。在20世纪60年代后期与70年代早期，观察地下水位下降，同时钟塔的倾斜率增加。当天然地下水恢复后，则钟塔的倾斜率也回到常值。

3. 事故处理方法

（1）卸荷处理：为了减轻钟塔地基荷重，1838～1839年，于钟塔周围开挖一个环形基坑。基坑宽度约3.5米，北侧深0.9米，南侧深2.7米。基坑底部位于钟塔基础外伸的三个台阶以下，铺有不规则的块石。基坑外围用规整的条石垂直向砌筑。基坑顶面以外地面平坦。

（2）防水与灌水泥浆：为防止雨水下渗，于1933～1935年对环形基坑做防水处理，同时对基础环周用水泥浆加强。

（3）塔身加固：为防止比萨斜塔散架，于1992年7月开始对塔身加固。

以上处理方法均非根本之计，处理关键应是对地基加固而又不危及塔身安全，显然其难度是很大的。

此外，比萨斜塔贵在倾斜，1590年伽利略曾在此塔做落体实验，创立了物理学上著名的落体定律。斜塔成为世界上最珍贵的历史文物，吸引无数国内外游客。如果把塔矫正，实际破坏了珍贵文物。因此，比萨斜塔的加固处理难度大，既要保持钟塔的倾斜，又要不扰动地基避免危险，还要加固地基，使斜塔安然无恙。

（五）墨西哥城艺术宫

墨西哥国家首都墨西哥城艺术宫，是一座巨型的具有纪念性的早期建筑。艺术宫于1904年落成，至今已有100余年的历史。

墨西哥城处于四面环山的盆地中，古代原是一个大湖泊。因周围火山喷发的火山沉积和湖水蒸发，经漫长年代，湖水干涸形成目前的盆地。当地表层为人工填土与砂夹卵石硬壳层，厚度5米；其下为超高压缩性淤泥，天然孔隙比高达7～12，天然含水量高达150%～600%，为世界罕见的软弱土，层厚达25米。因此，这座艺术宫严重下沉，沉降量竟达4米。临近的公路下沉2米，公路路面至艺术宫门前高差达2米。参观者需步下9级台阶，才能从公路进入艺术宫。这是地基沉降最严重的典型实例。下沉量为一般房屋一层楼有余，造成室内外连接困难和交通不便，内外网管道修理工程量增加。

（六）苏州虎丘塔

概况：此塔位于苏州市虎丘公园山顶，落成于宋太祖建隆二年（公元961年），距今已有1000多年历史。全塔7层，高47.5米。塔的平面呈八角形，由外壁、回廊与塔心三部分组成。塔身全部青砖砌筑，外形仿楼阁式木塔，每层都有8个壶门，拐角处的砖特制成圆弧形，建筑精美。1961年3月4日，国务院将虎丘塔列为全国重点保护文物。20世纪80年代，塔身已向东北方向严重倾斜，不仅塔顶离中心线已达 2.31 米，而且底层塔身发生不少裂缝，东北方向为竖直裂缝，西南方向为水平裂缝，成为危险建筑而封闭。后被称为中国的比萨斜塔。

处理方法：在国家文物局和苏州市人民政府领导下，召开多次专家会议，在塔四周建造一圈桩排式地下连续墙，并对塔周围与塔基进行钻孔注浆和树根桩加固塔身，由上海市特种基础工程研究所承担施工并获得成功。

（七）不断下沉的日本关西国际机场

关西国际机场是日本建造在一个用 1.8 亿立方米土方筑起的 4 公里长、1.25 公里宽的人工岛屿上的海上机场，它是日本人围海造地工程的杰作，当时被誉为“轰动世界的壮举”（图 2-30）。

图 2-30　大阪关西国际机场

20 世纪 80 年代，为了适应迅速增长的旅客和航空货运业务需要，使日本航空业早日进入有利可图的国际航运市场，日本大阪急需修建飞机场。而这个城市根本没有多余土地，1989 年日本政府决定在海上修建关西国际机场。机场的全部预算高达 100 亿美元，如果将配套的高速运输线和填海费用全部计算在内，工程造价将超过英吉利海峡隧道工程。1994 年，关西国际机场落成并投入使用。状如银色大鸟的关西机场在大阪东南，离大阪海岸约 5 公里，那里的海水深达 18～20 米。整个机场酷似一个绿色的峡谷，一侧为陆地，一侧为海洋。岛上除年客流量高达 3000 万人的世界级机场外，还有火车站、购物中心、高尔夫球场、卡拉 OK 歌厅、餐馆和一家 11 层的豪华饭店等现代化设施。它是 20 世纪公认的建筑奇迹之一。

但人们很快就发现，这个世界上第一座建造在人工岛屿上的机场在沉陷，速度比预料要快得多。至 1999 年，关西机场下沉的情况已较严重，整个人工岛下沉超过 8 米。原来预计的是 50 年后下沉 12 米，现在的下降速度比原计划提早了 40 年。从围海建机场至今，这个人工岛足足下陷了 11.5 米。为延缓下沉速度，机场方面迅速采取了新办法，在候机大楼周围挖掘深沟，再填入混凝土和沙粒，建成 30 厘米厚的围墙，以稳固候机大楼。机场工程师表示，现在的下沉速度已减缓至每年 5 厘米。即使下沉速度减缓，也不能看着跑道这样不断地沉下去。于是在 1999 年 7 月，第二条跑道开始修建，被称为关西机场的二期工程。2007 年跑道投入使用，为避免新岛的重力对原岛产生影响，当局在离第一个岛 200 米的海域修建第二个人工岛，并用栈桥将两个岛连接起来。为了使两个岛能在同一水平位对接，新岛比旧岛建得更高一些，因新岛的下沉速度比旧岛快，预计 50 年后将下沉 18

米，最后将和旧岛处于同一水平面。

关西国际机场有限公司从开门营业之日起，就不得不花费2700亿日元用于维修，并在地下室内建造一堵水泥墙以防海水渗入。机场的建设费用高达1.45万亿日元，其中约四分之一来自全国纳税人的腰包，为此关西机场至今仍负债累累。至2000年3月止，关西机场的累计亏损额已达1570亿日元。对舆论关于机场沉陷的忧虑，关西国际机场有限公司一再发表声明说，“下陷水平在我们意料之中。”公司解释说，虽然机场所在的人工岛上有些地方出现塌落，但目前的沉陷速度和状况，对机场的运营和旅客的安全都不会造成危险。他们期望小岛再下陷80厘米后，就能达到稳定的状态。相关学者认为，机场不会完全沉进海洋，但从现在被迫采取的维修措施上看，以后的维修开支将十分巨大。

四、建筑结构设计

（一）建筑结构的基本要求

平衡：平衡的基本要求，就是要保证建筑物或者建筑物的任何一部分都不发生运动。

强度：指建筑物及其构件抵抗破坏的能力。

刚度：指建筑物及其构件抵抗变形的能力。

稳定：指建筑物抵抗倾斜倒塌、滑移和抗颠覆的能力。

耐久性：结构在腐蚀和受力等状态下的耐久性能。

（二）建筑结构的安全等级

1. 耐火等级

耐火等级与材料的燃烧性能和耐火极限有关。

（1）建筑材料的燃烧性能

是指其燃烧或遇火时所发生的一切物理和化学变化。这项性能由材料表面的着火性和火焰传播性、发热、发烟、炭化、失重，以及毒性生成物的产生等特性来衡量。中国国家标准《建筑材料及制品燃烧性能分级》GB 8624—97将建筑材料的燃烧性能分为四个等级：A级，不燃性建筑材料；B1级，难燃性建筑材料；B2级，可燃性建筑材料；B3级，易燃性建筑材料。

（2）建筑构件的燃烧性能

我国将建筑构件的燃烧性能分为三类：不燃烧体；难燃烧体；燃烧体。

（3）建筑构件的耐火极限

划分建筑物耐火等级的方法，是根据构件的耐火极限确定，即从构件受到火的作用，到失掉支持能力或者发生穿透缝，或背火一面温度达到220℃为止这段时间，以小时数表示。

根据我国现行规定，建筑物耐火等级分为四级：一级，耐火极限1.50小时；二级，耐火极限1.00小时；三级，耐火极限0.50小时；四级，耐火极限0.25小时。

2. 耐久等级

耐久等级按照建筑物的使用性质及耐久年限分为五级：一级，耐久年限100年以上；二级，耐久年限50年以上；三级，耐久年限40～50年；四级，耐久年限15～40年；五级，耐久年限15年以下。

（三）建筑结构的失效

1. 作用效应

指由于各种荷载的作用，使房屋结构构件受拉、受压、受剪、受弯、受扭等，导致结构产生变形。

2. 抗力

指结构的抵抗能力。即由材料、截面及其连接方式所构成的抗拉、压、剪、弯、扭的能力，以及结构所能经受的变形、位移或沉陷等承载能力和抗变形能力。

3. 失效

指结构的各种破坏现象。结构的失效有如下几种现象：破坏，拉断，压碎等；失稳，弯曲，扭曲等；变形，挠度，裂缝，侧移，倾斜，晃动等；倾覆（指结构全部或部分失去平衡而倾倒）；丧失耐久性，受腐蚀，生锈，冻融，虫蛀等。

五、建筑结构失效的工程案例

（一）美国塔科马海峡大桥风毁事故

塔科马海峡（Tacoma Narrows）大桥是华盛顿州耗资 640 万美元建造的悬索大桥，大桥主跨 853.4 米，桥梁长度 1810.56 米，桥宽 11.90 米，梁高 1.30 米，享有“世界单跨桥之王”称谓。自从 1940 年 7 月 1 日大桥通车那天起，桥就明显存在问题，当风速达到每小时 5～7 公里时，桥面就会摆动起来。四个月后大桥戏剧性地被海风摧毁，大桥最终被摧毁时震撼人心的一幕，正巧由当地照相馆的老板巴尼·埃利奥特（Barney Elliott）拍摄下来。1998 年，塔科马海峡大桥的坍塌视频被美国国会图书馆选定保存在美国国家电影登记处。这段珍贵的视频一直对学习工程学、建筑学和物理学的学生起着警示的作用，尤其是对于那些研究桥梁结构风振的技术人员与研究者更是难得的第一手资料。

塔科马海峡大桥由坚硬的碳钢和混凝土建成。在施工期间就出现了一些问题，大桥的振动与位移不时地使正在施工的人员感到晕眩，遗憾的是当时人们对空气动力学及风振没有足够认识。在大桥竣工通车后，这种由于振动位移而导致的摇摆变得更加严重，人们发现大桥在微风的吹拂下，就会出现晃动甚至扭曲变形的情况。这种特别的景致吸引了不少喜欢猎奇的美国人，不远万里驾车到此，尝试着汽车驶过摇摇晃晃桥梁时的感觉。在随后的几个月里，桥梁在风的作用下，振动的幅度竟达 1.5 米，这种共振是横向的、沿着桥面的扭曲，桥面的一端上升，另一端下降。司机在桥上驾车时，可以见到另一端的汽车随着桥面的扭动一会儿消失一会儿又出现的奇观。由于这种现象的存在，当地人幽默地将大桥称为“舞动的格蒂”。然而，人们仍然认为桥梁的结构强度足以支撑大桥。

1940 年 11 月 7 日凌晨 7 点，顺峡谷刮来的风带着人耳不能听到的振荡，激起了大桥本身的谐振。在持续 3 个小时的大波动中，整座大桥上下起伏达 1 米多。10 点钟时振动变得更加强烈，振幅之大令人难以置信，数千吨重的钢铁大桥像一条缎带一样，以 8.5 米的振幅左右来回起伏飘荡。桥面振动形成了高达数米的长长波浪，在沉重的结构上缓慢爬行，从侧面看就像是一条正在发怒的巨蟒。至 11 月 7 日上午 10 点，风速增加到每小时 64 公里，大桥开始歪扭、翻腾，桥基被拖得摆来摆去，左右摆动达 45 度。最后，随着震耳欲聋的巨响，大桥一头栽进了海峡（图

2-31)。

从 20 世纪 40 年代后期开始，围绕塔科马海峡大桥风毁事故的原因，后人进行了大量的分析与试验研究。当时有两种观点，一种观点认为塔科马桥的振动与机翼的颤振类同，是一种风致扭转发散振动；另一种观点认为塔科马桥的主梁是 H 型断面，存在明显的涡流脱落，因此是一种涡激共振。两种观点互相争论，直到 1969 年，斯坎伦（R. Scanlan）提出了钝体断面的分离流颤振理论，成功地解释了塔科马桥的风毁机理，并由此奠定了桥梁颤振分析的理论基础。

塔科马海峡大桥坍塌那天，海上的风并不是很大，简单地解释事故原因，就是大桥梁体的刚度不足，在风振的作用下屈曲失稳。桥梁在风的作用下产生了上下振动，振幅不断增大并伴随着梁体的扭曲，吊索拉断，加大了吊索间的跨度，使梁体支撑不均，直至梁体破坏。

（二）韩国三丰百货大楼瞬间倒塌事故

三丰百货大楼倒塌事故于 1995 年 6 月 29 日发生在韩国汉城（今称“首尔”）瑞草区。事故共造成 501 人死亡，937 人受伤，财产损失高达 2700 亿韩元（约合 2.16 亿美元），是韩国建筑事故史上空前的惨剧，也是韩国历史上在和平时期伤亡最严重的一起事故，在韩国及世界引起极大震动。

三丰百货大楼早就有漏水和震动现象，1995 年 4 月，五楼的顶棚开始出现裂痕。在此期间，管理层对此的唯一对策就是将顶楼的货物和商铺移至地下室。6 月 29 日上午，楼板发生开裂和下沉现象，顶楼的裂痕数量急剧变大，管理层因此关闭了顶层及空调设备。土木工程专家被邀请前来检查建筑结构，在简单的检查过后，得出的结论是整栋建筑有垮塌的威胁。但是，百货大楼方面仍然无视有发生事故的危险，没有下达疏散顾客、终止营业的命令，原因仅仅是因为当天的客流量非常大，他们不想损失潜在的巨大收益。下午 17 时，四楼的顶棚开始下陷，百货大楼工作人员因此封闭了这一楼层。大约 17：50 分，楼里传出了噼啪的断裂声时，工作人员拉响了警报，并开始疏散顾客。18：05 分左右，楼顶开始垮塌，上面的空调设备掉在了超载的第五层的地板上。而起支撑作用的承重柱，由于为自动扶梯腾出空间早已变得不堪重负，此时也开始一个接一个倒了下去，致使整栋建筑有一大半几乎在瞬间就全部垮塌到了地下室（图 2-32）。

图 2-31　坍塌的美国华盛顿州塔科马海峡大桥

图 2-32　汉城三丰百货倒塌事故现场

三丰集团于 1987 年开始在这片位于瑞草区，原本用作垃圾填埋场的开阔地上建设三丰百货大楼。按照最初的设计，大楼将被建设成一栋四层的办公楼，但是三丰集团会长却在建设工程中，将其重新设计成一栋百货大楼。这一改动，导致了很多承重柱被取消以腾出空间安装自动扶梯。原建筑承包商拒绝按照新的设计继续施工，因此被解雇。三丰集团让自己的建筑公司进行施工。三丰百货大楼于 1989 年下半年竣工。之后不久，第五层楼面又被添加到了这栋建筑物上，成为一家传统朝鲜餐馆。由于韩国人有吃饭时席地而坐的习惯，这家餐馆的混凝土地面下添加了一层加热设备，这极大地增加了承重结构的负担。此外，整幢大楼的空调设备都被安装在了楼顶之上，其承重负荷达设计标准的四倍之多。让情况变得更糟的是，由于周围居民对空调设备噪声的抱怨，大楼后部所有的空调设备都被移到了前部。这一移动本应使用起重机，但结果是所有的设备都是直接在楼顶上被推拽到位的，楼顶结构因此大受损伤。

外界最初认为事故的原因是由于大楼松软的地基。但是随着调查的深入，很快便发现事故发生是源于三丰集团会长和其建筑公司对设计的随意改动。后来对废墟的调查显示，大楼的混凝土是由劣质水泥和海水混合而成的。调查也揭示了汉城市的官员涉嫌在三丰方面改动建筑设计过程中收受贿赂。结果许多官员，包括前瑞草区行政官被控玩忽职守而遭起诉并被判入狱。1995 年 12 月 27 日，韩国汉城地方法院以违犯《特定犯罪加重处罚法》及业务过失致死罪，将三丰集团会长及其子判处有期徒刑。

第三章　建筑规划与生态环境

第一节　建筑与城市规划基本知识

城市是人类社会经济文化发展到一定阶段的产物。城市起源的原因、时间及其作用，学术界尚无定论。一般认为，城市的出现以社会生产力除能满足人们基本生存需要外，尚有剩余产品为基本条件。城市是一定地域范围内的社会政治经济文化的中心，城市的形成是人类文明史上的一个飞跃。

城市的发展是人类居住环境不断演变的过程，也是人类自觉和不自觉地对居住环境进行规划安排的过程。如中国陕西省临潼县城北的新石器时代聚落姜寨遗址，是先人在村寨选址、土地利用、建筑布局和朝向安排、公共空间的开辟以及防御设施的营建等方面，运用原始的技术条件，巧妙经营，建成了适合于当时社会结构的居住环境。因而可以认为，这是居住环境规划的萌芽。

一、城市的形成

在原始社会，人类都是依靠自然的狩猎、采集生活，无固定的居住点。人类社会第一次劳动大分工，是农业与渔、牧业分工，形成以农业为主的固定居民点（1～1.2 万年前）。原始聚落的分布与河流有极其密切的关系，如尼罗河、两河（底格里斯河、幼发拉底河）、印度河、黄河、长江流域，是农业文明的发展与原始村落出现最早的地区（约 5000 年前）。人类社会第二次劳动大分工，是手工业从农业中分离出来，出现了商品生产。原始聚居的居民点，形成以农业为主的乡村和以手工业、商业为主的城市。城市的出现是原始社会向奴隶社会发展过程中的产物，是阶级对立的产物。

城市的明显特征是：具有非农业的（第二、三产业）职能；高度密集的生活居住空间；较为确定的领域界限；公共的人工环境和人工景观。早期的城市如巴比伦城，米列都城，雅典卫城，罗马营寨，庞贝城等。中世纪的城市如佛罗伦萨，提姆加得，威尼斯，锡耶纳，巴黎等。

二、城市规划及其发展

随着社会经济的发展、城市的出现、人类居住环境的复杂化，产生了城市规划思想并得到不断发展。特别是在社会变革时期，旧的城市结构不能适应新的社会生活要求的情况下，城市规划理论和实践往往出现飞跃。

中国古代城市规划强调战略思想和整体观念，强调城市与自然结合和严格的等级观念。这些城市规划思想和中国古代各个历史时期城市规划的成就，集中体现在作为“四方之极”、“首善之区”的都城建设上。

产业革命前的欧洲城市，除罗马等少数城市外，一般规模较小。多数城市是自然形成的，城市功能和基础设施都比较简单，卫生条件也差。城市规划多侧重于防御功能和政治需要，封闭性强。城市规划的内容主要着眼于道路网和建筑群的安排，因而是建筑学的组成部分。产业革命导致世界范围的城市化，大工业的建立和农村人口向城市集中促使城市规模扩大。城市的盲目发展、贫民窟和混乱的社会秩序，造成城市居住环境恶化，严重影响居民生活。人们开始从各个方面研究对策，现代城市规划学科就是在这种情况下形成的。

现代城市规划学科主要由城市规划理论、城市规划实践、城市建设立法三部分组成。现代城市规划理论始于人们从社会改革角度对解决城市问题所作的种种探索。19世纪上半叶，一些空想社会主义者继空想社会主义创始人莫尔等人之后提出种种设想，把改良住房、改进城市规划作为医治城市社会病症的措施之一。他们的理论和实践对后来的城市规划理论颇有影响。19世纪影响最广的城市规划实践，是法国官吏奥斯曼1853年开始主持制定的巴黎规划。尽管巴黎的改建有镇压城市人民起义和炫耀当权者威严权势的政治目的，但巴黎改建规划将道路、住房、市政建设、土地经营等作了全面的安排，为城市改建作出有益的探索。

三、城市居住环境

住宅及其环境问题是城市的基本问题之一。美国社会学家佩里通过研究邻里社区问题，在20世纪20年代提出居住区内要有绿地、小学、公共中心和商店，并应安排好区内的交通系统。他最先提出“邻里单位”概念，被称为社区规划理论的先驱。邻里单位理论本是社会学和建筑学结合的产物。从20世纪60年代开始，一些社会学家认为它不尽符合现实社会生活的要求，因为城市生活是多样化的，人们的活动不限于邻里，邻里单位理论又逐渐发展成为社区规划理论。

人们流动自由度的增大反映了社会的进步。城市规划家应当考虑不断变化的交通要求。产业革命后，城市的规模越来越大，市内交通问题成为城市发展中最大难题之一。交通技术的进步同旧城市结构的矛盾日益明显。英国警察总监特里普的《城市规划与道路交通》一书提出了许多切合实际的见解。他的关于“划区”的规划思想是在区段内建立次一级的交通系统，以减少地方支路的干扰。这种交通规划思想后来同邻里单位规划思想相结合，发展成为“扩大街坊”概念，直接影响了第二次世界大战后的大伦敦规划。此后，学者们提出了树枝状道路系统、等级体系道路系统等多种城市交通网模式。发展公共交通的原则现已被广泛接受。城市交通规划与城市结构、城市其他规划问题息息相关，已成为城市规划中的一项基本内容。

四、生态环境保护

自然环境是由气候、地貌、水文、土壤、植物和动物界有机结合而成的综合体，是人类赖以生存的基础。人类都在追求健康舒适、优美和谐的生活环境。城市的急剧发展，人工建筑对自然环境的破坏，促使人们日益重视保持自然和人工环境的平衡，以及城市和乡村协调发展的问题。最先提出人类居住环境现代理论的是希腊科学家萨蒂斯，他在20世纪50年代末期首创“人类聚居学”的理论。但由于此时正处于二战刚结束时期，没有认识和重视这一理论对“可持续发展”的重要性。1968年，美国学者马奇在《亚洲研究》上发表了《中国风水的运用》一文，当时并未引起回响。一直到20世纪80年代，国际社会才意识到这一个问题，并迅速形成一股思潮。

事实表明，人类在建筑规划选址时应考虑其自然生态环境的结构功能和对人类的各种影响，从而合理利用、调整改造和顺应其建筑生态环境。有城市规划学者对“大地景观”的概念作了系统的阐述，引申出把大城市地区看作人类生态系统的组成部分等观念。现在，各国的城市规划与建筑规划都会考虑保护自然环境问题。

第二节　解决城市矛盾的探索

工业革命之前，一些建设较好的巴洛克或古典主义城市，尚有较好的体形秩序。自18世纪出现了大机器生产的工业城市后，引起了城市结构的根本变化，破坏了原来那种以家庭经济为中心的城市结构与布局。大工业的生产方式，使人口像资本一样集中起来，城市人口以史无前例的惊人速度猛增。城市中出现了前所未有的大片工业区、交通运输区、仓库码头区、工人居住区。城市规模越来越大，城市布局越来越混乱，城市环境与城市面貌遭到破坏，城市绿化与公共设施严重不足，城市处于秩序失措状态。城市土地因其所处的地理位置不同而价格悬殊。土地投机商热衷于在已有的土地上建造更多的大街与广场，有些城市开辟了很多的对角线街道，使城市交通更加复杂。在城市改建中，大银行、大剧院、大商店临街建造，后院则留给贫民居住，使城市中心区形成了大量建筑质量低劣、卫生条件恶化、不适合人们居住的贫民窟。工业革命后的城市矛盾日益激化，引起了一些统治阶级和社会开明人士的疑惧，为缓解社会矛盾，有些国家曾经作了一些有益的尝试，其中较为著名的有：

一、巴黎改建

巴黎于9世纪末成为法兰西王国的首都。在很长一段时期内，巴黎的街道曲折狭窄，到处是木造房屋。文艺复兴时期，巴黎才渐渐脱去旧时的面貌。17世纪以后，法国的国王们致力于对巴黎的改造，低矮破旧的房屋被陆续拆除，代之以多层砖石建筑，开辟了许多马路和广场。路易十四时期（1643～1715年）拆除旧城墙，改为环城马路。著名的星形广场和香榭丽舍大道也是那个时期开始形成的。至19世纪随着资本主义经济的发展，巴黎人口大增，开始建造了大量五六层的楼房，出现了公共马车和煤气街灯。

拿破仑三世时期（1852～1870年），巴黎进行了一次大规模的剧烈改造，即由巴黎市政长官奥斯曼主持的著名巴黎改建工程。欧斯曼对巴黎施行了一次“大手术”，再次拆除城墙，建造新的环城路，在旧城区里开出许多宽阔笔直的大道，建造了新的林荫道、公园、广场、住宅区，督造了巴黎歌剧院。改建后的巴黎被誉为当时19世纪的世界上最先进、最美丽的城市。巴黎改建把市中心分散为几个区中心。这在当时是个创举，它适应了因城市结构的改变而产生的分区要求。但是，巴黎改建未能解决城市工业化提出的新要求及城市贫民窟问题，对国内和国际铁路网造成的城市交通障碍也未能解决。

二、田园城市（花园城市）

在19世纪末，英国社会活动家霍华德基于城市规划的设想，提出了田园城市的概念。20世纪初以来，田园城市对世界许多国家的城市规划有很大影响。霍华德认为应该建设一种兼有城市和乡村优点的理想城市，他称之为“田园城市”。田园城市实质上是城和乡的结合体。1919年，英国“田园城市和城市规划协会”经与霍华德商议后，明确提出田园城市的含义：田园城市是为健康、生活以及产业而设计的城市，它的规模能足以提供丰富的社会生活，但不应超过这一程度。四周要有永久性农业地带围绕，城市的土地归公众所有，由一个委员会受托掌管。

霍华德设想的田园城市包括城市和乡村两个部分。城市四周为农业用地所围绕，城市居民经常就近得到新鲜农产品的供应。农产品有最近的市场，但市场不只限于当地。田园城市的居民生活、工作于此，所有的土地归全体居民集体所有，使用土地必须缴付租金。城市的收入全部来自租金，在土地上进行建设、聚居而获得的增值仍归集体所有。城市的规模必须加以限制，使每户居民都能极为方便地接近乡村自然空间。

霍华德对他的理想城市作了具体的规划，并绘成简图。他建议田园城市占地为6000英亩（1英亩＝0.405公顷）。城市居中，占地1000英亩，四周的农业用地占5000英亩，除耕地、牧场、果园、森林外，还包括农业学院、疗养院等。农业用地是保留的绿带，永远不得改作他用。在这6000英亩土地上，居住3.2万人，其中3万人住在城市，2千人散居在乡间。城市人口超过了规定数量，则应建设另一个新的城市。田园城市的平面为圆形，半径约1240码（1码＝0.9144米）。中央是一个面积约145英亩的公园，有6条主干道路从中心向外辐射，把城市分成6个区。城市的最外圈地区建设各类工厂、仓库、市场，一面对着最外层的环形道路，另一面是环状的铁路支线，交通运输十分方便。霍华德提出，为减少城市的烟尘污染，必须以电为动力源，城市垃圾应用于农业。

霍华德还设想，若干个田园城市围绕中心城市，构成城市组群，他称之为“无贫民窟、无烟尘的城市群”。中心城市的规模略大些，建议人口为5.8万人，面积也相应增大。城市之间用铁路联系。霍华德提出田园城市的设想后，又为实现他的设想作了细致的考虑。对资金来源、土地规划、城市收支、经营管理等问题都提出具体的建议。他认为工业和商业不能由公营垄断，要给私营企业以发展的条件。霍华德于1899年组织田园城市协会，宣传他的主张。1903年组织“田园城市有限公司”，筹措资金，在距伦敦56公里的地方购置土地，建立了第一座田园城市——莱奇沃思（Letchworth）。1920年又在距伦敦西北约36公里的韦林（Welwyn）开始建设第二座田园城市。田园城市的建立引起社会的重视，欧洲各地纷纷效法，但多数只是袭取“田园城市”的名称，实质上是城郊的居住区。

霍华德针对现代社会出现的城市问题，提出带有先驱性的规划思想。对城市规模、布局结构、人口密度、绿带等城市规划问题，提出一系列独创性的见解，是一个比较完整的城市规划思想体系。田园城市理论对现代城市规划思想起了重要的启蒙作用，对后来出现的一些城市规划理论，如“有机疏散”论、卫星城镇的理论颇有影响。20世纪40年代以后，在一些重要的城市规划方案和城市规划法规中也反映了霍华德的思想。

三、带形城市

带形城市是一种主张城市平面布局呈狭长带状发展的规划理论。“带形城市”的规划原则是以交通干线作为城市布局的主轴，城市的生活用地和生产用地平行地沿着交通干线布置，大部分居民日常上下班都横向地来往于相应的居住区和工业区之间。交通干线一般为汽车道路或铁路，也可以辅以河道。城市继续发展，可以沿着交通干线（纵向）不断延伸出去（图 3-1）。带形城市由于横向宽度有一定限度，因此居民同乡村自然界非常接近。纵向延绵地发展，非常有利于市政设施的建设。带形城市也较易于防止由于城市规模扩大而过分集中，导致城市环境恶化。

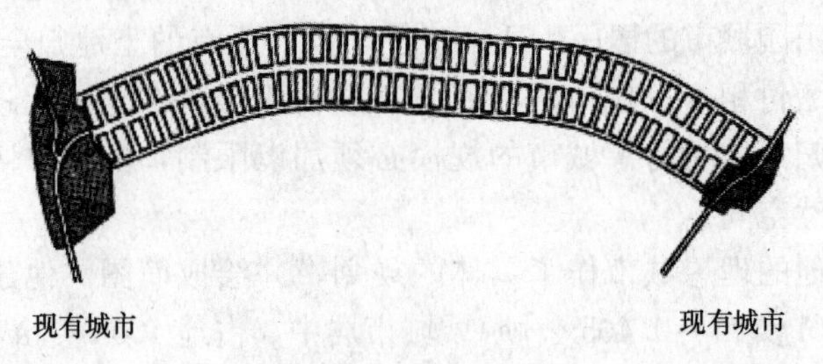

图 3-1　弧状的“带形城市”

较有系统的带形城市构想，最早是西班牙工程师 A·索里亚·伊·马塔在 1882 年提出的。他认为有轨运输系统最为经济、便利和迅速，因此城市应沿着交通线绵延地建设。这样的带形城市可将原有的城镇联系起来，组成城市的网络，不仅使城市居民便于接触自然，也能把文明设施带到乡村。1892 年，索里亚为了实现他的理想，在马德里郊区设计了一条有轨交通线路，把两个原有的镇连接起来，构成一个弧状的带形城市，离马德里市中心约 5 公里。1901 年铁路建成，1909 年改为电车。经过多年经营，到 1912 年约有居民 4000 人。索里亚规划建设的带形城市实质上只是一个城郊的居住区。后来由于土地使用等原因，这座带形城市向横向发展，面貌失真，但是带形城市理论影响却非常深远。

前苏联在 20 世纪 20 年代建设斯大林格勒时，采用了带形城市规划方案。城市的主要用地布置于铁路两侧，靠近铁路的是工业区。工业区的另一侧是绿地，然后是生活居住用地。生活居住用地外侧则为农业地带。带形城市理论可以同其他布局结构形式结合应用，取长补短。几十年来，世界各国不少城市汲取带形城市的优点，在城市规划中部分地或加以修正地运用。

四、新协和村（共产村）

欧文（R. Owen）是 19 世纪空想社会主义者之一。他针对资本主义已经暴露出来的各种矛盾进行了揭露和批判，认为要获得全人类的幸福，必须建立崭新的社会组织。根据欧文的社会理想，他提出了一个“新协和村”的方案。方案中假设居民人数为 300～2000 人，耕地面积每人 0.4 公顷或略多。他认为天井、胡同、小巷与街道易形成许多不便，卫生条件也差，主张采用长方形布局。村中央以房屋围成一个长方形大院，内有食堂、幼儿园、小学等，还有树木、运动、散步空地。住户不设厨房，村外有耕地果树，村内生产消费自给自足，村民共同劳动，劳动成果平均分配，财产公有。

欧文带着自己办企业时所积蓄的钱财，用三万英镑在印第安纳州的协和购买了一块地，共计三万亩。在那里，根据他的设计建造了一个正方形的大公寓，可以容纳1500人居住。里面有食堂、厨房、幼儿园、礼拜堂、讲堂、小学校、图书馆、医院以及各类人员的住房。大公寓四周是农场、牧场和各类工厂。除老弱病残以外，所有村民都必须参加劳动。生产出来的东西储藏在公共的仓库里，村民平等地享用这些产品。“共产村”里没有货币，甚至也不像我国后来的人民公社那样记工分。“共产村”由一个12人的委员会来领导，具体规定每个人的工作和生活，连进餐也是共同进行的。欧文是个慈善家，他并不精通管理。他把自己的财产和别人的钱都放在一起，连起码的财务核算都不顾，不计成本地购买土地、扩建工厂和堂皇的建筑，使“共产村”很快就陷入了财政困难之中。

由于实行了“绝对平均主义”的分配原则，没有体现“多劳多得”，村民们很快就发生了争执和意见，迫使欧文对“共产村”的宪法修改了七次，最终不得不把土地和住房卖给了村民个人，又恢复了私产制度。经过了三四年“新协和村”的尝试，欧文几乎耗尽了他的全部财产。他后来又打算到墨西哥去进行同样的实验，但已经不可能。于是他回到了英国，把最后精力投入到工会运动和合作社运动中。

五、工业城市与方格形城市

工业城市：几乎和霍华德提出田园城市的同时，法国青年建筑师嘎捏（Tony Garnier）也从大工业的发展需要出发，开始了对“工业城市”的规划和探索。他设想的“工业城市”人口为3.5万人；其方案对大工业发展引起的功能分区、城市交通、住宅组群等都作了精辟的分析。

美国方格形城市：18～19世纪，欧洲殖民者在北美这块印第安人富饶的土地上建立了工业和城市。城市的开发和建设由地产投机商和律师委托测量工程师做，他们根据不同性质不同地形的城市把道路做方格形划分。开发者为了获得更多的利润，采取了缩小街坊面积，增加道路长度的方格形布局，如华盛顿、旧金山、纽约等。方格形道路网是由东西向和南北向的平行线和垂直线所组成，美国的华盛顿方格形道路网最具代表性。以国会大厦为坐标原点，通过原点作两条坐标轴，平行于坐标轴南北向基线5条，东西向基线5条，根据这些基线布置方格形道路，方格形道路网中还穿插一些放射线或对角线。

我国城市道路网传统形式也为方格形，如以北京、西安为代表的古城是方格形，其他很多城市也都是方格形。

第三节　城市建设与生态环境

一、城市化发展模式

（一）城市化概念

城市化是由农业为主的传统乡村社会向以工业和服务业为主的现代城市社会

逐渐转变的历史过程。狭义地看，城市化一般是指人口向城市集聚、乡村地区转变为城市地区的过程。城市化进程使大量农村人口向城镇转移，村镇逐渐发展成为城市。在交通、服务、基础设施等更为发达的同时，聚集效应使城市越来越大，并且出现了产业结构的调整。

（二）工业革命对城市发展的影响

英国1640年、法国1789年的资产阶级革命为资本主义的发展打下政治基础。工业革命于18世纪下半叶始于英国，至19世纪40年代英国工业革命基本完成。法、德、俄、日在19世纪内相继完成工业革命。1781年瓦特发明蒸汽机，1814年史蒂芬发明机车。此后，火车、汽车、轮船等交通工具促进了城市间的交往，机器生产提高了生产效率。而经济革命带动了政治革命，资本主义社会制度趋于成熟。

工业革命对城市发展的影响概括如下：

（1）机器的发明使工人的数量急剧增加，城市规模逐渐扩大；

（2）交通设施的发展使城市的联系更为快捷，运输量更大；

（3）生产力的提高与人口的增加形成良性循环；

（4）生产关系的变革带来城市建设管理的变化。

产业革命后工业城市诞生，英国出现新的产业中心，如曼彻斯特、伯明翰、利物浦等。

（三）城市化现象及发展模式

城市产生至产业革命之间的5000年中，城市人口大约只占10%左右。而产业革命后的约300年中，城市人口已发展到50%以上，其中经济发达国家已达到70%～90%。城市人口急剧增长、城市规模急剧扩大是城市化的主要表现。

1. 城市化的发展动力

（1）由于工业化引起的社会大变革，生产力的发展要求生产关系的变革，大机器生产集中了相当数量的产业工人，打破了封建社会中封闭式的生产方式。城市规模的扩大和地位的增强，使之取代了封建庄园或城堡的中心地位。

（2）聚集效应和规模效益是城市化的关键。生产的社会化、专业化和大协作，使生产力合理配置；市场的竞争、优胜劣汰，是推动生产力发展的动力；合理的规模使生产达到最佳的经济效益。

（3）现代化的技术、信息及环境要求带动其他城市的发展。发达迅速的交通使世界变小了；便捷迅速的网络、信息技术将世界城市连为一体；生活质量的提高要求有高标准的消费城市和旅游城市。

（4）产业革命致使出现将大量工人集中在一起的工厂。工厂附近形成生活居住区和生活服务设施集中的村镇，村镇逐渐发展成为城市。交通、服务、基础设施的发达，聚集效应使城市越来越大。

2. 城市化的发展模式

（1）初期发展：城市规模不断扩大，形成大城市连绵区——城市圈，吸纳劳动力；

（2）过城市化现象：农村人口过度涌向大城市，超过城市的容量，形成贫民窟；

（3）逆城市化现象：非城市地区的生活环境和生活方式接近或超过城市水平，城市人口向郊区发展。

（四）城市化带来的城市问题

1. 资本主义初期的城市问题

资本主义初期城市问题产生的原因是：资本对利润的片面追求；资本家对劳动者生活的忽视；城市对急剧膨胀的准备不足；缺乏城市规划的理论和实践等。城市问题表现在如下一些方面：城市环境极端恶劣，工业区、生活区混杂；城市用地性质、规模不合理；劳动者生活环境极端恶劣；道路狭窄曲折，交通堵塞等。

2. 现代城市问题

现代城市问题产生于20世纪中叶之后，尤其是发展中国家的城市，都面临着城市化进程带来的矛盾与诸多问题。如：交通量急剧增加，车速提高，交通堵塞；能量大量消耗，城市环境恶化；信息技术大幅度改进，信息量快速增加；大众消费社会形成，生产与生活产生矛盾；城市人口急剧增长，城市基础设施不敷使用等。

现代城市问题具体表现在城市环境污染加剧，包括空气、垃圾、污水、噪声、电磁波等污染；居住情况恶化，如住宅密度过高，住房舒适性和居住环境差，住房困难等；交通状况堪忧，交通堵塞、停车困难日趋严重，交通事故多发；城市灾害增多，城市开发大量破坏耕地，城市扩张、温室效应带来生态环境破坏，气候异常、地震、火灾、洪水等自然灾害频发；社会问题增多，就业、刑事犯罪问题严峻。

3. 现代城市问题的特点

（1）城市问题的综合性：既有工程技术问题，也有历史、艺术问题，还有社会经济问题，城市问题并不局限于城市的某一个局部或某一个层面。

（2）城市问题的复杂性和相互作用：发展经济会带来城市污染和人口扩张；发展汽车会带来交通堵塞、空气污染和噪声；生活环境舒适会使城市规模增加、耕地减少等。

二、城市化进程中的主要矛盾

21世纪是城市的世纪，一方面人们尽情地享受着城市化所带来的文明与舒适，另一方面，人们也感受到城市发展过快所带来的切肤之痛。中国作为世界人口最多的一个发展中大国，有学者把中国城市化列为21世纪影响世界发展进程的两大因素之一。自20世纪90年代以来，城市化的发展成为中国经济发展的轴心。与此相应的是原本脆弱的城乡二元模式逐渐被推向矛盾的中心。

（一）农用耕地骤减

为发展本地经济，加快城市化发展，许多地方政府不顾原有各方面条件的承载能力，盲目追求乡镇企业的数量和产量，从而出现了乱批工业园区和大量侵占农用耕地的现象。地方政府依赖土地收益及开发商追求高额利润，导致城市房地产开发快速发展，占用大量耕地。城市需要农村的供给和支持，耕地减少会导致粮食蔬菜供应不足，城市化无法维持。农村用地一般是集体用地，城市化进程必然经过一个国家征收集体用地的过程。在这个过程中存在许多违法操作，农民不能得到相应补偿，部分农民生活水平随着城市化发展反而下降。

（二）失业人数增多

1. 城市化进程中产生了大量的剩余劳动力——农民工。这些劳动力一部分就地转移，一部分异地转移。由于我国的户籍制度，这些人中大部分都无法享受到“国民”待遇，生活质量较低，福利无法得到保证，处于弱势地位。

2. 农村剩余劳动力就业问题。城市化要求从农业向工业和第三产业转移，这需要大批的专业人员。由于农村剩余劳动力大部分没有技术，只能从事劳动密集型产业，导致其收入少，生活水平较低。

3. 城市化进程造成青壮年外出打工，农民整体素质的下降。能率先走出农村的转移人口中，大部分是长期从事农业生产劳动，有一技之长的人。他们由于掌握了较先进的农业生产技术，在农业生产过程中比一般农民获得更多收益，率先致富，因而具备更优的条件进入城镇。同时，这些人的文化素质较高，能较快地接受新的生活理念和新的生活方式。

（三）城市环境恶化

城市是人类对环境影响最深刻、最集中的区域，也是环境污染最严重的区域。

1. 固体废弃物污染

随着城市人口数量的快速增加、生活水平的提高和工业生产的发展，城市垃圾产生量和清运量也急剧增加，危害人体健康和环境。我国垃圾排放量大，综合利用和处置率低；城市生活垃圾无害化处理率仅 1.2%，影响城市景观，同时污染大气、水和土壤。城市垃圾快速增长是我国面临的四大环境污染问题之一。

2. 垃圾占用大量的土地

随着城市化进程的加快，垃圾消纳问题严峻，各城市环境卫生主管部门都开始重视城市环卫的管理工作，垃圾也被有规划地堆放在城市郊区指定的地点。但有些城市将垃圾堆放在山边，低洼地或者荒地以及专门的垃圾填埋场，垃圾堆放占用的土地面积逐渐扩大，一些地区甚至出现了“垃圾包围城市”的现象。

3. 水体污染

我国是世界 13 个缺水国家之一，全国有 300 多个城市缺水，其中近百个城市严重缺水。而工业废水、生活污水等造成城市水源污染，使得水资源短缺雪上加霜。我国城市中 80%以上的工业废水和生活污水未经处理排入水体，使流经主要城市的 70%河段受到不同程度的污染。城市地面水以有机污染为主，50%的城市饮用水源受到污染。地下水因过量开采，形成地面下沉和水质恶化。南方城市总缺水量的 60%～70%是由水污染造成的。对我国 118 个大中城市的地下水调查显示，有 115 个城市地下水受到污染，其中重度污染约占 40%。水污染降低了水体的使用功能，加剧了水资源短缺，对我国可持续发展战略的实施带来了负面影响。

从全国范围看，我国许多地区水体污染情况极为严峻，水体污染事件多发。例如，2005 年吉林石化发生爆炸，向松花江排放苯类污染物高达 100 吨，水源地断面硝基苯浓度超过国家标准 30.1 倍。继 2000 年“死鱼事件”后，有“华北明珠”之称的白洋淀水域，2006 年破冰后又出现大面积鱼类的死亡。经监测分析，白洋淀淀区水体污染较重，水中溶解氧过低，造成鱼类窒息死亡。太湖是我国三大淡水湖之一，近十年太湖富营养化程度不断加重，水中污染物发生量直线上升，水含氮量超过三类水指标。大量未经处理的工业污水排入江河，使太湖流域内中小城市，周围的地面水都受到严重污染，形成黑水带。已严重影响到人民的日常生活，制约了流域的经济发展。自从20世纪90年代云南美丽的滇池发生富氧化以来，滇池的蓝藻每年都定时出现，已成为多年顽疾。

另外垃圾堆放的地点不合适，常成为水体污染的潜在因素。如一些城市和地方将垃圾堆放在河流的岸旁，或山区河流的源头，一遇上洪水就会将垃圾冲到河里，使河水受到污染。有的城市或地方将垃圾堆放在地下水补给区，在长期雨水的淋滤作用下，垃圾中的有害物质随雨水向地下渗透，导致地下水受到污染。

4. 大气污染

工矿企业、家庭炉灶、交通工具排放的尾气中的有害物质使空气受到污染，从而影响城市居民的身体健康。大气污染的主要来源：（1）城市居民燃烧煤炭等燃料做饭和取暖所排出的烟尘；（2）工矿企业排放的烟气；（3）汽车、飞机、火车等交通工具排放出的尾气。

5. 噪声污染

噪声污染主要来自交通运输、工业生产、建筑施工和社会活动。噪声妨碍人们的工作休息，甚至危害人体健康。我国2/3的城市人口暴露在较高的噪声环境中，区域环境噪声达标率不到50%，90%的城市道路交通噪声超过了70分贝。

6. 电磁污染

越来越多的各种家用电器放射出大量的电磁辐射，已经对人体产生一定的影响。例如手机的使用，已经被证实和一些疾病有或多或少的联系。

7. 光污染

特别是一些大城市的高楼大厦，外墙被饰以玻璃幕墙，能强烈地反射阳光，使人眼花缭乱，影响人的工作和休息。

8. 交通拥堵

城市急剧膨胀使大量人群涌入城市，由于市政设施不能满足需要，汽车快速发展将产生严重的交通问题。过量的汽车，不仅导致交通堵塞，也使交通事故频发，大气遭到污染。交通堵塞导致时间和能源严重浪费，影响城市经济效率。在很多大城市中心区，高峰交通速度仅16千米/小时，交通事故在许多大城市日益严重。2010年8月24日美国《外交政策》盘点了世界五大交通最拥堵城市，中国北京名列第一位。

9. 居住条件恶化

表现为住房紧缺，质量低劣。居民生活水平下降，穷人只能生活在卫生环境很差的贫民窟或棚户区。世界范围内有1亿人没有任何形式的住所，城市人口1/3以上住在不合格的房屋中，40%的城市居民得不到安全的饮水和适当的环境卫生。

三、生态环境现状与危机

（一）生态环境概念

生态环境是指由生物群落及非生物自然因素组成的各种生态系统所构成的整

体。主要或完全由自然因素形成，并间接地、潜在地、长远地对人类的生存和发展产生影响。

生态环境与自然环境是两个在含义上十分相近的概念，严格说来，生态环境并不等同于自然环境。自然环境的外延比较广，各种天然因素的总体都可以说是自然环境，但只有具有一定生态关系构成的系统整体才能称为生态环境。仅有非生物因素组成的整体，虽然可以称为自然环境，但并不能叫做生态环境。从这个意义上说，生态环境仅是自然环境的一种，二者具有包含关系。

（二）我国生态环境现状

根据北京大学相关研究，我国快速城镇化过程引发的重大生态环境问题如下：

（1）城市和区域频繁出现大面积灰霾；

（2）湖泊和流域普遍呈现富营养化趋势，且日益严重；

（3）持久性有机污染物与环境激素的隐患日益凸现；

（4）固体废物无害化处理比率和资源化水平低；

（5）区域性生态系统的功能退化；

（6）区域性地下水超采加剧；

（7）扩张占地威胁城市生态安全；

（8）生态需水制约我国大多数城市的良性发展；

（9）交通拥堵危害城市和谐和人体健康；

（10）食品污染严重威胁居民生活质量。

（三）生态环境恶化的影响

生态环境破坏对人类生存影响极大。它的主要形式有土壤退化、水土流失、土地荒漠化、土地盐碱化、臭氧层破坏、酸雨等。生态平衡是动态的平衡。一旦受到自然和人为因素的干扰，超过了生态系统自我调节能力而不能恢复到原来比较稳定的状态时，生态系统的结构和功能遭到破坏，物质和能量输出输入不能平衡，造成系统成分缺损（如生物多样性减少等），结构变化（如动物种群的突增或突减、食物链的改变等），能量流动受阻，物质循环中断，一般称为生态失调，严重的就是生态灾难。

1. 温室效应

温室效应是指二氧化碳、一氧化二氮、甲烷、氟利昂等温室气体大量排向大气层，使全球气温升高的现象。目前，全球每年向大气中排放的二氧化碳大约为230亿吨，比20世纪初增加20%。至今仍以每年0.5%的速度递增，这必将导致全球气温变暖、生态系统破坏以及海平面的上升。据有关数据统计预测，到2030年全球海平面上升约20厘米，到21世纪末将上升65厘米，严重威胁到低洼的岛屿和沿海地带。

2. 臭氧层破坏

臭氧层是高空大气中臭氧浓度较高的气层，它能阻碍过多的太阳紫外线照射到地球表面，有效地保护地面生物的正常生长。臭氧层的破坏主要是现代生活大量使用的化学物质氟利昂进入平流层，在紫外线作用下分解产生原子氯，通过连锁反应而实现的。

最近有研究表明，南极上空15～20千米间的低平流层中臭氧含量已减少了40%～50%，在某些高度，臭氧的损失可能高达95%。北极的平流层中也发生了臭氧损耗。臭氧层的破坏将会增加紫外线β波的辐射强度。据资料统计分析，臭氧浓度降低1%，皮肤癌增加4%，白内障发生则增加0.6%。到21世纪初，地球中部上空的臭氧层已减少了5%～10%，使皮肤癌患者人数增加了26%。

3. 土地退化和沙漠化

土地退化和沙漠化，是指由于人们过度放牧、耕作、滥垦滥伐等人为因素和一系列自然因素的共同作用，使土地质量下降并逐步沙漠化的过程。

全球土地面积的15%已因人类活动而遭到不同程度的退化。土地退化中，水侵蚀占55.7%，风侵蚀占28%，化学现象（盐化、液化、污染）占12.1%，物理现象（水涝、沉陷）占4.2%。土壤侵蚀年平均速度约为每公顷0.5～2吨。全球每年损失灌溉地150万公顷。70%的农用干旱地和半干旱地已沙漠化，最为严重的是北美洲、非洲、南美洲和亚洲。在过去的20年里，因土地退化和沙漠化，使全世界遭受饥饿的难民由4.6亿增加到5.5亿人。

4. 废物质污染及转移

废物质污染及转移，是指工业生产和居民生活向自然界或向他国排放的废气、废液、固体废物等，严重污染空气、河流、湖泊、海洋和陆地环境以及危害人类健康的问题。

目前市场中约有7～8万种化学产品，其中对人体健康和生态系统有危害的约有3.5万种，具有致癌、致畸和致灾变的有500余种。研究证实，一节1号电池能污染60升水，能使10平方米的土地失去使用价值，其污染可持续20年之久。塑料袋在自然状态下能存在450年之久。当代“空中死神”——酸雨，对森林土壤、湖泊及各种建筑物的影响和侵蚀已得到公认。

有害废物的转移常常会演变成国际交往的政治事件。发达国家非法向海洋和发展中国家倾倒危险废物，致使发展中国家蒙受巨大损害，直接导致接受地的环境污染和对居民的健康影响。另据资料统计，我国城市垃圾历年堆存量已达60多亿吨，侵占土地面积达5亿平方米，城市人均垃圾年产量达440千克。

5. 森林面积减少

森林被誉为“地球之肺”、“大自然的总调度室”，对环境具有重大的调节功能。因发达国家广泛进口和发展中国家开荒、采伐、放牧，使得森林面积大幅度减少。据绿色和平组织估计，100年来，全世界的原始森林有80%遭到破坏。另据联合国粮农组织最新报告显示，如果用陆地总面积来算，地球的森林覆盖率仅为26.6%。森林减少导致土壤流失、水灾频繁、全球变暖、物种消失等。一味向地球索取的人类，已将赖以生存的地球推到了十分危险的境地。

6. 生物多样性减少

生物多样性减少，是指包括动植物和微生物的所有生物物种，由于生态环境的丧失，对资源的过分开发，环境污染和引进外来物种等原因，使这些物种不断消失的现象。

据估计，地球上的物种约有3000万种。自1600年以来，已有724个物种灭绝，迄今已有3956个物种濒临灭绝，3647个物种为濒危物种，7240个物种为稀有物种。多数专家认为，地球上生物的1/4可能在未来20～30年内面临灭绝的危险，1990～2020年内，全世界5%～15%的物种可能灭绝，也就是每天消失40～140个物种。生物多样性的存在，对进化和保护生物圈的生命维持系统具有不可替代的作用。

7. 水资源枯竭

水是生命的源泉，水似乎无所不在。然而饮用水短缺却威胁着人类的生存。目前，世界年耗水量已达7万亿立方米。加之工业废水排放，滥用化学肥料和农药，垃圾任意倾倒，生活污水剧增，使河流变成阴沟，湖泊变成污水地。滥垦滥伐造成大量水分蒸发和流失，饮用水急剧减少，水荒已经向人类敲响了警钟。

据全球环境监测系统水质监测项目表明，全球大约有10%的监测河流受到污染，生化需氧量（BOD）值超过6.5毫克/升，水中氮和磷污染，污染河流含磷量平均值为未受污染河流平均值的2.5倍。另据联合国统计，目前全世界已有100多个国家和地区生活用水告急，其中43个国家为严重缺水，危及20亿人口的生存，其主要分布在非洲和中东地区。许多科学家预言：水在21世纪将成为人类最缺乏的资源。

8. 核污染及化学污染

核污染是指由于各种原因产生核泄漏甚至核爆炸而引起的放射性污染。其危害范围大，对周围生物破坏极为严重，持续时期长，事后处理危险复杂。

20世纪世界最具影响与破坏力的环境污染事件：

（1）前苏联切尔诺贝利核电站事故

1986年4月27日，前苏联基铺地区切尔诺贝利核电站发生核泄漏事故，放射性物质外泄，上万人受到伤害，13万人被疏散，经济损失达150亿美元。这是世界上最严重的一次核污染事件，引起一系列严重后果，带有放射性物质的云团随风飘到丹麦、挪威、德国、瑞典、土耳其、南斯拉夫和芬兰等国，瑞典东部沿海地区的辐射剂量超过正常情况时的100倍。核事故使乌克兰地区10%的小麦受到影响，此外由于水源污染，使前苏联和欧洲国家的畜牧业大受其害。中国北京上空也检测到这种放射性尘埃。当时预测，这场核灾难，还可能导致其后十年中10万居民患肺癌和骨癌而死亡。

（2）美国三里岛核电站泄漏事故

1979年3月28日，美国宾夕法尼亚州三里岛核电站反应堆元件受损，放射性裂变物质泄漏。事故发生后，全美震惊，核电站周围50英里以内约200万人口处于极度不安之中，城市一片混乱，人们停工停课，约20万人撤出这一地区。美国各大城市的居民和正在修建核电站地区的居民纷纷举行集会示威，要求停建或关闭核电站。致使美国和西欧一些国家政府不得不重新检讨发展核电计划。

（3）意大利塞维索化学污染事故

1976年意大利一家化工厂爆炸，剧毒化学品二噁英扩散，许多人中毒。事隔多年后，当地居民的畸形儿出生率仍在增加。

（4）印度博帕尔毒气泄漏事故

1984年12月3日，美国联合碳化物公司设在印度博帕尔市的农药厂剧毒气体异氰甲酯外泄，使1500人当场死亡，20万人受害。事故发生后一年多时间里，该市降生许多怪胎。

（5）莱茵河污染事故

1986年11月，瑞士巴塞尔桑多兹化学公司的仓库起火，大量有毒化学品随灭火用水流进莱茵河，使靠近事故地段河流生物绝迹，100英里处鳗鱼和大多数鱼类死亡。300英里处的河水不能饮用，德国和荷兰居民被迫定量供水，使几十年来德国为治理莱茵河投资的210亿美元付诸东流。

（6）墨西哥液化气爆炸事件

1984年11月，墨西哥城郊石油公司液化气站54座气储罐几乎全部爆炸起火，对周围环境造成严重危害，死亡上千人，50万居民逃难。

9. 海洋污染

海洋被誉为“国防的前线、贸易的通道、资源的宝库、云雨的故乡、生命的摇篮”。然而，它正受到严重的污染。海洋污染常见的主要有原油污染、漂浮物污染和有机化合物污染及其引起的赤潮、黑潮。海洋污染直接导致海洋环境的恶化，生物品种的减少。

被形容为全球最大垃圾场的“太平洋垃圾漩涡”自1997年首次被发现后，面积不断膨胀，估计现在的总面积已有两个美国那么大。垃圾漩涡在夏威夷海岸与北美洲海岸之间，是由数百万吨被海水冲积于此的塑料垃圾组成。据统计，这片水域中的塑料垃圾与浮游生物的比例已为6吨对1吨。在这一水域的主要部分，塑料垃圾的厚度可达30米。绿色和平组织提供的数据显示，在太平洋的这一水域，每平方公里海面就有330万件大大小小的垃圾。据阿尔加利塔海洋研究基金会计算，1997年至今，这一垃圾板块的面积增加了两倍；从现在起到2030年，这一板块的面积还可能增加9倍。

专家们警告，“垃圾板块”给海洋生物造成的损害将无法弥补。这些塑料制品不能生物降解（其平均寿命超过500年），随着时间的推移，它们只能分解成越来越小的碎块，而分子结构却丝毫没有改变。于是会出现大量的塑料“沙子”，表面上看似动物的食物，但这些无法消化、难以排泄的塑料最终将导致鱼类和海鸟因营养不良而死亡。此外，这些塑料颗粒还能像海绵一样吸附高于正常含量数百万倍的毒素，其连锁反应可通过食物链扩大并传至人类。据绿色和平组织统计，至少有267种海洋生物受到这种“毒害”的严重影响（图3-2、图3-3）。

图3-2 海洋垃圾污染

图3-3 海里的不洁物质引发海浪泡沫

10. 噪声污染

工业机器、建筑机械、汽车、飞机等交通运输工具产生的高强度噪声，给人类生存环境造成极大破坏，严重影响人类身体的健康。

四、新的城市建设理念

（一）生态城市理念

生态城市的理念源远流长，其雏形可以追溯到中国古代的人居环境、欧洲古代城市和美国西南部印第安人的村庄。现代的生态城市思想可以说直接起源于霍华德的田园城市，其理论展示了城市与自然的平衡。20世纪依次出现了两次城市生态学高潮，它们极大地推动了人们环境意识的提高和城市生态研究的发展。20世纪40年代，赖特的《不可救药的城市》、赛尔特的《我们的城市能否存在?》警示了环境破坏的后果。20世纪60年代，卡森的《寂静的春天》反映了人们对生态环境的关注。20世纪70年代，一些生物学家开始从生物学的角度研究城市，他们的研究重点在于城市环境影响下动植物区系的变化历史。20世纪70年代初，罗马俱乐部发表了《增长的极限》，进一步激起了人们从生态学角度研究城市问题的兴趣。

1971年，联合国教科文组织发起了“人与生物圈（MAB）”计划。其间提出了生态城市或生态的城市（eco-city）的概念，生态城市由英文“生态学”（ecology）和“城市”（city）复合而成。它与“绿色城市”、“健康城市”、“园林城市”、“山水城市”、“环保模范城市”等概念虽有联系，但又具有一定的差别。1972年，联合国在斯德哥尔摩召开了人类环境会议，发表了人类环境宣言，提出“人类的定居和城市化工作必须加以规划，以避免对环境的不良影响，并为大家取得社会、经济和环境三方面的最大利益。”1975年，吉尔斯特成立了城市生态组织，该组织于1990年在伯克利组织了第一届生态城市国际会议。1992年召开了联合国环境与发展大会，自此生态城市的思想得到了世界各国的普遍关注和接受。持续的经济高速发展对生态环境造成了难以逆转的破坏，规划学界运用生态学原理进行生态城市规划设计是必然的。

生态城市是把城市看作一个以人为主体，由社会、经济和自然三个子系统构成的复合生态系统，运用生态科学和城市科学理论，采取生态工程、环境工程和社会工程等手段，保护和合理利用土地及其他自然资源，增强人类对城市生态系统的调控能力，建立起经济与环境宏观协调发展的高质量、高水准的生活工作家园。生态城市建设就是坚持可持续发展战略，建立生态良好、景观优美、人际和谐的城市环境，实现区域经济社会和人口资源环境的协调和可持续发展。生态城市建设是一种渐进、有序的系统发育和功能完善过程。生态城市在世界各地有不同做法，但任何一种做法都要跨越五个阶段：即生态卫生、生态安全、生态整合、生态景观和生态文化。

1. 生态卫生

通过鼓励采用生态导向、经济可行和与人友好的生态工程方法，处理和回收生活废物、污水和垃圾，减少空气和噪声污染，以便为城镇居民提供一个整洁健康的环境。生态卫生系统是由技术和社会行为所控制，自然生命支持系统所维持的人与自然间一类生态代谢系统，它由相互影响、相互制约的人居环境系统、废物管理系统、卫生保健系统、农田生产系统共同组成。

2. 生态安全

生态城市建设中的生态安全包括水安全（饮用水、生产用水和生态系统服务用水的质量和数量）；食物安全（动植物食品、蔬菜、水果的充足性、易获取性及其污染程度）；居住区安全（空气、水、土壤的面源、点源和内源污染）；减灾（地质、水文、流行病及人为灾难）；生命安全（生理、心理健康保健，社会治安和交通事故）。

3. 生态整合

强调产业通过生产、消费、运输、还原、调控之间的系统耦合。从产品导向的生产转向功能导向的生产；企业及部门间形成食物网式的横向耦合；产品生命周期全过程的纵向耦合；工厂生产与周边农业生产及社会系统的区域耦合；具有多样性、灵活性和适应性的工艺与产品结构，硬件与软件协调开发，进化式管理，增加研发和售后服务业就业比例，实现增员增效而非减员增效，人格和人性得到最大程度尊重等。

4. 生态景观

强调通过景观生态规划与建设来优化景观格局及过程，减轻热岛效应、水资源耗竭及水环境恶化、温室效应等环境影响。生态景观是包括地理格局、水文过程、生物活力、人类影响和美学上和谐程度在内的复合生态多维景观。生态景观规划是一种整体论的学习、设计过程，旨在达到物理形态、生态功能和美学效果上的创新，遵循整合性、和谐性、流通性、活力、自净能力、安全性、多样性和可持续性等科学原理。

5. 生态文化

生态文化是物质文明与精神文明在自然与社会生态关系上的具体表现，是生态建设的原动力。它具体表现在管理体制、政策法规、价值观念、道德规范、生产方式及消费行为等方面的和谐性，将个体的动物人、经济人改造为群体的生态人、智能人。其核心是如何影响人的价值取向、行为模式，启迪融合东方“天人合一”思想的生态境界，诱导健康、文明的生产消费方式。生态文化的范畴包括认知文化、体制文化、物态文化和心态文化。

（二）生态城市研究内容

生态城市是一种系统环境观，其研究涵盖如下几个层面。

空间层面：城市环境观与区域环境观的有机结合。

时间层面：历史环境观与现实环境观的有机结合。

功能层面：城市经济环境观、社会环境观及生态环境观的结合。

生态城市虽然没有固定的模式，但生态学家指出“3R”——减少资源消耗（Reduce）、增加资源的重复使用（Reuse）和资源的循环再生（Recycle），是走向生态城市的三个不可缺少的步骤。

（三）生态城市的标准

生态城市的创建标准，主要从社会生态、经济生态、自然生态三个方面来确定。社会生态的原则是以人为本，满足人的各种物质和精神方面的需求，创造自由、平等、公正、稳定的社会环境；经济生态原则是保护和合理利用一切自然资源和能源，提高资源的再生和利用，实现资源的高效利用，采用可持续生产、消费、交通、居住区发展模式；自然生态原则是给自然生态以优先考虑，最大限度地予以保护，使开发建设活动一方面保持在自然环境所允许的承载能力内，另一方面减少对自然环境的消极影响，增强其健康性。

生态城市应满足以下八项标准：

(1) 广泛应用生态学原理规划建设城市，城市结构合理、功能协调；

(2) 保护并高效利用一切自然资源与能源，产业结构合理，实现清洁生产；

(3) 采用可持续的消费发展模式，物质、能量循环利用率高；

(4) 有完善的社会设施和基础设施，生活质量高；

(5) 人工环境与自然环境有机结合，环境质量高；

(6) 保护和继承文化遗产，尊重居民的各种文化和生活特性；

(7) 居民的身心健康，有自觉的生态意识和环境道德观念；

(8) 建立完善的、动态的生态调控管理与决策系统。

第四节 经典案例分析与借鉴

一、国际生态城市建设案例

从20世纪70年代生态城市的概念提出至今，世界各国对生态城市理论及城市生态化建设进行了不断探索和实践。首先是以“绿色城市”为目标，增加绿色要素和绿化空间，如英国的米尔顿凯恩斯市；其次是制定生态城市的标准，很多国家都对生态城市建设提出了基本要求和具体标准，如美国、澳大利亚、印度、巴西、新西兰、澳大利亚、丹麦、瑞典、日本、南非以及欧盟的一些国家，都已经成功地进行了生态城市建设。这些生态城市从规划、建筑、交通、能源、政策、经济和市民行为方面（包括土地利用模式、交通运输方式、社区管理模式、城市空间绿化等），为世界其他国家的生态城市建设提供了范例。

(一) 巴西库里蒂巴

库里蒂巴环境优美，是南美国家巴西东南部的一个大城市，也是巴拉那州的首府和巴西第七大城市。库里蒂巴是影响较大、成果突出的生态城市，被普遍认为是世界上最接近“生态城市”的城市。经过20多年的实践，其公交导向的开发模式被证明具有良好的可持续性，受到国际社会广泛的赞誉，成为发展中国家进行生态城市构建的学习典范。1990年，库里蒂巴与悉尼、罗马、巴黎、温哥华一道成为联合国首批命名的“最适合人类居住的城市”，被誉为“巴西生态之都”、“城市生态规划样板”。作为唯一的发展中国家城市，库里蒂巴致力于可持续发展、人与自然和谐共生的城市规划，在垃圾循环回收、能源保护项目以及公交导向的交通创新方面，都取得了突出成就。尤其是公共交通发展受到国际公共交通联合会的推崇，世界银行和世界卫生组织也给予库里蒂巴极高的评价。该市的废物回收和循环使用措施，以及能源节约措施，分别获得联合国环境署和国际节约能源机构的嘉奖。20世纪70年代，在巴西经济高速发展的背景下，库里蒂巴也迎来了大发展的时代，逐渐成为巴西南部的工商业中心。库里蒂巴市区面积为432平方公里，人口达到了180万。随着城市化进程不断发展，人口快速膨胀，库里蒂巴同样面临着许多城市遇到的危机，如何在发展和环境之间寻求平衡，成为历届政府的首要问题。

1. 交通

在很多大城市，交通都是个棘手问题，库里蒂巴早在20世纪70年代就开始建立高效的公共交通系统，并在整个交通系统中贯彻公交优先的原则。库里蒂巴的公交被称之为“地面地铁”，是巴西效率最高的交通系统之一。这里的公交采取统一票价制，只要上了公交车，无论去哪里票价都一样，换乘也无需重新购票，乘坐公交车线路越长的人享受的优惠越多。据估计，约80%的人都是这种一体化公交系统的受益者。库里蒂巴市一体化公交系统拥有近2000辆公交车，每天行驶里程累计30余万公里，输送旅客约200万人次，满足了乘客约90%的需要。此外，库里蒂巴的公交车也很特别，主干线有一种沃尔沃公司生产的25米长三节车厢的“大通道”，四轴、五个双门，一次可载260人，大大提高了运输量。公交站台呈管道型，两头进出，进入站台即可买票，换乘在站台内完成，从而节约了大量时间（图3-4）。私家车人均拥有量巴西第二的库里蒂巴（1.8人一辆），其私人汽车使用率是很低的，大部分人选择坐公交上下班。

2. 绿地

库里蒂巴全市共有各类公园26座，绿地8100万平方米，人均绿地51.5平方米，是世界卫生组织建议的16平方米的3倍。最具特色的是，这些公园和绿地均向游人免费开放，真正把绿色融入到每个人的生活中。如果从高空看，不是绿色点缀城市，而是城市点缀绿色。库里蒂巴的绿化工程极为注重与环境再利用及垃圾回收等相结合。很多公园过去都曾经是废弃的采石场，在改造之后成为环境优美、青山绿水的大众休闲场所（图3-5）。

图3-4　管道型公交站台

图3-5　巴西，库里蒂巴人造绿地

3. 环保

库里蒂巴的垃圾回收工作也十分出色。从1983年就开始实行垃圾分类制，至今已有30年的历史。库里蒂巴20%的垃圾都得以分类回收，是巴西垃圾回收率最高的城市。如此高的垃圾回收率与市民参与是分不开的，在市政府的号召下，全市99.3%的居民都会主动进行垃圾分类。他们在家中备有专门用于回收垃圾的容器，而这已成为他们日常生活的一部分。库里蒂巴的垃圾分类工作不仅有正式的环卫机构完成，还有数千名家庭垃圾回收员以及小型垃圾中转站，作为政府的合作伙伴参与其中。为了更好地促进垃圾回收工作，市政府还制定了一项名为“绿色兑换”的行动，即垃圾换食品。在一些回收困难地区，居民每回收4公斤垃圾，就可获得一袋超市提供的食品。由于有着广泛的市民参与，回收率很高，但市政府用于垃圾回收的投入并不大，平均回收一吨垃圾只需要花59美元，而一般的大城市平均需要150美元。

生态城市库里蒂巴的发展具有其独特性，也有很好的借鉴意义。在城市化迅猛发展的今天，建设生态城市、人口与环境和谐共存是各国政府需要面对的问题，但愿库里蒂巴的城市建设理念与发展能够给我们良好启示。

（二）澳大利亚阿德莱德

阿德莱德是一个成功的“影子规划”实践案例。“影子规划”是澳大利亚1994年在阿德莱德城中发起的生态城市计划，它可以理解为在规划控制指标等很多因素还未确定的条件下做出的规划。这个概念是在国际生态城市运动创始人——理查德·雷吉斯特思想基础上提出的。1992年他在阿德莱德参加第二次生态城市会议的时候，惊奇地发现澳大利亚政府的部长和内阁被称为“影子部长”和“影子内阁”，于是提出了“影子规划”设想。“影子规划”向我们展示了非常清楚的城市生态规划，以及在其发展框架下应该如何创建生态城市。整个“影子规划”由6个板块组成，其时间跨度为300年，从1836年早期的欧洲移民来到澳大利亚，到2136年生态城市建成，规划描述了300年澳大利亚阿德莱德地区的变化过程。

“影子规划”的要求有12条：（1）恢复退化的土地；（2）建设工程适合于地方生物群落的特点；（3）开发强度与土地生态容量相协调，并保护开发地的生态条件；（4）按生态条件有效限制城市的过度扩展；（5）优化能源利用结构，减少能源消耗，使用可更新能源、资源，促进资源再利用；（6）维持一个适当的经济发展水平；（7）提供健康与安全的生活条件；（8）提供多样的社会和社区服务活动；（9）保证社会发展公平性；（10）尊重过去的发展与建设历史，保护自然景观和人文景观；（11）倡导生态文化建设，提高居民生态意识；（12）改善自然生态系统状况。阿德莱德就是在这12条基本要求的基础上，制定了衡量生态型城市的具体标准。迄今这一计划已在阿德莱德全面实施并且卓有成效。

（三）瑞典马尔默

马尔默位于瑞典斯科讷省的最南部，面向厄勒海峡，人口约280万，拥有运河、海滩、公园、港口以及仍然保留着中世纪外观和风格的社区建筑，是瑞典第三大城市及瑞典南部的最大城市，也是世界上令人赞叹的五大绿色环保城市之一。马尔默历史上曾经是瑞典的重要贸易和国防重地，留下了许多有名的中世纪建筑，如马尔默城堡等，其浓厚的文化历史底蕴和美丽的自然景观吸引着众多的国内外游客。

20世纪后期，马尔默受到高科技产业的冲击，旧有工业面临关停并转，整个城市也面临转型。基于马尔默市政府和瑞典政府对“生态可持续发展和未来福利社会”的共同认识，他们希望通过改造使马尔默西部滨海地区成为世界领先的可持续发展地区。1996年，马尔默、瑞典、欧盟等的有关公共及私营机构共同组织了一次欧洲建筑博览会，提出通过地区规划、建筑、社区管理等进行持续发展的超前尝试。马尔默做了一个建立未来城市的计划——B001，也被称为“明日之城”。计划中充分考虑到世界人口的不断增长，资源的缺乏和无节制消费导致的各种社会问题，以及自然环境遭到破坏和污染等问题。2001年5月，马尔默正式对外展出B001，开启了“明日之城”生态可持续发展及富足社会的实证讨论，尝试传达今日及未来该如何生活的想法。B001的目标在于利用太阳能、风能及水能等再生能源，生产居民日常所需的电力，达到百分之百的自给自足。B001呈现了以人为本，并结合对美学、生态学及高科技需求的未来生活蓝图。马尔默的“明日之城”计划，为解决城市危机及可持续发展找到了答案，获得欧盟的“推广可再生能源奖”，并且获得政府投资计划的补助。补助资金主要用于实体建设的投资，以支付为追求高目标而超额支出的成本；另外一部分资金则投资在科技系统及废弃物的净化与基础建设方面，资金同时被用于信息与教育计划中，欧盟也针对能源测量给予支持。

在能源方面，马尔默寻求使用可再生能源，并实现100％能源自给。尽管瑞典大部分电力来自核能和水力发电，在绿色电力方面走在世界前列，但马尔默进一步寻求可再生能源，B001计划在2008～2012年之间，将二氧化碳排放量减少25％，远远超过京都议定书所签订的5％的目标。马尔默将海水和地下水能量用于供暖系统和空调，另一替代能源是太阳能板。在废弃物管理系统方面，马尔默主要目标是创造出一套“以最少的资源消耗达到废弃物的资源再利用，进一步让废弃物也能转换为能源”的系统。住宅附近的“废弃物分离处”是此计划的重点，住宅或其附近通常设置分类室，使居民很容易进行纸张及有机物等的分类。同时，还有两套平行的系统可以追踪食物浪费，包括水槽中厨余的处理及集中式真空厨余专用槽系统。全社区居民的废弃原料经筛选后，再次投入废物利用，或再用于街道巷弄的底层设施中。

城市交通发展重点在于推广使用自行车。马尔默不仅多条公共交通线路将市中心和城市边缘地带连接在一起，为了降低运输需求，还设计了各种不同的交通服务模式。政府鼓励居民使用对环境友善的交通方式，包括行人与骑单车者优先措施、每300米的公交车站牌距离、公交车连接主要的城市中心点，以及平均每7分钟的密集发车频率。

绿地是新城区发展的重点。马尔默新建成的两座城市公园，为不同植物种类提供了良好的生长环境。多年来，从工厂中流出的化学废料污染了自然环境，3000平方米生态公园的建立，有效地改善了环境污染，并且通过回收和分级，70％的化学废料得到分解。

城市社区向可持续性、生态友好型的社区转换。如所有的住宅都具备宽带连接互联网功能，还有绿色结构、建筑节能、生活环境、教育等可持续发展问题。比较典型的是马尔默西部滨海地区，马尔默期望通过改造，使其成为世界领先的可持续发展地区。

（四）日本北九州

日本的生态城市建设数量众多，成效突出的有东京、北九州市、千叶市以及大阪市等。日本建设省从1992年开始，组织专家学者探讨生态型城市建设的基本概念及具体步骤，认为生态型城市的建设至少包括三个方面的内容：（1）节能、循环型城市系统；（2）水环境与水循环；（3）城市绿化。

20世纪60年代，整个日本被西方媒体称为“环境噩梦”，而北九州市是日本大气污染最严重的地区，工厂排放的污水让洞海湾变成了死海。烟囱冒出的烟是七彩的，麻雀是黑色的，孩子们放学回家脸也是黑的。20世纪70年代，日本的北九州市被列入联合国“环境危机500城”的名单。之后，北九州把再循环利用列为市政政策的核心。20世纪90年代，北九州市开始了以减少垃圾、实现循环型社会为主要内容的生态城市建设，提出“从某种产业产生的废弃物为别的产业所利用，地区整体的废弃物排放为零”的生态城市建设构想。其具体规划包括：环境产业的建设（包括家电、废玻璃、废塑料等回收再利用的综合环境产业区）、环境新技术的开发、社会综合开发等。北九州市在响滩地区建立了“资源循环型工业园”，进行了道路、公园、河岸的美化以及屋顶绿化，建设了大型风力发电系统，实施了“环境修复”工程，即净化近海水质，治理被污染的土地等。园内进驻了许多资源循环型企业，进行各种废弃物的再生资源化，基本实现了垃圾零填埋。因此，北九州被政府认定为“资源循环样板市”，也成为联合国推荐的环境保护典范。

日本的环境保护充分体现了政府、企业和市民良好的合作。市民积极参与，政府鼓励引导，是北九州生态建设的经验之一。为了提高市民的环保意识，北九州开展了各种层次的宣传活动。例如，政府组织开展的汽车“无空转活动”，制作宣传标志，控制汽车尾气排放；家庭自发的“家庭记账本”活动，将家庭生活费用与二氧化硫的削减联系起来；开展了美化环境为主题的“清洁城市活动”等。

报废汽车：每天可拆解60辆。尚可使用的部件经检测、维修翻新后，以新品30％～50％价格再销售（附合格证及保修证）；无法修理的，按材料分类（金属、玻璃、橡胶等）生产再生原料。

废旧家电：回收氟利昂、冷媒并进行无害化处理；冰箱压缩机等高价部件，翻新后再销售；其他经破碎后通过磁力、风力等分选设备分离后，金属压缩成块，作为再生资源；塑料类送油化厂生产燃油。

建筑、装潢垃圾：每天处理150吨。利用破碎、分选设备，分别回收木材、金属；水泥块经破碎，再生制成大型防洪固堤块、路基预制件以及城市景观物（假山等）。

废纸：制造土壤保水剂、畜禽舍铺地材料、复印纸、卫生纸等。

泡沫塑料：利用其重量轻、隔热、吸音等特性，生产新型建材。

废旧日光灯管：将管内水银及其气体回收，灯管洁净之后破碎，利用其材料生产荧光粉、灯泡螺口、玻璃制品。

厨房垃圾：废食用油用来生产轻油代用品及生产饲料、涂料、肥皂用油脂。其他食品、菜果垃圾经发酵可提取糖类、乳酸类制品。

屋顶绿化工程：在政府政策规定和鼓励下，屋顶绿化工程备受瞩目，如“苔藓（地衣）类植物绿化法”，可以在无土或微土的条件下繁殖生长。其重量轻，在建筑物的屋顶、斜坡、墙壁、水泥道路两侧的挡土墙、桥梁支柱等地方均可正常生长，并且极易制成花纹图案或广告。它能适应楼顶强风烈日的气候条件，只靠雨水即可维持生存，易于造型，可制作成苔藓球、圆锥体、多面体等几何形状（图 3-6、图 3-7）。

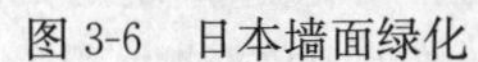

图 3-6　日本墙面绿化

图 3-7　日本屋顶绿化

专家认为，随着屋顶绿化工程的普及，不但能使城市生态环境大幅改善，而且城市俯瞰景观将发生根本的变化。工厂车间、写字楼、住宅楼等屋顶大片灰色水泥色块将消失，取而代之的是一片片绿色地毯般的美丽图案。

（五）加拿大温哥华

加拿大温哥华是哥伦比亚省的省会，加拿大的工业中心，人口 56 万，是加拿大第三大城市及西部最大的城市，同时还是北美第二大海港和国际贸易的重要中转站。因其优异的生态环境和有远见的清洁、绿色居住规划，曾被评为世界上最适宜居住的城市，以及可再生能源利用的模范城市。

温哥华拥有长达 100 年的清洁和绿色居住计划，在水电能源的利用上居于世界领先地位，其水电占了全市 90％的电力供应量。温哥华政府还计划减少 20％的温室气体排放量，鼓励采用风能、太阳能、潮汐能等清洁能源，用来取代矿物燃料的使用，减少环境污染。为了实施其能源效率计划，温哥华积极实施新兴技术。例如，温哥华有一种太阳能动力垃圾压实机，它跟普通垃圾桶一样大，但是可以装载 5 倍的垃圾。

温哥华所有建筑都建立在节省能源、有效利用水资源和最大限度使用本地可回收资源的基础上。限制建立私人停车场，且将停车场与住宅分开销售，以此鼓励居民多使用公共交通或者自行车。住宅楼与优美的公共空间相融合，人们只要步行就可抵达中心办公区。这种生态环保理念既成功防止了城市中心地带功能的倒退，又有效地制止了城市的无序扩张。多年来，温哥华市政当局一直不遗余力地号召市民步行、骑车和使用公共交通工具。人行道的数量和自行车道数量都有很多增加，使用公共交通工具的市民人数不断上升。相反，机动车道数量则不断减少。

除上述城市外，世界上还有许多生态城市和正在向生态城市迈进的城市，如美国伯克利市（City of Berkeley）在建设生态城市过程中，大幅度减少对自然的

"边缘破坏"，从而防止城市蔓延，使城市得以回归自然。经过20多年的努力，伯克利成为一座典型的亦城亦乡的生态城市，其理念和做法在全球产生了广泛的影响，伯克利也因此被认为是全球"生态城市"建设的样板。

冰岛雷克雅未克，城市道路发达，环境极为整洁，是一座现代化的城市，同时又是冰岛政治、文化、教育和贸易中心。雷克雅未克是个较小的绿化城市，人口仅有11.5万。而整个冰岛人口也仅为30万。人口虽然少，但是它在绿色城市建设和清洁能源使用方面对世界的贡献却很大。冰岛地热资源丰富，冰岛政府在雷克雅未克大力推行地热和水力作为取暖和电力能源。地热和水力为可再生能源，不会对空气造成任何污染，是很好的清洁能源。此外，冰岛政府还推动氢燃料巴士和"百公里耗油量低于5升的环保型汽车可以在市区免费停车"等环保活动。预计到2050年，雷克雅未克将彻底告别石油燃料，成为欧洲最洁净的城市。

印度班加罗尔经过几十年努力，已建设成为享誉世界的花园城市和生态型城市。澳大利亚的怀阿拉市、哈里法克斯市以及新西兰的维塔克市，都是比较成功的生态城市。其中澳大利亚的怀阿拉市以可持续发展为指导思想，制定了具体的生态城市工程，在工程中运用各种适用的可持续技术，如增加绿地面积、推广可更新能源和资源等。哈里法克斯生态城项目是澳大利亚的第一个生态城市规划，1994年2月获国际生态城市奖。1996年6月在伊斯坦布尔举行的联合国人居第二次会议的"城市论坛"中，它被认为是最佳实践范例。向生态城市迈进的还有丹麦首都哥本哈根、瑞典首都斯德哥尔摩、德国的埃尔兰根和弗赖堡、西班牙的马德里、英国伦敦、法国巴黎等。其中成果突出的是哥本哈根、斯德哥尔摩、埃尔兰根，从1993～1999年，哥本哈根和斯德哥尔摩两座城市在大气污染、饮用水质量、公共交通状况、绿地率、垃圾收集等指标上均取得了较好效果。欧洲中部德国埃尔兰根市则率先执行《21世纪议程》有关决议，在城市规划中加强风景规划和环境规划，重视森林河谷等生态区的保护，采用一体化的交通政策以及节约资源、能源等。采取多种节地、节能、节水措施，修复生态系统，进行综合生态规划，成为德国"生态城市"先锋市。

二、城市与建筑规划案例

（一）新加坡城市规划

新加坡是一个热带岛国，位于马来半岛南端，马六甲海峡出入口，北隔柔佛海峡与马来西亚相邻，南隔新加坡海峡与印度尼西亚相望。新加坡由一个本岛和60个小岛组成，东西约42公里，南北约27公里，总面积704平方公里，据新加坡2010年人口普查，总人口已达508万。自1965年新加坡独立以来，新加坡人创造了众多发展奇迹，拥有了清新的空气、洁净的水源和绿地，高水准的公共卫生系统，生态环境的保护与治理也卓有成效，建成了一座极具吸引力的现代化花园城市。

新加坡人具有很强的关爱自然、人与自然和谐共处、追求"天人合一"的理念。他们认为"园林城市"和"花园城市"的本质应是"天人合一"，而非把人放在第一位，无限制地向自然索取。人类社会的繁荣发展应同自然界物种的繁衍进化协调进行，最终创造一个人与自然相和谐的城市。新加坡政府及国民深知，城市化高度发达的新加坡留给自然的空间越来越少，因此更要珍视自然，让后代能够看到真正的动植物活体而不仅仅是标本。

新加坡最引人注目之处就是其良好的绿化环境，在城市规划中专门有一章“绿色和蓝色规划”，即城市绿地系统规划。为确保在城市化进程飞速发展的条件下仍拥有绿色和清洁的环境，并充分利用水体和绿地提高新加坡人的生活质量，在规划和建设中特别注意：（1）建设更多的公园和开放空间；（2）将各主要公园用绿色廊道相连；（3）重视保护自然环境；（4）充分利用海岸线并使岛内的水系适合休闲的需求。在这个蓬勃发展的岛国，是植物创造了凉爽的环境，弱化了钢筋混凝土构架和玻璃幕墙僵硬的线条，增加了城市的色彩。新加坡城市建设的目标就是让人们在走出办公室、家或学校时，感到自己身处于一个花园式的城市之中。经过两代人的努力，新加坡达到了城市规划的指标：（1）在公寓型的房地产开发项目中，建筑用地低于总用地的40%；（2）房屋开发局建设的每个镇区中，有一个10公顷的公园；（3）在每个楼房居住区，500米范围内有一个1.5公顷的公园；（4）在房地产项目中每千人拥有0.4公顷的开放空间。

新加坡从1965年建立独立的共和国时，就提出建设花园城市的思想。从20世纪60年代到90年代，为提高花园城市的建设水平，新加坡在不同的发展时期都有新的规划目标。60年代提出绿化、净化新加坡，大力种植车行道树木，建设公园，为市民提供开放空间；70年代制定了道路绿化规划，加强环境绿化中彩色植物的应用，强调特殊空间（灯柱、人行过街天桥、挡土墙等）的绿化，绿地中增加休闲娱乐设施，对新开发区域植树造林，进行停车场绿化；80年代提出种植果树，增设专门的休闲设施，制订长期的战略规划，实现机械化操作和计算机化管理，引进更多色彩鲜艳、香气浓郁的植物种类；90年代提出建设生态平衡的公园，发展更多各种各样的主题公园，引入刺激性强的娱乐设施，建设连接各公园的廊道系统，加强人行道遮荫树的种植，减少维护费用，增加机械化操作。新加坡政府较早地认识到城市环境的重要性，使建设“花园城市”与广大民众达成共识，这一切都给新加坡“花园城市”的建设注入活力。

新加坡的城市规划可谓是全世界的成功典范，其显著特点是重视打造独特的花园城市形象，主要表现在道路、水资源、土地、住房、建筑、绿化等的规划风格上。

1. 道路交通规划

新加坡道路骨架为蜂窝状，综合了放射状路网和方格网路网的优点，按照路网密度排名，其在全世界位于第3位。为了解决日益增长的交通压力，新加坡政府努力完善道路网建设，但实践证明光靠修路并不能解决交通问题。新加坡从1970年起就不断出台新的或改进旧的交通管理措施，包括以下几方面：

（1）通过大力发展公共交通，建设贯穿全国的地铁、轻轨系统及发达的陆地公交汽车网络系统来解决市民的出行；通过GPS自动调动系统提高出租车效率。

（2）以电子收费系统限制公交车以外的车辆在高峰时间进入闹市区。

（3）每年有一定限量的轿车购买指标，以防止车辆增长的速度过猛。鼓励私家车免费载人等。

(4) 大力进行道路系统、停车场、停车楼的建设。新加坡国内的道路用地已占其国土面积的12%。从1999年以来，对闹市区进行减少停车设施来限制交通流量。

2. 水资源保护规划

新加坡面临着严重水资源短缺问题，作为一个缺水的城市国家，新加坡在水管理方面同样创造了奇迹。

(1) 建立科学的供水、节水体系。一是和马来西亚签订买水协议；二是建立了全面覆盖的水资源收集体系；三是污水处理后的新生水。新加坡宾馆、酒店、商场、机场等公共场所自来水龙头均装有自动感应系统，且出水时间很短，其科学发展、勤俭节约的理念深入人心。

(2) 建立全面的水环境法律法规体系。新加坡明确规定水是公共财产。制定环境污染控制法、环境公共健康（有毒工业废物）条例、废水和排水系统法等。

(3) 根据土地规划来实施污染控制、河流减污和工业区的建立。水资源管理与土地规划紧密联系是新加坡水管理的显著特点。

3. 土地规划

土地售卖计划与新加坡市区重建行动计划紧密相连，通过土地售卖将新加坡概念规划指导下的重建行动计划变为现实。

(1) 强行征地。新加坡是一个土地资源极其匮乏的岛国，为加强政府对土地的有效控制，政府通过强行征地手段，把大部分土地收为国有，将私人土地加以合并，使小地块整合为大地块，为综合发展提供用地。

(2) 在土地开发的同时，大力建设“组屋”，以容纳因发展而迁移原址的居民。

(3) 由政府投资建设完备的基础设施。

(4) 在公布投标结果后，密切关注施工与建设，直到完工为止。

(5) 在土地售卖计划里，政府寻求的不单是土地购买者，而是需要土地发展的伙伴，其必须与政府配合，积极提供资金、人力与专业知识，吸引投资，使国家建设能够推展。

4. 城市绿化规划

由于新加坡政府较早地认识到城市环境的重要性，为营造舒适惬意的人居环境，新加坡建造了大小300多个公园，包括市政区之间的大型公园和生态观光带。在新加坡，无论是在街道、商场、机场、宾馆，目光所及都是树木花草和茵茵绿地。新加坡的园林绿化理念深入人心，它的垂直绿化、室内绿化、广场绿化、街道绿化理念、设计和效果是世界一流的，真正做到了见缝插绿、土不露天，足见其重视绿化的环保理念。

新加坡人认为，园林不仅能创造“使房地产增值”的经济效益，更是国民综合素质和精神面貌的体现。因此，渗透于市民生活空间的“生活型”绿化，是人们从骨子里积淀了绿色意识，是真正融入生活的绿化。在居民小区一排排楼房之间，根本看不到露土的地面，除了通道和台阶，全被绿地和花坛覆盖。在大面积的草坪上还建有条条石径，便于行人散步穿越。居民住宅阳台上的盆花和楼顶花园、草坪，更是一片苍翠景色。住宅区的优美环境由政府与居民共同建设与维护。

新加坡城市绿化点、线、面的处理也有着独到之处。其花园城市的面貌很大程度上反映在城市的道路上。街道、城市快速路两旁宽阔的绿化带中种植着形态各异、色彩缤纷的热带植物，体现着赤道附近热带城市的特色。新加坡从20世纪90年代着手建立的连接各大公园、自然保护区、居住区公园的廊道系统，则为居民不受机动车辆的干扰，通过步行、骑自行车游览各公园提供了方便。

5. 城市组屋规划

新加坡于1960年成立了建屋发展局，建屋发展局的目标即是为中低收入居民提供低价房屋——组屋。新加坡在1964年就开始实行"居者有其屋"计划，并大量建造组屋，目前新加坡85%以上人口居住在政府提供的组屋中。新加坡的组屋大部分是10～20层左右的高层建筑，分塔式和板式两种，一般设计成开敞的外廊式住宅，以保持通风良好。房子的外立面并不华丽，外墙装饰基本采用涂料，很少镶贴面砖。组屋的户型很多，从一室两厅到五室两厅都有，以提供给不同人口结构的家庭。组屋小区规模都不是很大，基本上以街坊为规划单元。新加坡的街坊一般都很小，而且平面不十分规则，城市空间形态的构成是靠城市道路来限定的。所以组屋小区的规划布局基本都是将建筑沿城市道路周边布置。在小区内部，住宅楼多为南北朝向，采用类似行列式的布局。组屋住宅楼的底层都处理成架空空间，一是为了通风，二是为了遮阳、避雨和防潮，三是给居民提供日常交流的聚会场所。在炎热多雨的新加坡，这种底层架空的设计手法十分方便居民。

新加坡的组屋建设已经持续了几十年，但整个城市仍然面貌一新，丝毫不显得破旧。原因在于政府不间断地对年久的组屋加以维修，基本上是5年一小修，10年一大修。小修是指外立面和室外铺地的更新，大修则是指增加面积或改善功能，使居民住宅不断适应社会进步和人们生活水平提高带来的变化。组屋的更新改造所需资金基本上是政府投入，加少量的个人出资。改造的过程充分发扬民主，因而得到了市民的积极响应。近年新加坡政府又先后出台了2012年绿色计划、国家再循环计划、无垃圾行动等政策。绿色计划的目标是政府、公私机构及民众三方合作，订立保持健康生活环境的十年规划。再循环计划提出3"R"（Reduce——减量、Reuse——再利用、Recycle——再循环）方针，旨在号召居民减少垃圾产生，注意废物的循环和再利用。无垃圾行动则由政府环境局推出无垃圾标志，告诫公民有责任保持环境清洁，培养大家的环保意识。

（二）奥地利花园城市维也纳

奥地利的维也纳（德语：Wien）是世界名城，奥地利首都，位于奥地利东北部阿尔卑斯山北麓维也纳盆地之中。维也纳以"音乐之都"闻名遐迩，也是世界上森林面积最多的花园城市。这座城市面积414.65平方公里，人口超过180万（2009年），人均占有绿地面积约70平方米。在市区的西部和南部环绕着著名的"维也纳森林"，树木参天，苍翠欲滴；东部有"洼地森林"，珍禽奇兽栖息活动其间，可谓世界城市中的奇景。多瑙河由北拐向东流经市区、贯穿全城，沿河两岸林木葱郁，花草繁茂，四季飘香。维也纳南面还有深幽的山谷和开阔的平原，加上大小1000多处公园，市区内处处林木苍翠、绿草如茵，景色宜人。多瑙河、维也纳森林和绿地、沼泽、遍布山坡的葡萄园，都是这座城市不可缺少的财富，它们使维也纳成为一座典雅、美丽、清洁的花园城市。

维也纳是奥地利共和国政治、经济和文化的中心，奥地利联邦议会、国民议会、总统府、总理府、国家政府各部委和最高司法机构都聚集在这个城市里。维也纳也是一个州，面积仅是全国领土的0.5%，但是奥地利人口的1/5以上集中在这里。维也纳市还享有重要的国际地位，联合国和石油输出国组织都在维也纳设有办公机构。维也纳是昔日奥匈帝国的首都，以往的豪华气派尚存，是欧洲最古老、最重要的文化、艺术和旅游城市之一。维也纳也是享誉世界的文化名城，以精美绝伦、风格各异的建筑赢得了“建筑博览会”的美称。第二次世界大战之后，维也纳人把满目疮痍的城市重建起来，并重新整修了所有历史建筑。维也纳市内有许多巴洛克式、哥特式和罗马式建筑，以及众多宫殿、宅第和博物馆。城市西面还有幽雅的公园、美丽的别墅以及一些宫殿建筑。

1. 维也纳森林

维也纳森林与多瑙河一样，是大自然赐予的一份礼物。几个世纪以来，维也纳森林凝聚了人们的辛勤劳动和严格的保护。这是一片保持原始风貌的天然森林，主要由混合林和丘陵草地组成，共1250平方公里，其中一部分伸入维也纳市。维也纳森林旁倚美伦河谷，水清林翠，不仅给这座古城增添了无比的妩媚，还对城市起到了很好的洁净空气作用，拥有“城市之肺”美誉。

从11世纪到1925年约900年间，维也纳森林一直是皇家的狩猎场。1905年制定的《维也纳建设条例》中，维也纳市周围地带被宣布为“森林——草地保护区”。1925年奥地利国家林务局接收了这片森林，采纳了“近自然林业”理论作为经营维也纳的指导思想。1955年，奥地利政府又把森林地区划为“维也纳景观保护区”，下奥地利州（德语：Niederösterreich）的56个乡以及维也纳市的8个镇，都独立参与森林的保护和经营。现在维也纳森林的总面积为13.5万公顷，其中国有林占45%，乡镇林占10%，私有林占45%。

森林里有许多清流小溪、温泉古堡以及中世纪建筑的遗址和古老的寺院，最吸引人的是一些美丽而幽静的小村庄。几个世纪以来，许多音乐家、诗人、画家在此度过漫长的时光，产生了不少名扬后世的不朽之作。如小施特劳斯的《维也纳森林的故事》圆舞曲、贝多芬的《第六（田园）交响曲》、舒伯特创作《美丽的磨坊姑娘》的灵感，都诞生于此（图3-8）。

图3-8　维也纳森林

2. 环境保护

(1) 前瞻的环保理念与政府的倡导和实施

维也纳保持清新优美的环境，其环保理念和经验堪称典范并且具有很好的借鉴意义。

① 城市发展规划注重并服从于环保

根据考察，欧盟的人均二氧化碳年排放量是 15 吨，奥地利的人均为 11.3 吨，而维也纳市只有 5.9 吨，是全欧洲最低的。这得益于维也纳 1999 年开始制定的环境保护十年规划，其中关于大气保护的减排项目计划，是到 2010 年减排 200 多万吨二氧化碳，但维也纳在 2006 年就已经提前达标。城市发展服从于环保，用规划来引导并加强环保是维也纳的成功之处。例如，维也纳常年刮西风，在做城市规划及产业布局时，该市将有污染的工厂或对环境有影响的企业统一规划建设在城市东部，以最大限度降低有污染企业对城市环境的影响。

② 政府对节能减排、环境保护大力投入

按照 GDP 计算，奥地利在欧盟成员国及全球排名中均很靠前，可以说是欧盟及全球最富有的国家之一。汽车是奥地利家庭的必需品，据统计奥地利平均每两人拥有一辆小轿车，全国二氧化碳总排放量的 30%来自汽车废气。维也纳是奥地利汽车密度最大的城市之一，在市区工作的人有 20 多万居住在郊区，其中 2/3 每天开车上班。为降低二氧化碳排放量，维也纳市政府绞尽脑汁，设法减少私家车数量，鼓励自行车代步或步行，并对私家车在城市中心区停放时间实行 2 小时限制等。与此同时，政府斥巨资大力建设发达便捷的公共交通。为鼓励多乘公交出行，维也纳市政府在年度预算中对公交票价实行 50%的补贴。2008 年 7 月 1 日，奥地利出台新的购车鼓励措施，购买二氧化碳排放少的新型节能轿车可获政策奖励。在维也纳，购买天然气轿车可以享受 600 欧元的补助。

维也纳市普发费努垃圾焚烧处理厂是政府投资 2 亿欧元、历时 3 年建成的，2008 年 9 月投产。在每天密封燃烧 700 多吨垃圾的同时，利用焚烧产生的蒸汽直接向 4 万多户家庭供热。而多年前建成的另一大型垃圾焚烧厂，同时也是远程供热中心，已向超过 25 万个人用户、5000 多家单位用户供热。为建设并运营好这座大型垃圾处理厂，维也纳市政府多年来累计投入了 20 多亿欧元。至 2008 年底，维也纳 99%以上的家庭实现了集中远程供热。

③ 与邻国友好城市携手保护环境

位于中欧南部的奥地利毗邻八国，近年来不仅在国内积极推行可持续发展战略，同时加强了与邻国尤其是前东欧国家的环保合作。维也纳政府认为，环保不能一个城市关起门来自己做，而要敞开门与周边城市开展合作，眼光不要只盯着 170 多万人的维也纳，还要关注周边 900 多万人的城市群。基于这一理念，维也纳市在邻国的一些友好城市设立办事处，派出包括环保专家在内的工作人员，与邻国友好城市在大气保护、垃圾与污水治理等涉及环保的多领域展开合作。在一些环保特别区内，不允许游人进入，力求保持当地的原生态环境。同新加坡一样，奥地利环境保护深入人心，他们认为应保证当代人和子孙后代能有一个不依赖于自然资源消耗的高质量经济增长，享有更多与更好的工作岗位和社会福利保障，以及拥有一个健康的未受破坏的环境。

(2) 良好的环境保护习惯与规定

① 维护生态平衡

奥地利与维也纳都对环境保护非常重视。尽管森林覆盖率已占国土总面积的47%左右，但政府仍然规定，每砍一棵树就必须补种一棵，以维持生态平衡。

② 节约用水

维也纳的饮用水是从阿尔卑斯山上通过200公里的管道引进的，水源充沛、没有任何污染。这样的优质水居民喝不完、用不完。但从环保角度出发，维也纳市还是另外建有工业用水及非饮用水系统，供给球场与公共绿地浇水、冲洗街道等使用。

③ 垃圾分类

在维也纳街头，到处可见排放整齐的6种不同颜色盖子的垃圾桶。在居民家门前，也能看到2种不同颜色盖子的垃圾桶。这是维也纳推行的垃圾分类处理“6+2”模式，用于严格的垃圾分类，以更好地保护环境。垃圾桶盖子颜色虽然多，但统一规划设计的桶身图案与颜色、文字说明等标识，让人一眼就能识别出每个垃圾桶对应的不同垃圾。垃圾分类细化到纸张、电池、金属、塑料、易拉罐、浅色玻璃、深色玻璃、生物垃圾等。它引导人们养成垃圾分类的好习惯，也方便垃圾焚烧厂进一步回收处理。

④ 声控灯照明

维也纳的酒店、饭店等场所，卫生间等基本上都采用声控照明灯。人来便亮，人走即灭，既方便使用，又节能环保。细节之中体现了政府与市民的环保理念与意识。

(3) 先进的环保技术

在奥地利的可持续发展战略中，对“可持续性产品与服务”的描述为：“可持续性产品与服务是指，在其整个生命周期（设计、生产、使用、利用和弃置）中，对环境的影响将保持在最低限度。因此应从一开始就尽可能地避免排放二氧化碳和出现废料，并避免采用昂贵的事后环境处理。”也就是说，要充分运用先进的环保科技最大限度地降低并减少污染，对环境实现最佳保护。基于此目标，奥地利在环境技术和环境管理方面非常成功，基本处于国际领先地位。

①焚烧处理垃圾的废气污染降至最低

维也纳对生活垃圾的资源化利用始于40多年前。维也纳的普发费努垃圾焚烧处理厂在垃圾运抵后进行分拣，密封燃烧，热能通过锅炉产生蒸汽，其中2/3直接向居民家中供热。产生的废气经过严格过滤，排放时几乎与外部空气差不多。沉淀下来的粉尘，与水泥混合用于建筑，剩下5%～10%左右的重金属，则送走集中密封填埋。这座技术现代化的垃圾焚烧处理厂，从垃圾分拣、喷水控制粉尘、焚烧、废气过滤、排放、供热等全程由电脑控制，几乎听不到噪音，也闻不到臭味。先进的处理方式，有效控制了焚烧垃圾对环境的二次污染。体现了维也纳超前的环保意识与先进的垃圾处理技术。

②扶持生态农业、改善水源水质

在欧洲各国中，目前奥地利的生态农业比重最高。奥地利政府对生态农业用地每亩每年补贴300欧元。因为采用生态农业技术进行种植、养殖，能有效改善土壤环境，对水资源的保护特别有效。

包括维也纳在内的各州在农业用地经营生态农业，符合奥地利的环境保护纲领，其中包括不使用化肥。农地过量施用化肥，将造成地下水中的硝酸盐含量超标，从而影响水质。此外，含有Atrazin（阿特拉金）的植物保护剂也损害着地下水。从1995年开始，奥地利就禁止在植物保护剂中使用阿特拉金。随着生态农业规模的日益扩大，以及不断扩建净化和排水设备来处理污水，奥地利几乎所有河流湖泊的水都可以直接饮用。

③其他领域

对如何减少污染保护环境的研究，奥地利在众多领域获得了领先技术。如加紧研制并推广天然气轿车，以降低二氧化碳排放量；公路两旁加紧修建隔音墙，防止居民区噪音污染等。有关资料显示，奥地利2006年的专利发明近一半涉及环保领域。奥地利专利局受理本国专利申请3666项，与环保技术相关的有1459项，占总数的46%。环保专利发明比2005年增加270项，其80%出自中小企业。环保专利发明的高比例，表明奥地利企业与机构以较高的科研投入把握了世界环保技术的发展趋势，保证了奥地利在世界环保领域的领先地位。在欧盟中，奥地利的环保技术如今位居第二，其中属于世界领先的技术主要包括电热耦合技术、生物质设备、水力发电、太阳能收集、太阳能电站、热力泵和生物质气设备、垃圾处理等。

奥地利处处风景如画，青山叠翠、水质优良、空气清新、土壤洁净，这是自然景观的完美体现。工业和经济的发展并未对环境造成危害，而是带来了环境质量的极大改善，农业与环境和谐共存、相得益彰，这是令人惊叹又不得不信服的事实。

(三) 梁思成的“一都双城”规划方案

梁思成（1901年4月～1972年1月），梁启超的长子，广东省新会县茶坑村人，1901年4月20日出生于日本东京，是我国城市规划学者、建筑学家、建筑史学家、建筑教育家。他早年留学美国，曾任东北大学、清华大学建筑系主任、北京市建设委员会副主任、中国建筑学会副理事长、中国科学院学部委员。北平解放后的1949年5月，梁思成被任命为北平都市计划委员会副主任。当时中央领导曾委托他组织清华营建系师生对北京规划进行研究。营建系的四位年轻教师程应铨、朱畅中、汪国瑜、胡允敬成为梁思成研究小组的主要成员。此后梁思成和这四位年轻人频频出现在与北京城市建设有关的各种会议上，宣传呼吁城市规划的紧迫性和重要性。

1950年2月，新中国成立不到半年，梁思成就撰写了《关于中央人民政府行政中心区位置的建议》。在这份《建议》中，他指出当时提出的北京规划的两种“解决办法”的缺陷。第一个“办法”是沿街筑高楼。对此，梁思成认为：“以无数政府行政大厦列成蛇形蜿蜒长线，或夹道而立，或环绕极大广场之外周，使各单位沿着同一干道长线排列，车辆不断地在这一带流动，不但流量很不合理地增加，停车的不便也会很严重。这就基本产生欧洲街型的交通问题。这样模仿了欧洲建筑习惯的市容，背弃我们不改北京外貌的原则，在体形外貌上，交通系统上，完全将北京的中国民族形式的和谐加以破坏，是没有必要的”。第二个“办法”是“按中国原有的院落原则”兴建办公建筑，“虽略能同旧文物调和，办公楼屋亦得到安静，但这样的组织如保持合理的空地和交通比率，在内城地区分布起来，所用面积更大。”梁思成同时指出在旧城区内兴建政府中心的不可操作性：其一，北京原来布局的系统和它的完整，正是今天不可能设置庞大工作中心区域的因素。其二，现代行政机构所需要的总面积，至少要大过于旧日的皇城，还要保留若干发展余地。在城垣以内不可能寻出位置适当而又具有足够面积的地区。而巨大的皇宫又增加了机关之间的交通距离，降低了办事效率。显然，政府机关的中间夹着一个重要的文化游览区也是不便的。

梁思成这篇洋洋万言的《建议》最终得出的结论是：在城外选择一个理想位置兴建新城。既能解决新旧城混杂带来的种种混乱，在建造时节省人力物力，又能保护古城，可谓一举三得。

1950年梁思成和陈占祥提出保留北京的旧城、在西部建新的行政区、把旧城规划为文化游览区的“梁陈方案”，并且绘制了新北京规划图，这幅图纸集中体现了梁思成“保护古城，另建新城”的整体思路。梁思成为政府行政中心选择的理想位置是在西郊月坛与公主坟之间，这被他称之为“新旧两全”的安排。

在“一都双城”的规划方案中，梁思成构想了一个全世界独一无二的“空中花园”，即全长39公里的环城立体公园。根据他的构想，平均宽度约10米的城墙上可砌花池、栽种花木，再安放一些园椅。夏季黄昏可供数十万人的纳凉休憩，秋高气爽的季节登高远眺俯视全城，西北苍莽的西山，东南无际的平原，令市民胸襟开阔，还有城楼角楼可辟为陈列馆、阅览室、茶点铺等。

梁思成是国内最早以整体的眼光，从城市规划的角度认识和分析北京古城的文化价值和情感价值的学者。他认为北京是个文化建筑集中的城市，不宜发展工业，最好像华盛顿那样是个政治文化中心，还兼罗马、雅典那样的“古迹城”，使北京成为招揽世界游客的旅游城市。但梁思成的规划遭到否定，当时认为城墙不仅成为阻挡时代潮流的封建文化象征，亦成为新北京建设的实际障碍。结果采纳了苏联专家“摊大饼”式旧城改造规划方案及“香港模式”的高楼建设。

尽管城墙的存废早有定局，但解放后的十多年中尚未真正危及它的存在。梁思成侥幸认为，城墙的砖坯和灰土总数约1100万吨，以20节18吨车皮组成列车日运一次，需83年才能运完。然而20世纪60年代，在当时“深挖洞”背景下，拆毁城墙城门达到高潮，成群结队的职工、干部、学生、家属摆开战场你追我赶，将取下的城砖运回本单位筑防空洞。人们用铁镐铁锹等人力工具，仅用十几年的时间就彻底毁灭了几百年来雄震四方的城郭。孤独兀立在车水马龙中的前门箭楼和正阳门之间，原来是一个由城墙围成的巨大瓮城。北京内城九门也都是由箭楼和城门楼构成的双重城楼的巍峨建筑，门楼为三檐双层的巨大楼阁或殿堂。北京包括外城和皇城的城门城楼、箭楼、角楼等，曾经多达47个，现在已经所剩无几。

梁思成是一个具有远见卓识的学者，他认为：“我们这一代人对于祖先和子孙都负有保护文物建筑本身及其环境的责任，不容躲避。”“我们将来认识越提高，就越知道古代文物的宝贵，在这一点上，我要进行长期的说服。50年后，有人会后悔的。”50年后的今天，事实回答了当年的争论。根据北京市的规划，市区轮廓线东起定福庄，西至石景山，南抵南苑，北达清河镇，方圆750平方公里，已经是老北京城面积的12倍之多。即我们已经建设了相当于12个北京古城的新北京，但由于历史的原因，也失去了世界上独一无二、具有高度历史文化价值的明清古城。

所幸如今政府已经较为重视名城、古迹的保护，如北京采取的保护措施主要有如下几种。一是保护名城的核心内容。北京城中轴建筑南起永定门往北，穿正阳门，进入皇城故宫，穿越景山，最后直达钟鼓楼。这个中轴线上分布了很多重要建筑，这组建筑在全城当中起整个城市的建筑均衡作用。二是保护北京现存的城市轮廓。“凸”字形城市轮廓就是城墙城市轮廓，现在城墙不在了，为了体现城墙的位置，在南部有护城河，能反映出旧城所在的位置，在城的北部通过绿松桥方式，显示城墙原来的位置，使世人看到城市原来的轮廓。三是保护北京的皇城。皇城的面积有8.6平方公里，是北京名城的核心内容，中间有故宫和皇家的一系列园林建筑，这是名城保护的核心。四是保护北京成片的四合院和胡同，一共划定了33片历史文化街区，这33片街区以皇城、故宫四周为中心，景山四周为中心，再有城北部，总面积是1974公顷，再加上440公顷的一般平房区，这样使北京城保护下来的四合院超过20平方公里。五是保护旧城里的文物建筑，旧城里面有近1000处的文物保护单位，都采取了保护维修的措施。很多文物建筑是名城建筑，本身标示着名城所在的位置，如东南城角楼、正阳门等，这些文物建筑是城市的组成部分，为保护的重点。

除上述经典案例外，还有高楼大厦林立的花园城市——美国的华盛顿。在华盛顿，大片绿地与各色郁金香随处可见，除人行道和大路外，看不到一块露天泥土。整个城市处处可见花坛、绿地，看不到烟囱。空气最好的花园城市——俄罗斯的莫斯科。在这座大城市里，森林、公园、绿树成荫的小广场和街心花园的面积，已占莫斯科面积的44%。由于城市满目翠绿，城市的空气质量特别好。还有人均占有绿地最多的花园城市——波兰的华沙。整座城市共有56个大小公园，绿化工作几十年常抓不懈卓有成效，绿地面积为136平方公里，人均绿化面积78平方米，为世界之首。

三、生态建筑案例

（一）基本知识

1. 生态建筑

所谓生态建筑（Building Ecology），是根据当地的自然生态环境，运用生态学、建筑技术科学的基本原理和现代科学技术手段等，合理安排并组织建筑与其他相关因素之间的关系，使建筑和环境之间成为一个有机的结合体。同时具有良好的室内气候条件和较强的生物气候调节能力，以满足人们居住生活的环境舒适，使人、建筑与自然生态环境之间形成一个良性循环系统。

当今世界人口剧增，资源锐减，生态失衡，自然环境遭到严重破坏，生态危机几乎一触即发，人类生存、发展与全球的环境面临考验。在严峻的现实面前，人们不得不重新审视和评判我们现时的城市发展观和价值系统。为了建筑、城市、景观环境的可持续发展，建筑学、城市规划学、景观建筑学等学科，开始了可持续人类聚居环境建设的思考与研究。许多有识之士逐渐认识到人类本身是自然系统的一部分，它与其支撑的环境息息相关。在城市发展和建设过程中，必须优先考虑生态问题，并将其置于与经济和社会发展同等重要的地位。同时，还要进一步高瞻远瞩，通盘考虑有限资源的合理利用问题，即我们今天的发展应该是“满足当前的需要、又不削弱子孙后代满足其需要能力的发展”。这是1992年联合国环境和发展大会“里约热内卢宣言”提出的可持续发展思想的基本内涵，它是人类社会的共同选择，也是我们一切行为的准则。建筑及其建成环境在人类对自然环境的影响方面扮演着重要角色，因此符合可持续发展原理的设计，需要对资源和能源的使用效率、对健康的影响、对材料的选择等方面进行综合思考，从而使其满足可持续发展原则的要求。近年提出的生态建筑及生态城市的建设理论，就是以自然生态原则为依据，探索人、建筑、自然三者之间的关系，为人类塑造一个最为舒适合理且可持续发展环境的理论。生态建筑是21世纪建筑设计发展的方向。生态建筑所包含的生态观、有机结合观、地域与本土观、回归自然观等，都是可持续发展建筑的理论架构部分，也是环境价值观的重要组成部分，因此生态建筑其实质也是绿色建筑。生态技术手段也属于绿色技术的范畴。

生态建筑涉及的面很广，是多学科、多工种的交叉，是一门综合性的系统工程。一般来讲，生态是指人与自然的关系。那么生态建筑就应该处理好人、建筑和自然三者之间的关系。它既要为人创造一个舒适的空间小环境，即健康宜人的温度、湿度、清洁的空气、好的光环境、声环境及具有长效多适的灵活开敞的空间等；又要保护好周围的大环境——自然环境，即对自然界的索取要少，且对自然环境的负面影响要小。这其中，前者主要指对自然资源的少费多用，包括节约土地，在能源和材料的选择上贯彻减少使用、重复使用、循环使用，以及用可再生资源替代不可再生资源等原则。后者主要是减少排放和妥善处理有害废弃物(包括固体垃圾、污水、有害气体）以及减少光污染、声污染等。对小环境的保护则体现在从建筑物的建造、使用，直至寿命终结后的全过程。

以建筑设计为着眼点，生态建筑主要表现为：利用太阳能等可再生能源；注重自然通风、自然采光与遮阴；为改善小气候采用多种绿化方式；为增强空间适应性采用大跨度轻型结构；水的循环利用；垃圾分类处理以及充分利用建筑废弃物等。从以上几个方面可以看出，不论哪方面都需要多工种的配合，需要结构、设备、园林等工种，建筑物理、建筑材料等学科的通力协作才能得以实现。这其中建筑师起着统领作用，建筑师必须以生态的观念、整合的观念，从整体上进行构思。

2. 绿色建筑

绿色建筑是指在建筑的全寿命周期内，最大限度地节约资源（节能，节地，节水，节材)，保护环境和减少污染，为人们提供健康、适用和高效的使用空间，与自然和谐共生的建筑（见《绿色建筑评价标准》GB-50378)。因此，所谓“绿色建筑”的“绿色”，并不是指一般意义的立体绿化、屋顶花园，而是代表一种概念或象征，是指建筑对环境无害，能充分利用环境自然资源，并且在不破坏环境基本生态平衡条件下建造的一种建筑，又可称为可持续建筑、生态建筑、回归大自然建筑、节能环保建筑等。

绿色建筑的基本内涵可归纳为：减轻建筑对环境的负荷，即节约能源及资源；提供安全、健康、舒适性良好的生活空间；与自然环境亲和，做到人及建筑与环境的和谐共处、永续发展。

3. 生态建筑设计理念

随着全球气候的变暖，世界各国对建筑节能的关注程度正日益增加。人们越来越认识到，建筑使用能源所产生的 CO_2 是造成气候变暖的主要来源。节能建筑成为建筑发展的必然趋势，生态建筑也应运而生。生态建筑设计理念可包括以下几个方面：

（1）节约能源：充分利用太阳能，采用节能的建筑围护结构以及采暖和空调，减少采暖和空调的使用。根据自然通风的原理设置风冷系统，使建筑能够有效地利用夏季的主导风向。建筑采用适应当地气候条件的平面形式及总体布局。

（2）节约资源：在建筑设计、建造和建筑材料的选择中，均考虑资源的合理使用和处置。要减少资源的使用，力求使资源可再生利用。节约水资源，包括绿化的节约用水。

（3）回归自然：绿色建筑外部要强调与周边环境相融合，和谐一致、动静互补，做到保护自然生态环境。

（4）舒适和健康的生活环境：建筑内部不使用对人体有害的建筑材料和装修材料。室内空气清新，温、湿度适当，使居住者感觉良好，身心健康。

生态建筑的建造特点包括：对建筑的地理条件有明确的要求，土壤中不存在有毒、有害物质，地温适宜，地下水纯净，地磁适中。生态建筑应尽量采用天然材料。建筑中采用的木材、树皮、竹材、石块、石灰、油漆等，要经过检验处理，确保对人体无害。生态建筑还要根据地理条件，设置太阳能采暖、热水、发电及风力发电装置，以充分利用环境提供的天然可再生能源。

4. 绿色建筑评价标准

我国《绿色建筑评价标准》（GB/T 50378—2006）主要涵盖的内容：

（1）总则。（2）术语。（3）基本规定：①基本要求；②评价与等级划分。（4）住宅建筑：①节地与室外环境；②节能与能源利用；③节水与水资源利用；④节材与材料资源利用；⑤室内环境质量；⑥运营管理。（5）公共建筑：①节地与室外环境；②节能与能源利用；③节水与水资源利用；④节材与材料资源利用；⑤室内环境质量；⑥运营管理。（6）本规范用词说明。（7）条文说明。

5. 建筑节能

我国是一个发展中大国，又是一个建筑大国，每年新建房屋面积高达 17～18 亿平方米，超过所有发达国家每年建成建筑面积的总和。随着全面建设小康社会的逐步推进，建设事业迅猛发展，建筑能耗迅速增长。所谓建筑能耗指建筑使用能耗，包括采暖、空调、热水供应、照明、炊事、家用电器、电梯等方面的能耗。其中采暖、空调能耗约占 60％～70％。我国既有的近 400 亿平方米建筑，仅有 1％

为节能建筑，其余无论从建筑围护结构还是采暖空调系统来衡量，均属于高耗能建筑。单位面积采暖所耗能源相当于纬度相近的发达国家的2～3倍。这是由于我国的建筑围护结构保温隔热性能差，采暖用能的2/3白白跑掉。而每年的新建建筑中真正称得上“节能建筑”的还不足1亿平方米，建筑耗能总量在我国能源消费总量中的份额已超过27%，逐渐接近三成。

建筑节能目标为：（1）提高能源利用率效率，减少建筑使用耗能，解决经济发展和大规模城乡建设与能源短缺的矛盾；（2）降低粉尘、烟尘和二氧化碳等温室气体的排放，减少大气污染和对生态环境的危害；（3）提高住宅的保温性能，改善居住舒适度。

建筑节能措施有：（1）建筑围护结构节能技术；（2）建筑能源系统节能控制技术；（3）新风处理及空调系统的余热回收技术；（4）太阳能一体化建筑；（5）采用节能产品。

（二）生态建筑材料

生态建筑材料的科学和权威的定义仍在研究确定阶段。生态建筑材料的概念，来自于生态环境材料，生态环境材料的定义也在研究确定之中。生态环境材料的主要特征是：（1）节约资源和能源；（2）减少环境污染，避免温室效应与臭氧层的破坏；（3）容易回收和循环利用。

作为生态环境材料一个重要分支，生态建筑材料应指在材料的生产、使用、废弃和再生循环过程中，按照与生态环境相协调、满足最少资源和能源消耗、最小或无环境污染、最佳使用性能、最高循环再利用率等要求，设计生产的建筑材料。显然这样的环境协调性是一个相对和发展的概念。

生态建材与其他新型建材在概念上的主要不同在于，生态建材是一个系统工程的概念，不能只看生产或使用过程中的某一个环节。对材料环境协调性的评价取决于所考察的区间或所设定的边界。目前，国内外出现了各种各样称之为生态建材的新型建筑材料，如利用废料或城市垃圾生产的“生态水泥”等。但如果没有系统工程的观点，设计生产的建筑材料，有可能在一个方面反映出“绿色”而在其他方面则是“黑色”，评价时难免失之偏颇甚至误导。例如，高性能的陶瓷材料可能在废弃后难以分解；建筑高分子材料常常难于降解；复合建筑材料因组成复杂也给再生利用带来难度；黏土陶料混凝土砌块轻质、高强、热绝缘性和防火性能好，但其生产需要较高的能耗；塑钢门窗较钢窗和铝合金窗更坚固耐久，热绝缘性能更好，但它包含高的能源成本，废弃处理时将对环境产生严重的负担；立窑水泥也可能仅因其生产耗能小，而被认为比旋窑水泥的环境协调性好。甚至对因释放温室气体CO_2而“臭名昭著”的水泥产业，也应看到其制成品水泥混凝土在使用过程中，自然发生的碳化过程对CO_2的吸收。生产1吨水泥熟料，因燃煤和石灰石分解，大约释放出1吨CO_2。除了燃煤释放的CO_2以外（约占40%），水泥烧制中碳酸钙分解释放的CO_2量可以在缓慢的碳化过程中被水泥混凝土完全吸收。为全面评价建筑材料的环境协调性能，需要采用生命周期评价方法（Life Cycle Assessment，简称LCA）。生命周期评价方法，是评价材料整个生命周期中的环境污染、能源和资源消耗等的方法。目前虽然已有一些专著介绍并已进入ISO

国际标准，对建筑材料而言，LCA 还是一个正在研究和发展中的方法。

关于生态建材的发展方式和对环境协调性的改进，日本学者总结了四类创新的方法和它们各自对环境协调性贡献大小的评价。即，产品改进，重新设计，功能创新和系统创新。系统创新对环境协调性的改进最大，花费的时间最长。不难理解，系统创新的难度也最大，而产品的改进相对简单，对环境协调性的提高也相对小些。这里需要指出的是，对某种材料而言，生态化或环境协调化的发展并不一定要遵循这四种排列顺序。

关于生态建材的发展策略，还有一些问题需要研究。如环境协调性与使用性能之间，并不总是能协调发展相互促进，生态建材的发展不能以过分牺牲使用性能为代价。但生态建材使用性能的要求不一定都要高性能，而是满足使用要求的优异性能或最佳使用性能。性能低的建筑材料势必影响耐久性和使用功能，如采用 LCA 方法评价，在生产环节中为节能利废而牺牲性能，并不一定能提高材料的环境协调性。

生态建材发展的重点方面，国内外不少研究者关注按环保和生态平衡理论设计制造的新型建筑材料。如无毒装饰材料，绿色涂料，采用生活和工业废弃物生产的建筑材料，有益健康和杀菌抗菌的建筑材料，低温或免烧水泥、土陶瓷等。从宏观来看，我国发展生态建材，现阶段的重点应放在引入资源和环境意识，采用高新技术对占主导地位的传统建筑材料进行环境协调化改造，尽快改善建材工业对资源能源的浪费和污染环境的状况。提高传统建筑材料的环境协调性能，并不是排斥发展新型的生态建材，而是发展生态建材的重要内容和方法之一。

从我国的实际情况出发，许多学者提出了生态建筑材料的发展战略：

（1）建立建筑材料生命周期（LCA）的理论和方法，为生态建材的发展战略和建材工业的环境协调性的评价提供科学依据和方法；

（2）以最低资源和能源消耗、最小环境污染代价生产传统建筑材料，如用新型干法工艺技术生产高质量水泥材料；

（3）发展大幅度减少建筑能耗的建材制品，如具有轻质、高强、防水、保温、隔热、隔音等优异功能的新型复合墙体和门窗材料；

（4）开发具有高性能长寿命的建筑材料，大幅度降低建筑工程的材料消耗和服务寿命，如高性能的水泥混凝土、保温隔热、装饰装修材料等；

（5）发展具有改善居室生态环境和保健功能的建筑材料，如抗菌、除臭、调温、调湿、屏蔽有害射线的多功能玻璃、陶瓷、涂料等；

（6）发展能替代生产能耗高、对环境污染大、对人体有毒有害的建筑材料，如无石板纤维水泥制品，无毒无害的水泥混凝土化学外加剂等；

（7）开发工业废弃物再生资源化技术，利用工业废弃物生产优异性能的建筑材料，如利用矿渣、粉煤灰、硅灰、煤矸石、废弃聚苯乙烯泡沫塑料等生产的建筑材料；

（8）发展能治理工业污染、净化修复环境或能扩大人类生存空间的新型建筑材料，如用于开发海洋、地下、盐碱地、沙漠、沼泽地的特种水泥等建筑材料；

（9）扩大可用原料和燃料范围，减少对优质、稀少或正在枯竭的重要原材料的依赖。

（三）欧洲生态建筑发展的三大流派

根据国外相关研究，欧洲的生态建筑发展可大致分成三大流派，分别为德国、荷兰以及北欧三大区域，各自有其专长领域及对生态建筑的倾向观点。

1. 德国——应用高科技与精确施工技术进行建筑环境控制

德国具有厚实的科技工业基础，对生态建筑发展比较强调应用高科技设备与施工水平。诸如法兰克福，即有不少高层办公大楼生态案例，运用了高能换率的太阳能光电技术等科技产品。

2. 荷兰——政府执行生态政策促进生态规划与环境

荷兰由于地小人稠密且环境较其他国家恶劣，因此推行生态设计是始于政府政策规定。应用民间与政府共同推行生态建筑模式，其政策层面法规规定与操作模式能够有效结合，推动生态建筑发展。

3. 北欧——以实践及发展共生生态技术为主旨

北欧四国较少如德国那样运用大量的高科技产品与技术，取而代之的是应用低科技的自然对策。即通过自然材料的重复利用、采用简易设备技术，达到建造生态建筑的目的。如瑞典 Lund 生态学校、Jonkoping 生态村等案例。在都市规划方面也采用此种模式，将整体大型的处理系统和小区规划，通过都市更新手法，以单元簇群模式建立共生生态小区，如丹麦哥本哈根西桥区 Hedebygade-Block 都市生态范例等。

（四）澳大利亚阿德莱德生态建筑——“桥式住宅”[1]

1. 项目时间：2008 年。

2. 项目背景：客户要求在自己所有的一处小地块上建一栋永久性的住宅/办公建筑，地块距阿德莱德市有 1 小时路程。弯曲的小溪将地块从中分开，形成了一条河道，河道两边是高大的岩石堤岸。住宅不能破坏生态环境并可以欣赏到地块周边的美丽景致，而且住宅的造价要与一栋“预制型”住宅或一栋“楼花”的价格相当，大约 220000 澳元。

3. 项目设计：住宅平面狭长，跨越了小溪，建筑两面以玻璃围合，站在屋内可看到周边的景致，给人感觉如同生活在森林之中（图 3-9、图 3-10）。

图 3-9　桥式住宅外观

图 3-10　桥式住宅室内

[1] 本案例来源：http：//www. cityup. org/case/zone

4. 建筑结构与材料：两座钢桁架构成了住宅的主要结构，钢桁架在地块外预制完成；钢桁架两端被分别固定在4个小混凝土墩上（小溪两边各有2个小土墩）。在钢桁架上平铺钢板层，其上是一层混凝土楼板，之间有刚性绝缘层。住宅的墙体和屋顶结构使用松木建造。

5. 可持续性与环境

（1）住宅尺度：建筑面积为110平方米，足以满足住户需要。平面布局简洁、高效，对环境影响小。

（2）热舒适性：通过以下设计技巧，使住宅避免了任何形式的空气调节。

①冬季保温。房子的长边面向南北，冬季阳光照射到黑色、绝缘混凝土楼板，楼板可以储存热量，晚上再将热量辐射到室内以提高室内温度。置于楼板下的绝热层，以及墙体和屋顶处的双层带窗帘窗户都起到了保存热量的作用。当热量不能满足室内要求时，可使用1个小型的木质加热炉来提供额外的热量，燃料为本地产木材。

②夏季降温。在夏季，压制钢件屏幕遮住了朝阳的窗户，住宅室内安装有吊扇，窗户都敞开，利用对流通风有效地降低室内温度。在夏季很热的时候，白天将房子封闭，到了晚上再敞开，不需空调就可以保持舒适的室内环境。

（3）建筑材料：就地取材；可循环使用；安装方便；基本不产生废料。

钢和铝作为可循环使用的部件，同时也满足了森林火灾易发区的设计要求；住宅的次要框架使用本地产的松木建造；屋顶与墙面覆盖层使用可回收的钢板。

（4）能源利用：①屋顶雨水被收集，供住宅使用；②污水被输送到远离小溪100米外的地方，以免造成污染；③在邻近的地方安装有光伏电池，为住宅提供能源；④住宅屋顶安装有太阳能热水器，为住宅提供价格低廉的热水。

从视觉及环境方面来说，该生态建筑设计代表了经典的“Touch the Earth Lightly”——“轻轻触摸大地”的设计手法。

（五）马来西亚生态高层商业建筑——米那亚大厦[1]

1. 项目时间：1992年。

2. 项目背景：建筑师杨经文；建造费用590万英镑；30层（163米）高圆柱体塔楼；气候区属于亚热带。

3. 主要（生态）设计特征

（1）空中花园从一个3层高的植物绿化护堤开始，沿建筑表面螺旋上升。平面中每3层凹进一次，设置空中花园，直至建筑屋顶。

（2）绿化种植为建筑提供阴影和富氧环境空间。

（3）构造细部使浅绿色的玻璃成为通风滤过器，从而使室内不至于完全被封闭。

（4）每层办公室都设有外阳台和通高的推拉玻璃门，以便控制自然通风的程度。

[1] 本案例来源：《Architecture and the Environment：Bioclimatic Building Design》，P235。

（5）所有楼层电梯和卫生间都是自然采光和通风。

（6）屋顶露台由钢和铝的支架结构所覆盖，它同时为屋顶游泳池及顶层体育馆的曲屋顶（远期有安装太阳能电池的可能性）提供遮阳和自然采光。

（7）曲面玻璃墙在南北两面为建筑调整日辐射所得热量。

（8）中庭使凉空气能通过建筑的过渡空间。

（9）被围成的房间形成一个核心筒，通过交流空间的设置消除了黑暗空间。

（10）一套自动检测系统，用于减少设备和空调系统的能耗（图 3-11）。

（六）西班牙塞维利亚博览会英国馆

1. 项目时间：1992 年。

2. 项目背景：建筑规模 2800 平方米；设计者 Nicholas Grimshaw & Partners。

3. 主要（生态）设计特征

塞维利亚是欧洲最热的城市，夏季最高温度常高达 45℃，昼夜温差可达 20℃以上，夏季降雨量极少。

在这个设计中，气候条件是决定建筑设计的主要因素，尤其是博览会在夏季举行，对气候和生态的考虑是最根本的出发点。如果用常规意义上的空调手段将消耗大量能源。

英国馆采用了遮阳帆和一面巨大的瀑布墙，以及其他诸多建筑元素，并将它们有机地综合起来对气候做出反应。遮阳帆有效兼顾了节能与造型问题。瀑布墙不仅解决了降温隔热问题，还可以充分透射自然光。此外，英国馆在外墙与展馆主体间设置了缓冲空间等。上述设计很好地缓解了当地气候缺陷对建筑物的影响（图 3-12、图 3-13）。

图 3-11　马来西亚米那亚大厦

图 3-12　遮阳装置

图 3-13　瀑布墙

第四章　建筑装饰设计

建筑装饰是建筑装饰装修工程的简称。建筑装饰是为保护建筑物的主体结构、完善建筑物的物理性能、使用功能和美化建筑物，根据建筑物的使用性质、所处环境和相应标准，综合运用现代物质手段、科技手段和艺术手段，采用装饰装修材料或饰物对建筑物的内外表面及空间进行的各种处理的过程。通过设计师对室内外环境设计与处理，创造出功能合理，舒适优美、风格及个性明显，符合人的生理和心理需求的居住环境。建筑装饰已经成为现代人们生活中不可缺少的一部分，本章将重点介绍室内装饰与设计的相关内容。

第一节　建筑装饰设计概述

建筑装饰的目的是美化建筑及其空间，具有环境性、从属性、空间性、装饰性、工程性、综合性等艺术特性。建筑装饰的主要作用体现在精神层面，它参与建筑形象的塑造，深化建筑的精神、艺术内涵，使建筑具有视觉审美价值和慰藉心灵的精神价值。建筑装饰的作用具体体现在：（1）强化建筑的空间性格，使不同造型的建筑具有独特的性格特征；（2）强化建筑及建筑空间的意境和氛围，使其更具情感特性和艺术感染力；（3）弥补结构的缺陷和不足，强化建筑的空间序列效果；（4）美化建筑的视觉效果，给人以直观的视觉享受；（5）保护建筑主体结构的牢固性，延长建筑使用寿命，增强建筑的物理性能和设备的使用效果，提高建筑的综合效用。

一、建筑装饰设计分类与内容

（一）建筑装饰设计的分类

根据建筑空间关系的不同，建筑装饰设计可分为建筑室外装饰设计和建筑室内装饰设计两大类。其中，建筑室外装饰设计又分为建筑外部装饰设计和建筑外部环境装饰设计；建筑室内装饰设计可根据建筑类型及其功能分为居住空间建筑室内装饰设计、公共建筑室内装饰设计、工业建筑室内装饰设计和农业建筑室内装饰设计等。

（二）建筑装饰设计的内容

1. 室外装饰设计

外部装饰设计：主要指建筑物外部装饰装修的艺术与效果处理。

外部环境装饰设计：室外环境包括自然山林、城市乡村、街道广场、江湖海洋、蓝天穹宇等。外部环境装饰设计主要包括建筑外部环境及外部空间设计。

2. 室内装饰设计

室内空间环境设计：客观环境因素和人们对环境的主观感受，是现代室内环境设计需要探讨和研究的主要问题。室内舒适优美环境的创造，一方面需要富有激情，考虑文化的内涵，运用建筑美学原理进行创作，同时又需要以相关的客观环境因素（如声、光、热等）作为设计的基础。主观的视觉感受或环境氛围的创造需要与客观的环境因素紧密结合。

室内设计的空间组织和平面布置，需要对原有建筑设计的意图充分理解，对建筑物的总体布局、功能分析、人流动向以及结构体系等有深入的了解，对室内空间和平面布置予以完善、调整或再创造。

室内空间界面设计：是根据空间的设计要求，对室内空间的围护面（即室内天花、墙面、地面）、建筑局部、建筑构件造型、纹样、色彩、肌理和质感等的处理，以及界面和结构构件的连接构造，界面和风、水、电、气等管线设施的协调配合等方面的设计。

家具设计：包括家具自身的设计和家具在室内空间的组织与布置两个方面。家具自身的设计必须以满足使用方便、舒适为目标，在造型风格上与室内空间环境相协调。家具在室内的空间组织与布置，对室内空间环境起到十分重要的作用。

建筑装饰效果设计：包括色彩设计、照明设计、陈设设计。色彩设计是对整体环境色彩的综合考虑，色彩设计得当可提高设计作品的效果。色彩设计一定要考虑其时效性。照明设计主要包括确定照明方式，照度分配，光色、灯具的选用等。室内陈设包括确定室内工艺品、艺术品的选用与布置，以及相关的陈设品、装饰织物、绿化小品和水体、山石的选用与布置等。

技术要素设计：是指在建筑装饰设计中充分运用当代科学技术成果，包括新型的材料、结构构成和施工工艺，处理好通风、采暖、温湿调节、通信、消防、隔噪、视听等要素，使建筑空间环境具有安全性和舒适性。

二、建筑装饰设计程序

（一）设计准备阶段

（1）了解建设方（业主）对设计的要求。

（2）根据设计任务收集设计基础资料，包括项目所处的环境、自然条件、场地关系、土建施工图纸及土建施工情况等必要的信息。

（3）熟悉设计有关的规范和定额标准，了解当地材料的行情、质量及价格，收集必要的信息，勘察现场，参观同类实例。在对建设方意向及设计基础资料作全面了解、分析之后确定设计计划。在签订合同或制定投标文件时，还包括设计进度安排和设计费率标准等。

（二）方案设计阶段

方案设计阶段主要内容包括方案构思、方案深化、绘制图纸、方案比较四个阶段。

方案构思是在设计准备阶段的基础上，进一步收集、分析、运用与设计任务有关的资料信息，具体就平面布置的关系、空间处理及材料选用、家具、照明和色彩等做出进一步的考虑，以深化设计构思。

方案深化是在构思基础上，具体就平面布置的关系，空间的处理以及材料的选用，家具、照明和色彩等，作出进一步的考虑，以深化设计构思。

绘制图纸包括平面布置图、立面图、室内墙面展开图，顶棚平面以及建筑装饰效果图。同时对建筑装饰总费用作出结算。

方案比较是对不同构思的几个方案进行功能、艺术效果及经济等方面的比较，以确定正式实施方案。

室内装饰设计初步方案的文件通常包括：（1）平面图（包括家具布置）；（2）室内立面展开图；（3）平顶图或顶棚平面图（包括灯具、风口等）；（4）室内透视图（彩色效果图）；（5）室内装饰材料实样（墙纸、地毯、窗帘、室内纺织面料、墙地面砖及石材、木材等，以及家具、灯具、设备等实物照片）；（6）设计说明和造价概算。

（三）施工图设计阶段

施工设计阶段主要工作由三部分组成，即修改完善设计方案、与各相关专业协调、完成建筑装饰设计施工图。

方案设计完成后，应与水、电、暖等专业共同协调，确定相关专业的平面布置位置、尺寸、标高及做法、要求，使之成为施工图设计的依据。建筑装饰设计施工图包括建筑装饰施工图、家具陈设及设备的布置及做法样图。选用家具除平面布置图外，还应注明家具的形式、油漆或面料的颜色、尺寸等。对于需单独加工的家具，应绘制加工大样图。施工图完成后，各专业须相互校对，经审核无误后才能作为正式施工的依据。根据施工设计图，参照预算定额来编制设计预算。工程开工前，在建设单位（客户）的组织下须向施工方进行技术交底，对设计意图、特殊做法作出说明，对材料选用和施工质量等方面提出要求。

（四）设计实施阶段

设计人员向施工单位进行设计意图说明及图纸的技术交底。工程施工期间需按图纸要求核对施工实况，有时还需根据现场实况提出对图纸的局部修改或补充。施工结束后，会同质检部门和建设单位进行工程验收。

第二节 建筑装饰设计原理

一、室内空间组织

自然环境既有益于人类的一面，如阳光、空气、水、绿化等；也有不利于人类的一面，如暴风雪、地震、泥石流等。室内空间最初的主要功能是对自然界有害性侵袭的防范，特别是对经常性的日晒、风雨的防范，由此而产生了室内外空间的区别。但在创造室内环境时，人类也十分注重与大自然的结合。人类社会发展至今，已认识到发展科学、改造自然，并不意味着可以对自然资源进行无限制的掠夺和索取，建设城市、创造现代化的居住环境，并不意味着可以完全不依赖自然，甚至任意破坏自然生态结构，侵吞甚至消灭其他生物和植被，使人和自然对立、与自然隔绝。因此，科学控制人口和城市化进程，优化居住空间组织结构，维持生态平衡，返璞归真、回归自然，创造可持续发展的建筑等，已成为现代人的共识。对室内设计来说，这种内与外、人工与自然、外部空间和内部空间的紧密相连，是室内设计的基本出发点，也是室内外空间交融、渗透、更替现象产生的基础，并表现在空间上既分隔又联系的多类型、多层次的设计手法上，以满足不同条件下对空间环境的不同需要。

（一）室内空间特性

人类从室外的自然空间进入人工的室内空间，处于相对的不同环境，外部和大自然直接发生关系，如天空、太阳、山水，树木花草；内部主要和人工因素发生关系，如顶棚、地面、家具、灯光、陈设等。

室外是无限的，室内是有限的，室内围护空间无论大小都有规定性。相对说来，生活在有限的空间中，对人的视距、视角、方位等方面有一定限制。室内外光线在性质上、照度上也很不一样。室内除部分受直射阳光照射外，大部分是受反射光和漫射光照射，没有强的明暗对比，光线比室外要弱。

室内是与人最接近的空间环境，人在室内活动，室内空间周围存在的一切与人息息相关。人对室内物体触摸频繁，对材料在视觉上和质感上比室外有更强的敏感性。由室内空间采光、照明、色彩、装修、家具、陈设等多因素综合，造成室内空间形象在人的心理上产生比室外空间更强的承受力和感受力，从而影响到人的生理、精神状态。

现代室内空间环境对人的生活、思想、行为、知觉等产生影响，应该说是一种合乎发展规律的进步现象。但同时也带来不少的问题，例如由于人与自然的隔绝、脱离日趋严重，使现代人体能下降。故有人提出回归自然的主张，怀念日出而作、日落而息的与自然共呼吸的生活方式。对室内设计来说，应尽可能扩大室外活动空间，利用自然采光、自然能源、自然材料，重视室内绿化，合理利用地下空间等，创造可持续发展的室内空间环境，保障人和自然协调发展。

（二）室内空间功能

空间的功能包括物质功能和精神功能。物质功能指使用上的要求，如空间的面积、大小、形状，适合的家具、设备布置，使用方便，节约空间，交通组织、疏散、消防、安全等措施，以及科学地创造良好的采光、照明、通风、隔声、隔热等的物理环境。现代电子工业的发展，新技术设施的引进和利用，对建筑使用提出了相应的要求和改革，其物质功能的重要性、复杂性是不言而喻的。如住宅，在满足一切基本的物质需要后，还应综合考虑业主的经济条件、维修保养等方面开支限制等，为业主提供安全设备和安全感。对于个人的心理需要，如个性、社会地位、职业、文化教育，以及个人理想目标的追求等，可以通过对人们行为模式的分析去了解。

精神功能是在满足物质功能的基础上，从人的文化、心理需求出发，充分考虑业主个体的爱好、愿望、意志、审美情趣、民族文化、民族象征、民族风格等，通过空间形式的处理和空间形象的塑造，使人们获得精神上的满足和美的享受。

对于建筑空间形象的美感问题，由于审美观念的差别，往往难于一致，而且审美观念就每个人来说也是发展变化的，要确立统一的标准是困难的，但这并不能否定建筑形象美的一般规律。建筑美，不论其内部或外部均可概括为形式美和意境美两个主要方面。其一，空间形式美的规律即平常所说的构图原则或构图规律，如统一与变化、对比、微差、韵律、节奏、比例、尺度、均衡、重点、比拟和联想等，这无疑是在创造建筑形象美时必不可少的手段。其二，意境美就是要表现特定场合下的特殊性格，也可称为建筑个性或建筑性格。太和殿的“威严”，朗香教堂的“神秘”，意大利佛罗伦萨大看台的“力量”，流水别墅的“幽雅”等，都表现出建筑的性格特点，具有感染强烈的意境效果，是空间艺术表现的典范。由此可见，形式美只能解决一般问题，意境美才能解决特殊问题；形式美只涉及问题的表象，意境美才深入到问题的实质；形式美只抓住了人的视觉，意境美才抓住了人的心灵。掌握建筑的性格特点和设计的主题思想，通过室内的一切条件，如室内空间、色彩、照明、家具陈设、绿化等，去创造具有一定气氛、情调、神韵、气势的意境美，是室内建筑形象创作的主要任务。

在创造意境美时，还应注意时代的、民族的、地方的风格表现，对住宅来说还应注意住户个人风格的表现。意境创造要抓住人的心灵，首先要了解和掌握人的心理状态和心理活动规律。此外，还可以通过人的行为模式来分析人的不同心理特点。

(三) 空间形式与构成

世界上一切物质都是通过一定形式表现出来的，室内空间的表现也不例外。建筑就其形式而言就是一种空间构成，但并非有了建筑内容就能自然生长、产生出形式来。功能不会自动产生形式，形式是靠人类的形象思维产生的，形象思维在人的头脑中有广阔的天地。因此，同样内容也并非只有一种形式才能表达。研究空间形式与构成是为了更好地体现室内物质功能与精神功能的要求。形式和功能两者相辅相成、互为因果、辩证统一。研究空间形式离不开对平面图形的分析和空间图形的构成。

建筑空间装饰的创新和变化，首先要在结构造型的创新和变化中去寻找美的规律。建筑空间的形状、大小的变化，应和相应的结构系统取得协调一致。要充分利用结构造型美来作为空间形象构思的基础，把艺术融化于技术之中。这就要求设计师必须具备必要的结构知识，熟悉和掌握现有的结构体系，并对结构从总体至局部，具有敏锐的、科学的和艺术的综合分析。

现代建筑充分利用空间处理的各种手法，如空间的错位、错叠、穿插、交错、切割、旋转、裂变、退台、悬挑、扭曲、盘旋等，使空间形式构成得到充分的发展。但要使抽象的几何形体具有深刻的表现性，达到具有某种意境的室内景观，还要求设计者对空间构成形式的本质具有深刻的认识。

(四) 空间类型

1. 固定空间和可变空间（或灵活空间）

固定空间常是一种经过深思熟虑的使用不变、功能明确、位置固定的空间，可以用固定不变的界面围隔而成。如目前居住建筑设计中，常将厨房、卫生间作为固定不变的空间确定其位置，而其余空间可以按用户需要自由分隔。另外有些永久性的纪念堂等，也常作为固定不变的空间。

可变空间与此相反，为了能适合不同使用功能的需要而改变其空间形式，常采用灵活可变的分隔方式，如折叠门、可开可闭的隔断，以及影剧院中的升降舞台、活动墙面、天棚等。

2. 静态空间和动态空间

静态空间一般说来形式比较稳定，常采用对称式和垂直水平界面处理。空间比较封闭，构成单一，视觉常被引导在一个方位或落在一个点上，空间常表现得非常清晰明确。

动态空间，或称为流动空间，往往具有空间开敞性和视觉导向性的特点，界面（特别是曲面）组织具有连续性和节奏性，空间构成形式富有变化性和多样性，常使视线从这一点转向那一点。开敞空间连续贯通之处，正是引导视觉流通之时。空间的运动感既在于塑造空间形象的运动性上，如斜线、连续曲线等，更在于组织空间的节律性上，如锯齿形式有规律的重复，使视觉处于不停地流动状态。

3. 开敞空间和封闭空间

开敞空间和封闭空间也有程度上的区别，如介于两者之间的半开敞和半封闭空间。它取决于房间的适用性质和周围环境的关系，以及视觉上和心理上的需要。在空间感上，开敞空间是流动的、渗透的。它可提供更多的室内外景观和扩大视野。封闭空间是静止的、凝滞的，有利于隔绝外来的各种干扰。在使用上，开敞空间灵活性较大，便于经常改变室内布置；而封闭空间提供了更多的墙面，容易布置家具，但空间变化受到限制。在心理效果上，开敞空间常表现为开朗、活跃；封闭空间常表现为严肃、安静或沉闷，但富于安全感。在对景观关系上和空间性格上，开敞空间是收纳性的、开放性的；而封闭空间是拒绝性的。因此，开敞空间表现为更带公共性和社会性，而封闭空间更带私密性和个体性。

4. 空间的肯定性和模糊性

界面清晰、范围明确、具有领域感的空间，称肯定空间。一般私密性较强的封闭型空间常属于此类。

在建筑中凡属似是而非、模棱两可，而无可名状的空间，通常称为模糊空间。在空间性质上，它常介于两种不同类别的空间之间，如室外、室内，开敞、封闭等；在空间位置上，常处于两部分空间之间而难于界定其所归属的空间。由此形成空间的模糊性、不定性、多义性、灰色性……，从而富于含蓄性和耐人寻味，常为设计师所宠爱，多用于空间的联系、过渡、引导等。

5. 虚拟空间和虚幻空间

虚拟空间是指在界定的空间内，通过界面的局部变化而再次限定的空间，如局部升高或降低地坪、天棚，或以不同材质、色彩的平面变化来限定空间等。

虚幻空间是指室内镜面反映的虚像，把人们的视线带到镜面背后的虚幻空间去，于是产生空间扩大的视觉效果。有时还通过几个镜面的折射，把原来平面的物件造成立体空间的幻觉，还能把紧靠镜面的不完整物件造成完整物件的假象。因此，室内特别狭小的空间常利用镜面来扩大空间感，并利用镜面的幻觉装饰来丰富室内景观。除镜面外，有时室内还利用有一定景深的大幅面画，把人们的视线引向远方，造成空间深远的意象。

（五）空间的过渡和引导

空间的过渡和过渡空间，是根据人们日常生活的需要提出来的。例如，当人们进入自己的家门时，都希望门口有块地方换鞋、放置雨伞、挂外衣，或为了家庭的安全性和私密性，需要进入居室前有块缓冲地带。又如在影剧院中，为了缓解观众从明亮的室外突然进入较暗的观众厅而引起视觉上急剧变化的不适应感觉，常在门厅、休息厅和观众厅之间，设立渐次减弱光线的过渡空间。这都属于实用性的过渡空间。此外，还有如厂长、经理办公室前设置的秘书接待室，某些餐厅、宴会厅前的休息室等，除了一定的实用性外，还体现了某种礼节、规格、档次和身份。凡此种种，都说明过渡空间的性质包括实用性、私密性、安全性、礼节性、等级性等多种。除上述特性之外，过渡空间还常作为一种艺术手段起空间引导作用。例如宾馆门厅和楼梯间之间的踏步处理，设计师在楼梯间入口处延伸出几个踏步，可视为楼梯间向门厅的延伸，使人一进门厅就能注意到，达到了视线的引导作用，是门厅和楼梯间之间较好的过渡处理。

过渡空间作为前后空间、内外空间的媒介、桥梁、衔接体和转换点，在功能和艺术创作上有其独特的地位和作用。过渡的形式是多种多样的，有一定的目的性和规律性，如从公共性至私密性的过渡，常和开放性至封闭性过渡相对应，和室内外空间的转换相联系。如：公共性－半公共性－半私密性－私密性；开敞性－半开敞性－半封闭性－封闭性；室外－半室外－半室内－室内。过渡空间也常起到功能分区的作用，如动区和静区，净区和污区等的过渡地带。

过渡的目的常和空间艺术的形象处理有关，如欲进先抑，欲散先聚，欲广先窄，欲高先低，欲明先暗等。要达到所谓“山穷水尽疑无路，柳暗花明又一村”、“曲径通幽处，禅房花木深”等诗情画意的境界，都离不开过渡空间的处理。

（六）室内空间构图

综合室内各组成部分之间关系，可以体现出室内设计的基本特征。要把任何一个特殊的设计（如家具、灯具等），作为室内的一个统一体或整体的组成部分来看，充分考虑在色彩、照明、线条、形式、图案、质地或空间之间的相互关系。因这些要素中的某一种，多少会在某些方面对整体效果起到一定作用。构图要素主要包括：线条；形状和形式；图案纹样等。构图原则要考虑：协调；比例；平衡；韵律等。

二、室内界面设计

室内界面，即围合成室内空间的底面（楼、地面）、侧面（墙面、隔断）和顶面（吊顶、天棚）。人们使用和感受室内空间，通常直接看到乃至触摸到的是界面实体。从室内设计的整体观念出发，我们必须把空间与界面、“虚无”与“实体”有机地结合在一起来分析和对待。在具体的设计进程中，不同阶段也可以各具重点，例如在室内空间组织、各面布局基本确定后，对界面实体的设计就显得非常突出。室内界面的设计既有装饰技术要求，也有造型和美观要求。作为材料实体的界面，有线形和色彩设计，也有材质选用和构造等问题。此外，现代室内环境的界面设计还需要与房屋室内的设施、设备予以周密的协调。如界面与风管尺寸及出、回风口的位置，界面与嵌入灯具或灯槽的设置，以及界面与消防喷淋、报警、通信、音响、监控等设施的接口等，都需要协调和重视。

（一）界面的要求和功能特点

室内设计时，对底面、侧面、顶面等各类界面既有共同的要求，在使用功能方面又各有其特点。

各类界面的共同要求：（1）耐久性及使用期限；（2）防火性能（现代室内装饰应尽量采用不燃及难燃材料，避免采用燃烧时释放大量浓烟及有毒气体的材料）；（3）无毒（指散发气体及触摸时的有害物质低于核定剂量）；（4）无害的核定放射剂量（如某些地区所产的天然石材，具有一定的放射性）；（5）易于制作安装和施工，便于更新；（6）必要的隔热保暖、隔声吸声性能；（7）装饰及美观要求；（8）相应的经济要求。

各类界面的功能特点：（1）底面（楼、地面）要耐磨、防滑、易清洁、防静电等；（2）侧面（墙面、隔断）遮挡视线，满足较高的隔声、吸声、保暖、隔热要求；（3）顶面（平顶、天棚）要求质轻，光反射率高，满足较高的隔声、吸声、保暖、隔热要求。

（二）界面装饰材料的选用

室内装饰材料的选用是界面设计中涉及设计成果的实质性重要环节，它最为直接地影响到室内设计整体的实用性、经济性，环境气氛和美观与否。设计者应熟悉材料质地、性能特点，了解材料的价格和施工操作工艺要求，善于和精于运用当今先进的物质技术手段，为实现设计构思创造坚实的基础。

1. 界面装饰材料的选用要求

（1）适应室内使用空间的功能性质

对于不同功能性质的室内空间，需要由相应类别的界面装饰材料来烘托室内的环境氛围，例如文教、办公建筑的宁静、严肃气氛，娱乐场所的欢乐、愉悦气氛。环境氛围与所选材料的色彩、质地、光泽、纹理等密切相关。

（2）适合建筑装饰的相应部位

不同的建筑部位，相应地对装饰材料的物理、化学性能、观感等要求也不同。如建筑外装饰材料，要求有较好的耐风化、防腐蚀的耐久性能。由于大理石中主要成分为碳酸钙，常与城市大气中的酸性物化合而受侵蚀，因此外装饰一般不宜使用大理石。又如室内房间的踢脚部位，需要考虑地面清洁工具、家具、器物底脚碰撞时的牢度和易于清洁，通常需要选用有一定强度、易于清洁的装饰材料。

（3）符合更新、时尚的发展需要

现代室内设计具有动态发展的特点，设计装修后的室内环境通常并非“一劳永逸”，而是需要更新，讲究时尚。原有的装饰材料需要由无污染、质地和性能更好、更为新颖美观的装饰材料来取代。界面装饰材料的选用还应注意做到“精心设计、巧于用材、优材精用、一般材质新用”。

装饰标准有高有低，但即便是豪宅也不应是高级材料的堆砌。室内界面处理，铺设或贴置装饰材料是“加法”；有些结构体系建筑的室内装饰也可以做“减法”，如明露的结构构件，利用模板纹理的混凝土构件或清水砖面等。某些体育建筑、展览建筑、交通建筑的墙面，是由显示结构的构件构成，那些人们不直接接触的墙面可采用不加装饰、具有模板纹理的混凝土面或清水砖面等。

现代工业和后工业社会，“回归自然”是室内装饰的发展趋势之一，因此室内界面装饰常适量地选用天然材料。即使是现代风格的室内装饰也常选配一定量的天然材料，因为天然材料具有优美的纹理和材质，它们和人们的感受易于沟通。

2. 常用的木材、石材等天然材料的性能和品种

（1）木材

木材具有质轻、强度高、韧性好、热工性能佳，且手感、触感好等特点。纹理和色泽优美愉悦，易于着色和油漆，便于加工、连接和安装，但需注意应予防火、防腐和防蛀处理，表面应选用不致散发有害气体的涂层。

杉木、松木：常用作内衬构造材料，因纹理清晰，现代工艺改性后可作装饰面材。

柳桉：有白、红等不同品种。白柳桉，常绿乔木，树干高而直，木材结构粗，纹理直或斜面交错，易于干燥和加工，且着钉、油漆、胶合等性能均好；红柳桉，木材结构纹理亦如白柳桉，径切面花纹美丽，但干燥和加工较难。柳桉在干燥过程中稍有翘曲和开裂现象。柳桉木质偏硬，有棕眼、纤维长、弹性大，易变形。

水曲柳：纹理美，广泛用于装饰面材。

阿必东：产于东南亚，加工较不易，用途同水曲柳。

椴木：纹理美，易加工。

桦木、枫木：色彩淡雅。

橡木：较坚韧，近年来广泛用于家具及饰面。

山毛榉木：纹理美，色彩淡雅。

柚木：性能优，耐腐蚀，用于高级地板、台度及家具等。

此外还有雀眼木、桃花心木、樱桃木、花梨木等，纹理具有材质特色，常以薄片或夹板形式作小面积镶拼装饰面材。

（2）石材

浑实厚重，压强高，耐久、耐磨性能好，纹理和色泽极为美观，且各品种的石材特色鲜明。其表面根据装饰效果需要，可作凿毛、烧毛、哑光、磨光镜面等多种处理。运用现代加工工艺，可使石材成为具有单向或双向曲面、饰以花色线脚等的异形材质。天然石材作装饰用材时，宜注意材料的色差，如施工工艺不当，湿作业时常留有明显的水渍或色斑，影响美观。

常见花岗石：

黑色——济南青、福鼎黑、蒙古黑、黑金砂等；

白色——珍珠白、银花白、大花白、深巴白等；

麻黄色——麻石（产于江苏金山、浙江莫干山、福建沿海等地）、金麻石、菊花石等；

蓝色——蓝珍珠、蓝点啡麻（蓝中带麻色）、紫罗兰（蓝中带紫红色）等；

绿色——捷霞绿、宝兴绿、印度绿、绿宝石、幻彩绿等；

浅红色——玫瑰红、西丽红、樱花红、幻彩红等；

棕红、桔红色——虎皮石、蒙地卡罗、卡门红、石岛红等；

深红色——中国红、印度红、岑溪红、将军红、红宝石、南非红等。

常见大理石：

黑色——桂林黑、黑白根（黑色中夹以少量白、麻色纹）、晶墨玉、芝麻黑、

黑白花（又名残雪，黑底上带少量方解石浮色）等；

白色——汉白玉、雪花白、宝兴白、爵士白、克拉拉白、大花白、鱼肚白等；

麻黄色——锦黄、旧米黄、新米黄、金花米黄、金峰石等；

绿色——丹东绿、莱阳绿（呈灰斑绿色）、大花绿、孔雀绿等；

各类红色——皖螺，铁岭红（东北红）、珊瑚红、陈皮红、挪威红、万寿红等。

此外还有如宜兴咖啡、奶油色、紫地满天星、青玉石、木纹石等不同花色、纹理的大理石。

（三）室内界面处理及其感受

人们对室内环境气氛的感受通常是综合、整体的，既有空间形状，也有作为实体的界面视觉感受。

界面的主要影响因素有：室内采光、照明、材料的质地和色彩、界面本身的形状、线脚和面上的图案肌理等。在界面的具体设计中，根据室内环境气氛的要求和材料、设备、施工工艺等现实条件，可以在界面处理时重点运用某一手法。例如：显露结构体系与构件构成；突出界面材料的质地与纹理；界面凹凸变化造型特点与光影效果；强调界面色彩或色彩构成；界面上的图案设计与重点装饰等。

1. 材料的质地

室内装饰材料的质地根据其特性大致可以分为：天然材料与人工材料；硬质材料与柔软材料；精致材料与粗犷材料。如磨光的花岗石饰面板即属于天然硬质精致材料，斩假石即属人工硬质粗犷材料。天然材料中的木、竹、藤、麻、棉等，常给人以亲切感，室内采用显示纹理的木材、藤竹家具、草编铺地以及粗略加工的墙体面材，粗犷自然、富有野趣，使人有回归自然的感受。

不同质地和表面加工的界面材料给人的感受是：平整光滑的大理石——整洁、精密；纹理清晰的木材——自然、亲切；具有斧痕的假石——有力、粗犷；全反射的镜面不锈钢——精密、高科技；清水勾缝砖墙面——传统、乡土情；大面积灰砂粉刷面——干净、整体感。由于色彩、线形、质地之间具有一定的内在联系和综合感受，又受光线等整体环境的影响，因此上述感受也具有相对性。

2. 界面的线形及感受

界面的线形是指界面上的图案、界面边缘、交接处的线脚以及界面本身的形状。

界面上的图案必须从属于室内环境整体的气氛要求，起到烘托、加强室内精神功能的作用。根据不同的场合，图案可能是具象的或抽象的、有彩的或无彩的、有主题的或无主题的。图案的表现手段有绘制的、与界面同质材料的，或以不同材料制作。界面的图案还需要考虑与室内织物（如窗帘、地毯、床罩等）的协调。

界面的边缘、交接、不同材料的连接，它们的造型和构造处理，即所谓“收头”，是室内设计中的难点之一。界面的边缘转角通常以不同断面造型的线脚处理，如墙面木台度下的踏脚、上部的压条等的线脚，光洁材料和新型材料大多不作传统材料的线脚处理，但也有界面之间的过渡和材料的“收头”问题。

界面的图案与线脚，其花饰和纹样也是室内设计艺术风格定位的重要表达语言。

界面的形状，较多情况是以结构构件、承重墙柱等为依托，以结构体系构成轮廓，形成平面、拱形、折面等不同形状的界面。也可以根据室内使用功能对空间形状的需要，抛开结构层另行考虑。例如剧场、音乐厅的顶界面，近台部分往往需要根据几何声学的反射要求做成反射的曲面或折面。除了结构体系和功能要求以外，界面的形状也可按所需的环境气氛设计。

室内界面由于线型的不同划分、花饰大小的尺度各异、色彩深浅的各样配置以及采用各类材质，都会给人们视觉上以不同的感受。

三、室内光环境设计

在室内设计中，光不仅满足人们视觉功能的需要，也是一个重要的美学因素。光可以形成空间、改变空间或者破坏空间，它直接影响到人对物体大小、形状、质地和色彩的感知。近年的研究证明，光还影响细胞的再生长、激素的产生、腺体的分泌，以及如体温、身体活动和食物消耗等方面的生理节奏。因此，室内照明是室内设计的重要组成部分，在设计之初就应该加以考虑。

（一）采光照明的基本概念与要求

1. 照度、光色、亮度

照度：人眼对不同波长的电磁波，在相同的辐射量时有不同的明暗感觉。人眼的这个视觉特性称为视觉度，并以光通量作为基准单位来衡量。光源在某一方向单位立体角内所发出的光通量叫做光源在该方向的发光强度，被光照的某一面上其单位面积内所接收的光通量称为照度。

光色：光色主要取决于光源的色温，并影响室内的气氛。色温低，感觉温暖；色温高，感觉凉爽。一般色温分为暖色、中间色、冷色三种。光源的色温应与照度相适应，即随着照度增加，色温也应相应提高。否则，在低色温、高照度下，会使人感到酷热；而在高色温，低照度下，会使人感到阴森的气氛。

设计者应联系光、目的物和空间彼此关系，去判断其相互影响。光的强度能影响人对色彩的感觉，如红色的帘幕在强光下更鲜明，而弱光将使蓝色和绿色更突出。设计者应有意识地去利用不同色光的灯具，调整使之创造出所希望的照明效果，如点光源的白炽灯与中间色的高亮度荧光灯相配合。

亮度：亮度作为一种主观评价和感觉，与照度的概念不同，它是表示由被照面的单位面积所反射出来的光通量，也称发光度。因此亮度与被照面的反射角有关，在同样的照度下，白纸看起来比黑纸要亮。有许多因素影响亮度的评价，诸如照度、表面特性、视觉、背景、注视的持续时间，甚至包括人眼的特性。

材料的光学性质：光遇到物体后，某些光线被反射，称为反射光。光也能被物体吸收，转化为热能，使物体温度上升，并把热量辐射至室内外，被吸收的光是看不见的。还有一些光可以透过物体，称透射光。这三部分光的光通量之和等于入射光通量。

当光照射到光滑表面的不透明材料上，如镜面和金属面，则产生定向反射，其入射角等于反射角，并处于同一平面。如果射到不透明的粗糙表面时则产生漫射光。材料的透明度导致透射光离开物质以不同的方式透射，当材料两表面平行，透射光线方向和入射光线方向不变；两表面不平行，则因折射角不同，透过的光线就不平行；非定向光被称为漫射光，是由相对粗糙的表面产生非定向的反射，或由内部的反射和折射，以及由内部相对大的粒子引起的。

2. 照明的控制

眩光的控制：眩光与光源的亮度、人的视觉有关。由强光直射入眼而引起的直射眩光应采取遮阳的办法避免。对于人工光源，可以降低光源的亮度、移动光源位置和隐蔽光源。当光源处于眩光区之外，即在视线 45 度角之外，眩光就不严重。遮光灯罩可以隐蔽光源、避免眩光。固定反射光引起的反射眩光取决于光源位置和工作面或注视面的相互位置，避免的办法是将其相互位置调整到反射光在人的视觉工作区域之外。当决定了人的视点和工作面的位置后，就可以找出引起反射眩光的区域，在此区域内不应布置光源。此外，如注视工作面为粗糙面或吸收面，使光扩散或吸收，或适当提高环境亮度，减少亮度对比，也可起到减弱眩光的作用。

亮度比的控制：控制整个室内的合理亮度比例和照度分配，与灯具布置方式有关。一般灯具布置方式有整体照明、局部照明、整体与局部混合照明、成角照明等，其照明方式各有特点。照明地带分区包括天棚地带、周围地带和使用地带。室内各部分最大允许亮度比也有其相应的规定，进行光环境设计时，要依据各自特点合理布置。

（二）建筑照明种类与选择

进行室内照明布置时，应首先考虑使光源布置与建筑结合起来，这不但有利于利用顶面结构和装饰天棚之间的巨大空间隐藏照明管线和设备，还可使建筑照明成为整个室内装修的有机组成部分，达到室内空间完整统一的效果。这种做法对于整体照明更为合适，通过建筑照明可以照亮大片的窗、墙、天棚或地面。荧光灯管很适用于这些照明，因它能提供一个连贯的发光带，白炽灯泡也可运用，但应避免不均匀现象。

窗帘照明：将荧光灯管安置在窗帘盒背后，内漆白色以利反光，光源的一部分朝向天棚，一部分向下用在窗帘或墙上。在窗帘顶和天棚之间至少应有 25cm 的空间，利用窗帘盒把设备和窗帘顶部隐藏起来。

花槽反光：花槽反光用于整体照明，槽板设在墙和天棚的交接处，至少应有 15～24cm 深度。荧光灯板布置在槽板之后，常采用较冷的荧光灯管，这样可以避免任何墙的变色。为了获得最好的反射光，面板应涂以无光白色。花槽反光对引人注目于壁画、图画、墙面的质地是最有效的。特别适合用在低天棚的房间中，因其具有增加天棚高度的效果。

凹槽口照明：这种槽形装置通常靠近天棚，使光向上照射，提供全部漫射光线，有时也称为环境照明。由于照明的漫射光引起天棚表面推远的感觉，可以创造开敞的效果、平静的气氛及柔和的光线。此外，从天棚射来的反射光可以缓和在房间内直接光源的热能集中辐射。

发光墙架：由墙上伸出悬架，光源布置的位置要比窗帘照明低，并和窗无必然的联系。

底面照明：任何建筑构件下部、底面均可作为底面照明，某些构件下部空间为光源提供了一个遮蔽空间，这种照明方法常用于浴室、厨房、书架、镜子、壁龛和搁板。

龛孔（下射）照明：将光源隐蔽在凹处，这种照明方式包括提供集中照明的嵌板固定装置，可为圆形、方形或矩形的金属盘，安装在顶棚或墙内。

泛光照明：加强垂直墙面照明的过程称为泛光照明，起到柔和质地和阴影的作用。泛光照明可以采用许多方式。

发光面板：发光面板可以用在墙上、地面、天棚或某一个独立装饰单元，它将光源隐蔽在半透明的板后。发光天棚是常用的一种，广泛应用于厨房、浴室或其他工作区，可为人们提供舒适无眩光的照明。但是，发光天棚有时会使人感觉如处于有云层的阴暗天空之下。自然界的云通常是令人愉快的，它们经常流动变化，提供视觉的享受。而发光天棚则是静态的，易造成阴暗和抑郁。在教室、会议室或类似地方采用发光天棚应谨慎，因发光天棚会把眼睛引向下方，易使人处于睡眠状态。

导轨照明：现代室内装饰经常采用导轨照明，它包括一个凹槽或装在面上的电缆槽，灯支架附在上面，布置在轨道内的圆辊可以自由转动，轨道可连接或分段处理，做成不同形状。这种灯能够强调或平化质地与色彩，效果主要取决于灯所在的位置和角度。离墙远时，使光有较大的伸展，如欲加强墙面的光辉，应布置离墙 15～20cm 处，这样能创造视觉焦点和加强质感，常用于艺术照明。

环境照明：照明与家具陈设相结合，最近在办公系统中应用最广泛，其光源布置与完整的家具及活动隔断结合在一起。家具的无光光洁度面层具有良好的反射光特质，在满足工作照明的同时可以适当增加环境照明。家具照明也常用于卧室、图书馆的家具上。

（三）室内照明作用与艺术效果

当夜幕徐徐降临的时候，就成为万家灯火的世界，多数人在白天繁忙工作之后希望得到休息、娱乐以消除疲劳，此时无论何处都离不开人工照明，更需要用人工照明的艺术魅力来充实和丰富生活环境。无论是公共场所还是家庭，光的作用影响到每一个人。室内照明设计就是利用光的一切特性，去创造人们需要的光环境，充分发挥光照明的艺术作用。

1. 创造气氛

光的亮度和色彩是决定气氛的主要因素。我们知道光的刺激能影响人的情绪。一般说来，亮的房间比暗的房间更为刺激，但是这种刺激必须和空间具有的气氛相适应。极度的光和噪声一样，都是对环境的一种破坏。有研究资料表明，荧屏和歌舞厅中不断闪烁的光线使体内维生素 A 遭到破坏，导致视力下降。同时，这种射线还能杀伤白细胞，使人体免疫机能下降。适度愉悦的光能激发和鼓舞人心，而柔弱的光令人轻松和心旷神怡。光的亮度也会对人心理产生影响，有研究者认为私密性的谈话区照明可以将亮度减少到功能强度的 1/5。光线弱的灯和位置布置得较低的灯，可以使周围形成较暗的阴影，天棚会显得较低，使房间似乎更亲切。

室内的气氛也由于不同的光色而变化。许多餐厅、咖啡馆和娱乐场所常常用加重暖色，如粉红色、浅紫色，使整个空间具有温暖、欢乐、活跃的气氛，暖色光使人的皮肤、面容显得更健康、更美丽动人。由于光色的加强，光的相对亮度相应减弱，使空间感觉亲切，家庭的卧室也常常因采用暖色光而显得更加温暖和睦。冷色光也有许多用处，特别在夏季，青、绿色的光使人感觉凉爽。因此，设计师应该根据不同气候、环境和建筑的性格要求来确定光色。强烈的多彩照明，如霓虹灯、各色聚光灯等，可以使室内的气氛活跃生动起来，增加繁华热闹的节日气氛。现代家庭也常用一些红绿装饰灯来点缀起居室、餐厅，以增加欢乐的气氛。不同色彩的透明或半透明材料，在增加室内光色上可以发挥很大的作用。如国外某些餐厅，既无整体照明，也无桌上吊灯，只用柔弱的星星点点的烛光照明来渲染气氛。

由于色彩随着光源的变化而不同，许多色调在白天阳光照耀下显得光彩夺目，但日暮以后，如果没有适当的照明就可能变得暗淡无光。有德国心理学教授谈到利用照明时说："与其利用色彩来创造气氛，不如利用不同程度的照明，效果会更理想。"

2. 加大空间感和立体感

空间的不同效果，可以通过光的作用充分表现出来。实验证明，室内空间的开敞性与光的亮度成正比，亮的房间感觉要大一点，暗的房间感觉要小一点。充满房间的无形的漫射光也使空间有无限的感觉；而直接光能加强物体的阴影；光影相对比，能加强空间的立体感。通过利用光的作用可以加强希望被注意的地方，也可以用来削弱不希望被注意的地方，从而进一步使空间得到完善和净化。许多商店为了突出新产品，在那里用亮度较高的重点照明，而相应地削弱次要部位，以获得良好的照明艺术效果。照明也可以使空间变得实和虚，许多台阶照明及家具的底部照明使物体和地面"脱离"，形成悬浮的效果，使空间显得空透、轻盈。

3. 光影艺术与装饰照明

光和影本身就是一种特殊性质的艺术。当阳光透过树梢，地面洒下一片光斑，疏疏密密随风变幻，这种艺术魅力是难以用语言表达的。又如月光下的粉墙竹影和风雨中摇曳的吊灯影子，可以生成另外一番味道。自然界的光影由太阳、月光来安排，而室内的光影艺术就要靠设计师来创造。光的形式可以从尖利的小针点到漫无边际的无定形式，我们应该利用各种照明装置，在恰当的部位以生动的光影效果来丰富室内空间。既可以表现光为主，也可以表现影为主，还可以光影同时表现，利用不同的虚实灯罩把光影洒到各处。光影的造型是千变万化的，主要的是在恰当的部位采用恰当形式表达出恰当的主题思想，来丰富空间的内涵，获得美好的艺术效果。

装饰照明是以照明自身的光色造型作为观赏对象，通常利用点光源通过彩色玻璃射在墙上产生各种色彩形状。用不同光色在墙上构成光怪陆离的抽象"光画"，是表示光艺术的又一新领域。

4. 照明的布置艺术和灯具造型艺术

光既可以是无形的，也可以是有形的，光源可隐藏，灯具却可暴露，有形、无形都是艺术。

天棚是表现、布置照明艺术的最重要场所，因为它无所遮挡，稍一抬头就清晰可见。因此，室内照明的重点常常选择在天棚上，它像一张白纸可以做出丰富多彩的艺术形式。而且常常结合建筑式样，或结合柱子的部位来达到照明和建筑的统一和谐。

灯具造型一般以小巧、精美、雅致为主要创作方向。因为它离人较近，利用灯具造型可以形成视觉中心，常用于室内的有立灯、台灯等。灯具造型一般可分为支架和灯罩两大部分进行统一设计。有些灯具设计重点放在支架上，也有些把重点放在灯罩上，不管哪种方式，整体造型必须协调统一。现代灯具都强调几何形体构成，在基本的球体、立方体、圆柱体、锥体的基础上加以改造，演变成千姿百态的形式。同样可以运用对比、韵律等构图原则，达到新颖、独特的效果。在选用灯具时，一定要和整个室内装饰一致、统一，不能孤立地评定优劣。由于灯具是一种可以经常更换的消耗品和装饰品，因此它的美学观近似日常用品和服饰，具有临时性和变换性。由于它的构成简单，更利于创新和突破。但是市面上灯具类型不多，这就要求照明设计者每年做出新的产品，不断变化和更新，才能满足社会需求，这也是小型灯具创作的基本规律。

四、室内色彩设计

在人的视觉中，色彩所带来的影响常常要优于形体的变化。这一点对于那些没有受过专业训练的普通使用者尤为突出。因此，室内色彩设计是否得当直接影响装饰设计的成败。

（一）室内色彩分类

通常室内装饰会色彩庞杂，墙面、家具、灯光、花草等色彩都不相同。在优秀设计师手里，纷杂的色彩可以井然有序，搭配和谐自如。色彩的分类方法有许多，通常是按照室内色彩的面积和重点划分，大体可以分为三类，即：背景色、主体色、点缀色。

背景色：背景色是房间内大块面积表面的颜色，如地板、墙面、天花板和大面积隔断等的颜色。背景色决定了整个房间的色彩基调。大多数场合，背景多为柔和的灰调色彩，形成和谐的背景。如果使用艳丽的背景色，将给人深刻的印象。

主体色：主体色主要是大型家具和一些大型室内陈设所形成的大面积色块。它在室内色彩设计中较有分量，如沙发、衣柜、桌面和大型雕塑或装饰品等。主体色的配色有两种不同方式，如果要形成对比，应选用背景色的对比色或者是背景色的补色作为主体色；如果要达到协调，应选择同背景色色调相近的颜色作为主体色，比如同一色系或者类似的颜色。

点缀色：点缀色是指室内小型、易于变化的物体色。如灯具、织物、艺术品和其他软装饰的颜色。室内需要点缀色是为了打破单调的色彩环境，所以点缀色常选用与背景色形成对比的颜色。点缀色如果运用得当，可以创造戏剧化的效果。不过，点缀色常常会因为物品的体积小而被忽视。

三种色彩之间，背景色作为室内的基调提供给所有色彩一个舞台背景（虽有时也将某些墙面和顶棚处理成主体色），它必须适合室内的功能。通常选用低纯度，含灰色成分较高的色彩，可增加空间的稳定感。主体色是室内色彩的主旋律，它体现了室内的性格，决定环境气氛，创造意境。它一方面受背景色的衬托，一方面又与背景色一起成为点缀色的衬托。在较小的房间中，主体色宜与背景色相似，融为一体，使房间看上去大一些。若是大房间，则可选用背景色的对比色，使主体色与点缀色同处一个色彩层次，突出其效果，改善大房间的空旷感。点缀色作为最后协调色彩关系的媒介是必不可少的。不少成功的案例都得益于点缀色的巧妙穿插，使色彩组合增加了层次，丰富了对比。

一般来说，室内色彩设计的重点在于主体色。主体色与背景色的搭配要协调中有变化，统一中有对比，才能成为视觉中心。通常，三者的配色步骤是由最大面积开始，由大到小依次着手确定。

（二）色彩的心理感觉

不同的颜色会给人不同的心理感受。

红色：是强烈的刺激色，又称为兴奋色。具有迫近感、扩张感，给人以热烈而欢快的感觉，造成激动而热烈的场面，能使人产生冲动、愤怒、热情、活力的感觉。

绿色：是大自然的颜色，介于冷暖两种色彩之间，使人联想到生命、青春、健康和永恒，给人和睦、宁静、健康、安全的感觉。绿色和金黄、淡白搭配，可以产生优雅、宁静、舒适的气氛。淡绿色比较容易与其他色彩调和，深绿色适宜用于窗帘及地毯。

橙色：也是一种兴奋色、扩张色，给人以热烈与欢欣的感觉。它的视觉作用介于红色与黄色之间，代表活泼、热闹、壮丽的形象风格，具有轻快、欢欣，热烈、温馨、时尚的效果。

黄色：是自然界中最醒目、明度最高的色彩。我国古代帝王的服饰、宫殿及佛教宗庙常选用中黄色，给人高贵、富丽堂皇的感觉，具有快乐、希望、智慧和轻快的个性。

蓝色：是最具凉爽、清新的色彩。蓝色属于冷色，具有收缩与后退感。蓝色是天空与大海的颜色，能给人开阔、幽静、凉爽、深沉的感觉。它和白色混合，能体现柔顺、淡雅、浪漫的气氛。

紫色：也具有收缩感。欧洲与中国古代帝王喜欢用紫色进行装饰，紫色也象征高贵、庄重及典雅。但紫色的稳定性较差，易使人感到疲劳，在使用时应非常谨慎。紫色的抽象联想是高贵、细腻、忧郁、神秘等。

白色：基本不吸光，使人联想到纯洁、神圣与飘逸。纯白色对眼睛的刺激太强，所以不宜在室内大面积使用，奶白色在室内则可使环境变得轻盈而高雅。白色的抽象联想是纯真、洁白、神圣、明快、和平、寒冷、清洁等。

黑色：几乎吸收一切光亮，给人以沉重、庄严、肃穆及含蓄感。黑色的抽象联想具有深沉、神秘、寂静、悲哀、压抑的感受。

灰色：是一种极稳定的色彩。含某一彩度的灰色（例如珠灰、米灰、蓝灰、紫灰等），视觉效果比较柔和，可以令人情绪稳定并减轻视觉疲劳，所以在室内装饰时经常使用，特别是在人们逗留时间较长的场所。灰色给人以中庸、平凡、温和、谦让、中立和高雅的感觉。

每种色彩在饱和度、透明度上略微变化，就会产生不同的感觉。以绿色为例，黄绿色有青春、旺盛的视觉意境，而蓝绿色则显得幽静、阴沉。

（三）色彩与室内空间

在室内设计中，色彩可以改变空间的大小。这并不是说空间的真实大小会变化，色彩改变的是人们的空间视觉感受。色彩的这种能力来自于人们对色彩的心理感受。

色彩的进退感：彩度高、明度低的色彩看上去有向前的感觉，称为前进色；反之，那些彩度低明度高的色彩被称为后退色。

色彩的轻重感：深色给人感觉沉重，有下坠感；浅色形成轻盈的上升感，被称为轻色。

色彩的扩张感和收缩感：暖色刺激视网膜，使人们对形体做出夸大的判断，物体看上去会比实际显得大；反之，冷色就会使物体形体减小，显得有收缩感。在同样的灰色背景下，白色有扩张感，黑色显得收缩。

利用色彩改变空间感觉：

（1）冷色、浅色、轻快而不鲜明的色彩，或减小色彩对比，可以扩大空间尺度感；

（2）强烈的色彩、暖色、深色或艳丽的色彩与其他色彩对比，可以产生缩小空间尺度感，增加色彩对比也可以做到这一点；

（3）为了使狭长的走廊缩短变宽，走廊尽端的墙面宜采用暖色或深色；

（4）为了使短浅的房间变长，尽端墙面采用冷色或浅色、灰色调或者减少色彩对比；

（5）为暗房间配色，可选用饱和的暖色，如奶黄色、杏黄色、鲜亮的浅蓝色；

（6）深颜色吸光，加一些暗绿或暗红，创造出空间的私密感，也会增添个性感；

（7）使各界面（顶、地、墙面）色彩相同，房间会显得大些，若无法施以同色，应尽量减小界面之间的色差，形成一致色系，效果也会不错；

（8）如果室内有某些碍眼的物体，可以施以环境色把它掩藏到背景中去；

（9）为多房间的大空间配色，可给不同房间以不同颜色，减少空旷感。但要注意房间的接合处，因为那里是不同色彩接洽之处，要协调好不同色彩、材质、图案的配合；

（10）为小空间组合配色，应以同一色作为背景统一基调，利用不同的材质，图案来做变化；

（11）在大型家具过多时，空间会显得凌乱，如将它们涂成背景色或拿背景色的织物覆盖，就会使空间井然有序；

（12）对于空荡、缺少家具的空间，只要刷上深颜色，就会使得房间富于装饰感；

（13）为了使顶面变低，可以在顶面上用暖色或深色，把顶面色涂成比墙面色深的颜色，在墙面上加一扶手，保持上面的颜色比下面的浅，或墙裙采用深于墙色的色彩；

（14）顶面用冷色或浅色，或者带有一条颜色略深的顶角线，可以使得顶面显得高一些；

(15) 当顶面色比墙面色浅时，能突出白色顶角线，显明界面的关系；

(16) 浅色的墙和顶，适合用对比色线脚来衬托，突显出空间的层次感；

(17) 为空旷乏味的空间配色，可尝试放入深棕色家具，加上大型植物、巨型花篮、花盆或陶罐，赋予房间个性；

(18) 把地面做成浅色，可以使空间充满生机；反之，深色地面会缩小空间，加强空间的紧密感。

(四) 色彩与室内的光环境

1. 自然光

太阳光呈全色光谱，能反映物体的色彩，逼真而鲜明。人是自然的产物，因此自然光下的景物总是让眼睛感到真实而正常。人可以在 400～700nm（纳米）的可视波长范围内看到色彩，这个范围包括赤、橙、黄、绿、青、蓝、紫，及其间的千差万别的细小变化。

对于自然界的景物，利用自然光来照射最好。自然界所生成的物体，其色彩有很多丰富而细腻的微小变化，只有自然光源才能很好地将其表现出来。这种色彩的精妙变化，比如一片落叶上斑斓的色彩纹理，即使用世界上最好的印刷设备也很难再现。特别是色彩之间的偶然性和随意性，是自然界的鬼斧神工，也是有别于人工色彩美的重要特征。自然光使用面很广，大多数室内主要依赖自然采光，特别是人们长时间停留的空间，诸如居住类、文教类、医疗类和一些工厂厂房里。

对于风格，自然光也能很好地表现。在自然光照下，物体呈现自身的色彩，设计师比较好搭配色彩，特别是对那些有着较多自然景物的室内，尤其需要自然光。自然光本身也是很有特点的。它会随季节变化，夏天的光强度大，热力足；冬天的光色清冷而单薄；春光明媚；秋天的光清爽、色彩动人。天气更能影响自然光。晴朗的白天有稍带蓝色的白光，太阳光稍带黄色，傍晚的阳光略偏红色。而夜晚的月光显色能力较差，一般偏冷，使人难辨红、橙等暖色，所以常用蓝紫色光表现夜晚场景。另外，随着一天的变化，自然光的纯度、入射角度都随时在变，它所照射下的室内环境也因这种变化而更具动感。

2. 人工光源

人类白天夜晚都有丰富多彩的生活。人类的习惯以白昼活动为主，在夜晚就要创造一个人工的可视世界，即我们必须依赖人工光源。人工光源是模仿太阳光而来的，但由于反光原理的不同，人工光源虽然种类繁多，但都无法做到与太阳光一模一样。因此人工光源大多有一定的缺点，如白炽灯偏黄，荧光灯偏蓝，高压和低压钠灯呈黄色，高压水银灯冷时趋蓝色，多蒸气混合灯冷时呈绿色。这些光源本身有偏色，它们对不同的色彩还原能力也存在着偏差，如白炽灯对暖色表现得较好，冷色就会偏色较多；荧光灯对冷暖色的再现正好相反。一般人工光源的显色性能评价，以显色指数 Ra 为标准。当 Ra 在 80～100 之间的光源，会较真实地还原物体真实色彩；低于 50 会产生明显的偏色，甚至引起视觉不适。另一个表示人工光源显色能力的参数叫色温。普通的白炽灯色温比日光低，所以导致被照射物体色彩偏暖；高压汞灯的色温比日光灯高，物体色会发紫。

虽然人工光源会偏色，强度也无法与日光相提并论，但对于大多数夜晚的室内或地下空间等阴暗空间，人工光源基本能满足人们的要求。在一些特别的场所，如美术馆、博物馆、展览馆等，色彩要求较高，需要选择显色能力较强的特种光源；对于办公室、教室、图书馆等文教类空间，可用较高色温的各类节能灯，既能达到照度要求，又能节电、节材；对于不特别要求还原物体本色，而且还可能需要形成某些特定氛围的戏剧化设计空间，如咖啡厅、舞厅、卡拉OK厅，或是一些品牌专卖店等，可以设计独特的光环境，突显个性。

3. 光源颜色

不仅是人工光源可以作成各种颜色，通过彩色玻璃还可以把全色光谱的日光变成有色光源。各种玫瑰花窗和彩绘玻璃所形成的独特装饰，正是利用了色光这一技巧来装点室内的。光源色与物体色的叠加符合减法混合规律，就像拿光源色那个色相的颜料，与物体色那个色相的颜料混合后形成的色彩一样。如红光照在白色物体上，物体呈红色；红光照在绿色物体上，物体呈现黑灰色。而光源色与光源色叠加则遵循加法混合的规律，红光加入绿光得到黄光；红光加蓝光呈紫光，绿光加蓝光呈蓝光。色光叠加混合后，光的明度等于各色光的明度之和。

大多数人根据自己的调色经验能容易地掌握减法混合规律，而碰到色光的混合（即加法混合）就需要求助于专业的灯光设计专家。色光混合的设计对于舞美的灯光、舞厅或卡拉OK等场所设计尤为重要。现代设计中，随着光的应用越来越多，这个领域的探索也为人们所关注。

(五) 色彩与室内的材质

在现代空间中，色彩无法抽象地出现，它一定是附着在某种材质上。材质的不同，也不仅在于它的花纹肌理和千差万别的触觉感受。对于色彩，哪怕是细小的差异，都会在最终效果中表现迥异。人们对不同面料的触觉体验差异也同样来自材质感表现：缎面真丝表面光滑，略有反光，与金属、镜面之类的冰冷感有相似之处，其色彩会偏冷；绢纺真丝表面暗哑、疏松，与木材、毛皮之类温暖质感的物体有相似之处，它们的颜色会被主观地认为偏暖。材质表面的质感粗糙或光滑，可以明显地影响色彩感受。这种现象称为视触觉。视触觉的规律表现在以下的几个方面：

(1) 冷与暖：金属、玻璃、石材、镜面和水等物质导热性好，给人以冰冷的质感，各种织物、毛皮则被人们认为是暖质材料。木材的特点比较中性，它比金属，玻璃等暖，比织物等显得冷。色彩分冷暖色，色彩与触觉达到一致时，人们觉得很自然。但当大红出现在铁板上、橙色在石块上时，它们会立即引起人们的注意。当材料的冷质品质和色彩的暖质感受相矛盾时，会削弱色彩的暖性品质。同样，将冷色用在暖质材料上也会得到同样的削弱，金属要比同色的布质显得冷。

(2) 粗糙与光滑：同一种材质，其表面有很多处理方式。以石材为例，抛光花岗岩表面光滑，色彩和纹理表现清晰；而烧毛的花岗岩表面混沌不清，色彩的明度变化纯度降低。

物体表面的光滑度或粗糙度有许多不同级别。一般来说，变化越大对色彩的改变就越大。因此许多现代主义的设计师在设计中为了表现空间，尽量抑制不同的色相组合；有时甚至用纯白“一统天下”，但他们同时十分重视对不同材质的运用。即使是同一颜色，不同的材料、不同的加工工艺，使色彩产生丰富微妙的变化，让细部更耐看。纯白的颜色，表面越粗，明度也就越低；反之，有些光滑的表面还会形成反光。这种抑制色的做法，使人们更细腻地观察到明度和纯度的微妙变化。

通常情况下，粗糙的物体由于表面杂乱的扩散反射会使得色彩纯度低。但是明度的变化就不一定，较多情况下，原来浅的光洁表面变粗后明度会变深，原来深色的光洁表面在变粗后明度会变得淡些。

(3) 肌理：是指材质自身的花纹、色彩及触觉形象。自然界的肌理有很多种，大多美丽而自然，是人工难以模仿的。这些肌理所形成的形形色色的色彩效果给人以丰富的视觉享受。肌理所形成的触觉形象与真实的触觉感有所不同，它是一种由于花纹、图案形成的触觉联想。如在同样光滑度的复合地板上，水曲柳或橡木纹理即使涂上同样的色彩，水曲柳丰富的曲线与橡木平直花纹对色彩也会产生不同影响。

肌理致密、细腻的材质会使色彩较为鲜明、清晰。反之，肌理粗犷、疏松会使色彩暗淡、混浊。有时对肌理的不同处理也会影响色彩的表达。同样是木装修中的清漆工艺，色彩一样，光亮漆的色彩就要比哑光漆来得鲜艳、清晰。

（六）色彩与室内陈设

1. 大型陈设

大型陈设无论从面积还是引人注目方面，都是室内色彩中需要关注的重点。它们有时形成室内的主体色，对色调起一定的决定作用。由于大型陈设的装饰功能，它常常被放在较重要的位置，如主景墙前、厅堂的中央、人们活动的核心空间。有时也作为空间转换的标志，放在楼梯入口或电梯口附近。既然设计了大型陈设，就一定会对其突出强调。它可以将空间的主题、精神意义表达出来，其色彩既要与周围环境一致，又要跳出背景，形成“主角”。

大型陈设的常见配色有两种：(1) 和谐一致。追求和谐一致的大型陈设，选色与环境背景色一致，但可以通过提高纯度、加大明度对比来达到突出的效果。(2) 对比关系。如果希望形成对比关系，可以选用环境色互补或对比色。这种对比关系可以是冷暖对比，也可以是明暗的明度对比。

2. 中型陈设

中型陈设由于面积小，位置从属，对其限制也较小。一般的设计方法是使之与室内风格配合，协调多于对比。

3. 小型陈设

小型陈设是室内设计的精细局部。由于形体较小，它的色彩不会过分影响整体色彩形象。在大多数情况下，它可以比较活泼，甚至选用鲜艳的色彩作为背景的互补色、对比色，它们的存在可以丰富整体色彩效果。当然，如果室内本身的色彩已经相当对比、丰富了，小型陈设通常只需任选一组颜色。对于这种情况，有一个小技巧可以采用：以绿色对比为例，选择绿色和红色的小饰物若干，将绿色的饰物放在红色的背景前，把红色饰物放到绿色环境中。这样使两个对立的色彩你中有我，我中有你。色彩对比而又包含，丰富而不冲突，就此增加了层次，也有助于提高彼此的色感。

4. 软装饰

在室内色彩设计中，有两个魔法师可以帮助设计师调动色彩的神奇力量。一个是光，人工光可以迅速地改变色彩的表现，自然光随着一天的时辰、四季的轮回都有不同的颜色、强度、角度，它们使色彩产生动感。另一个魔法师就是软装饰。

室内的软装饰一般包括地毯（指可移动更换的块毯）、窗帘、帷幔、软隔断、百叶窗、各种布艺家具罩或套、寝具和一些布艺垫子等。大多数情况下，软装饰有织物包衬。这些软装饰的共性就是随时可以更换，方便易行。软装饰如果在房间中占有一定面积，就可以相当大地影响室内的色彩。许多人都知道，窗帘和寝具最好风格一致，家中可以常备一套冷色麻制品夏天用，另一套暖色绒制品冬天用。这样，只需简单更换软装饰就可以让家中的气氛随着季节的变换而永葆美丽。如果能多配上几套，有的浪漫，有的雅致，有的富贵，有的质朴，配合心情，色彩表现就更加丰富了。软装饰的种类很多，广义上说，皮革、各种合成卷材都可以算入其中，但要求可以多次拆卸更换。诸如木皮，微薄木等卷材，一旦附着到物体就无法再更换，因此不能叫软装饰。另外一些如墙裙的软包，吊顶上固定的织物造型虽属于软装饰，但由于不易更换，无法调节色彩，也不在讨论的范畴之内。

由于是软装饰，有些材质呈现出透明或半透明的质感，比如纱质材料，常常需要配合其他织物一起装饰。这些透光材质更能丰富室内色彩，如一幅蓝色的窗帘前加一屏黄色的纱，蓝色就变成绿色，将纱合拢，蓝色又会再现。如果把纱换成红色，窗帘变成了紫色。织物的多种搭配可以极大地改变空间的色彩特征。另外再施以一些空间设计的技巧，如窗帘的开合，隔断的布局，家具的移动，房间的色彩甚至可以随时变化，更增加空间与色彩的动态美。

（七）色彩与室内的功能类型

在室内设计中，色彩既要满足空间的功能要求，又要创造美学情趣。在具体的设计中，通过对功能和要求的了解，从色彩的美学特征和知觉特性进行分析，再确定设计方案，这是室内设计的关键。通过色彩也可以表达某些功能。比如，用不同色彩设计交通空间和工作空间，既明确了不同功能区域，又有助于交通指示。可以在不同楼层采用不同色调，色彩本身就完成了标识功能，对于那些常客，甚至不用看指示牌就知道到了几层。

1. 厅堂类室内色彩设计

厅堂类室内空间包括各种门厅、中庭、电梯厅、休息厅和大堂等，这些场所常作为建筑的交通枢纽和综合服务空间。其中大堂、中庭、门厅等，由于其功能特点和地理位置，往往成为大型建筑的标志空间。因此，室内色彩设计既要表明建筑物的主题，又要成为联系各部分空间的纽带。由于此类空间的功能特点，背景色调宜以低纯度的色调为主，可以在局部重点位置选用浓重、醒目的色彩。另外，对于诸如过厅、电梯厅这种功能比较简单的场所，它的功能地位为从属，主体色不宜与背景色形成过强的对比，反而应该注意与周围其他空间的衔接要比较柔和。

2. 商店类室内色彩设计

由于商店有许多柜台、展架，室内的界面多被遮挡，露出来的主要是天棚和地面。营业厅以突出商品为主，界面作为背景不宜用艳色。特别是地面，因被柜、架分割，更不宜用复杂配色，可选用不易污损的低彩度、低明度色彩，配以小面积的中彩度点缀色，形成统一而有变化的效果。商店类室内设计有些具有典型性，如女性用品店，男性用品店，珠宝饰品店等，其室内色彩设计也要具有相应特点。

五、室内家具与陈设

家具与陈设已经成为环境艺术设计中非常重要的一个方面，家具与陈设设计也越来越为人们所重视，并逐渐成为衡量室内设计成功与否的重要指标。

（一）我国传统家具

我国的家具发展历史悠久，根据象形文、甲骨文和商、周代铜器的装饰纹样推测，当时已产生了几、榻、桌、案、箱柜的雏形。春秋战国时代已有精美的彩绘和浮雕艺术。商周到秦汉时期，屏风已得到广泛使用。到隋唐时期，逐渐由席地而坐过渡到垂足坐椅。唐代已制作了较为定型的长桌、方凳、腰鼓凳、扶手椅、三折屏风等。至五代时，家具在类型上已基本完善。明、清时期，家具的品种和类型已齐全，造型艺术也达到了很高的水平，形成了我国家具的独特风格。明清时期海运发达，东南亚一带的木材，如黄花梨、紫檀等流入我国。园林建筑也十分盛行，而特种工艺，如丝、雕漆、玉雕、陶瓷、景泰蓝也日趋成熟，为家具陈设的进一步发展提供了良好的条件。

明代家具在我国历史上占有很重要的地位，以形式简捷、构造合理著称于世。其基本特点是：（1）重视使用功能，基本上符合人体科学原理，如座椅的靠背曲线和扶手形式等；（2）家具的构架科学，形式简捷，构造合理，不论从整体或各部件分析，既不显笨重又不过于纤弱；（3）在符合使用功能、结构合理的前提下，根据家具的特点进行艺术加工，造型优美，比例和谐，重视天然材质纹理、色泽的表现，选择对结构起加固作用的部位进行装饰，没有多余冗繁的不必要的附加装饰。

上述合理的审美观念和高明的艺术处理手法是中外家具史上罕见的，达到了功能与美学的高度统一，与现代家具相比毫不逊色，其手法沿用至今，享誉中外。明代家具常用黄花梨、紫檀、红木、楠木等硬性木材，并采用了大理石、玉石、贝螺等多种镶嵌艺术。清代家具趋于华丽，重雕饰，并采用更多的嵌、绘等装饰手法。从现代观点来看，显得较为繁冗、厚重。但由于其装饰精美、豪华富丽，在室内起到突出的装饰效果，仍然获得不少中外人士的喜好，至今在许多场合沿用，成为我国民族风格的又一杰出代表。

（二）国外古典家具

1. 埃及、希腊、罗马家具

首次记载制造家具的是埃及人。古埃及人较矮并有蹲坐的习惯，因此座椅较低。

(1) 原始埃及人对动物很崇拜，把至高无上的法老想象为人兽混合体。埃及家具作为生活中的主要器具，常可见各种神化了的动物或局部或整体地出现在家具上。采用几何或螺旋形植物图案装饰，用贵重的涂层和各种材料镶嵌，用色鲜明、富有象征性，家具图案雕刻精细，生动形象。埃及家具对英国摄政时期、维多利亚时期及法国帝国时期影响显著。

(2) 古希腊人生活节俭，家具比例优美，装饰简朴，但已有丰富的织物装饰。其中著名的“克利奈”椅是最早的形式，有曲面靠背，前后腿呈“八”字形弯曲。凳子是很普通的，长方形三腿桌风格较为典型，床长而直，通常较高，需要脚凳。在古希腊书中已提到在木材上打蜡，关于木材的干燥和表面装饰等情况具有和埃及同样高的质量。19世纪末，希腊文艺复兴运动十分活跃，一些古典的装饰图案可在英国的维多利亚时代的例子中看到。

(3) 对古罗马的家具知识来自壁画、雕刻和拉丁文中偶然有关家具的记载，而罗马家庭的家具片段，保存在庞贝城和赫库兰尼姆的遗址中。古罗马家具设计是希腊式样的变体，家具厚重，装饰复杂、精细，采用镶嵌与雕刻，以及动物足、狮身人面和带有翅膀的鹰头狮身的怪兽作为装饰。桌子作为陈列或用餐，腿脚有小的支撑，椅背为凹面板。在家具中结合了建筑特征，采用了建筑处理手法，三腿桌和基座很普遍，使用珍贵的织物和垫层。

2. 中世纪和文艺复兴时期的家具

中世纪西欧处于动乱时期，罗马帝国崩溃后古代社会的家具也随之消失。中世纪富人住在装饰贫乏的城堡中，家具不足，在动乱时期也少有幸存。拜占庭时期，除富有者精心制作的嵌金和象牙的椅子外，家具类型也不多。文艺复兴时期是欧洲家具与室内设计的大发展时期。随着封建宗教生活对人们的禁锢被打破，世俗生活日益受到关注，家具的设计也受到了更多的重视。总的看来，文艺复兴时期的家具设计在继承哥特式家具风格的基础上，吸取了古希腊、古罗马以及东方国家家具设计的经验，形成了新的时代风格。

在类型方面不再受宗教需要的严格控制，日用家具类型趋于丰富。整体结构突破了中世纪家具的全封闭式的框架嵌板形式，消除了以往家具设计的沉闷与刻板的弱点。在细部结构方面，虽然还流行对建筑装饰的模仿，但较少生搬硬套的痕迹。在装饰手法上，充分调动绘画、雕刻、镶嵌、石膏浮雕等各种艺术手段来营造整体的艺术效果。在装饰题材上，消除了中世纪装饰的宗教性色彩，而更多赋予了人情味与生活气息。文艺复兴时期家具与中世纪家具的区别，主要体现在结构与造型上的改进及装饰技术的改良，但繁琐、厚重、奢华的装饰被大量运用，文艺复兴时期家具的创新还较为有限。

不同的国家和地区在家具设计的风格上也不尽相同。在意大利，最能体现新风格的建筑与室内设计作品的是富商、银行家、新兴贵族等的豪华宅第，此类建筑的室内设计虽然空间宽阔，但装饰较为理性、克制，家具的种类与数量都较为有限，家具的陈设与布置方式也多遵循对称原则。法国的家具设计很早就受到了意大利的影响。这种风气的中心是弗朗索瓦一世宫廷的所在地枫丹白露。此地大批艺术家与设计师被称为“枫丹白露派”。他们所设计的大量家具作品，体积硕大，雕饰厚重繁复，纹饰新奇怪诞，风格极为华丽辉煌。其中成就最突出、风格最鲜明的是杜瑟斯。英国文艺复兴风格家具的兴起同样应归功于意大利的影响。英王亨利八世曾几次造访罗马，期间网罗了很多意大利的能工巧匠，正是这些工匠促进了意大利风格在英国的传播。但英国家具设计真正摆脱意大利风格的束缚则是在伊丽莎白女王统治时期。一种能够体现英国民族性格的单纯、刚劲、坚毅的风格开始形成。“威尔的顶盖大床”是这种风格最有名的代表。

3. 巴洛克家具

(1) 法国巴洛克风格又称法国路易十四风格。其家具特征为雄伟、夸张、厚重的古典形式，雅致优美重于舒适，采用对称结构，家具下部有斜撑，结构牢固，既有雕刻和镶嵌细工，又有镀金、镀银、镶嵌、涂漆、绘画。装饰图案包括嵌有宝石的旭日形饰针、森林之神的假面、海豚、人面狮身、狮头和爪、公羊头或角、橄榄叶、菱形花、水果、蝴蝶、矮棕榈和睡莲叶不规则分散布置，及人类寓言、古代武器等。

(2) 英国安尼皇后式。这种风格的家具轻巧优美，做工优良，无强劲线条，并考虑人体尺度，形状适合人体。椅背、腿、座面边缘均为曲线，装有舒适的软垫，用法国、意大利有着美丽木纹的胡枕木作饰面，常用木材有榆、山毛榉、紫杉、果木等。

4. 洛可可家具

(1) 法国路易十五时期的家具特征：家具是娇柔和雅致的，符合人体尺度，重点放在曲线上，特别是家具的腿，无横档，家具比较轻巧，容易移动；枝桃木、红木、果木及藤料、蒲制品和麦秆均使用；华丽装饰包括雕刻、镶嵌、镀金物、油漆、彩饰、镀金。路易十五时期的初期有许多新家具引进或大量制造，采用色彩柔和的织物装饰家具，图案包括不对称的断开的曲线、扭曲的漩涡饰、贝壳、中国装饰艺术风格、乐器、爱的标志、花环、牧羊人、花和动物等。

(2) 英国乔治早期。1730 年前均为浓厚的巴洛克风格，1730 年后洛可可风格开始大众化。主要装饰有细雕刻、镶嵌装饰品、镀金石膏。装饰图案有狮头、假面、鹰头和展开的翅膀、贝壳、希腊神面具、建筑柱头、裂开的山墙等。到 1750 年油擦家具才普及，乔治后期，广泛使用直线和直线形家具，小尺度，优美的装饰线条，逐渐变细的直腿，不用横档，有些家具构件过于纤细。

5. 新古典主义家具

(1) 法国路易十六时期的家具特征，古典影响占统治地位，家具更轻、更女性化和细软，考虑人体舒适的尺度，对称设计，带有直线和几何形式，大多为喷漆的家具。橱柜和五斗柜是矩形的，在箱盒上的五金吊环饰有四周框架图案，座椅上装坐垫，直线腿，向下部逐渐变细，箭袋形或细长形，有凹槽，椅靠背是矩形、卵形或圆雕饰，顶点用青铜制，金属镶嵌是有节制的，镶嵌细工及镀金等装潢都很精美雅致，装饰图案源于希腊。

(2) 法国帝政时期，家具带有刚健曲线和雄伟的比例，体量厚重，装饰包括厚重的干木板、青铜支座，镶嵌宝石、银、浅浮雕、镀金，广泛使用漩涡式曲线以及少量的装饰线条，家具外观对称统一，采用暗销胶粘结构。1810 年前一直使用红木，后采用橡木、山毛榉、枫木等。

（3）英国摄政时期，设计以舒适为主要标准，形式、线条、结构、表面装饰都很简单，许多部件是矩形的，以红木、黄檀等为主要木材。装饰包括小雕刻、小凸线、雕镂台金，黄铜嵌带，狮足，采用小脚轮。

6. 维多利亚时期家具

是19世纪混乱风格的代表，不加区别地综合历史上的家具形式。图案花纹包括古典、洛可可、哥特式、文艺复兴、东方的土耳其等，十分混杂，设计趋于退化。1880年后，家具由机器制作，采用了新材料和新技术，如金属管材、铸铁、弯曲木、层压木板。椅子装有螺旋弹簧，装饰包括镶嵌、油漆，镀金，雕刻等。采用红木、橡木、青龙木、乌木等，构件厚重，家具有舒适的曲线及圆角。

（三）现代风格家具

19世纪末到20世纪初，新艺术运动摆脱了历史的束缚。在不到100年的时间里，现代家具的崛起使家具设计发生了划时代的变化。设计者基于使用的基本出发点，考虑现代人活动、坐、卧等姿态和习惯，以及哪些东西需要储藏或使用等，进行家具布置与设计。现代家具的成就主要表现在以下几方面：

（1）把家具的功能性作为设计的主要因素；

（2）利用现代先进技术和多种新材料、加工工艺，如冲压、模铸、注塑、热固成型、镀铬、喷漆、烤漆等。新材料如不锈钢、铝合金板材、管材、玻璃钢、硬质塑料、皮革、尼龙、胶合板、弯曲木，适合于工业化大量生产要求；

（3）充分发挥材料性能及其构造特点，显示材料固有的形、色、质的本色；

（4）结合使用要求，注重整体结构形式简捷，排除不必要的装饰；

（5）不受传统家具的束缚和影响，在利用新材料、新技术的条件下，创造出了大批前所未有的新形式，取得了革命性的伟大成就，标志着崭新的当代文化、审美观念。

在国际风格流行时，北欧诸国如丹麦、瑞典、挪威和芬兰等，结合本地区、本民族的生产技术和审美观念，创造了享誉全球的具有自己特色的家具系列产品。其做工细腻，色泽光洁、淡雅、朴实而富有人情味，为当代家具作出了卓越贡献。

（四）家具的分类与布置方法

1. 家具分类

室内家具可按其使用功能、制作材料、结构构造体系、组成方式以及艺术风格等来分类。按照与人体的关系和使用特点，分为坐卧类、凭倚类、贮存类等。不同的材料有不同的性能，其构造和家具造型也各具特色，家具可以用单一材料制成，也可和其他材料结合使用，以发挥各自的优势。家具按制作材料分为木制家具，藤、竹家具，金属家具，塑料家具；按构造体系分为框式家具、板式家具、注塑家具、充气家具等；按家具组成分为单体家具，配套家具，组合家具。

2. 家具布置的基本方法

应结合空间的性质和特点，确立合理的家具类型和数量，根据家具的单一性或多样性，明确家具布置范围，达到功能分区合理。组织好空间活动和交通路线，使动、静分区分明，分清主体家具和从属家具，使其相互配合，主次分明。安排组织好空间的形式、形状和家具的组、团、排的方式，达到整体和谐的效果。在此基础上进一步，应该从布置格局、风格等方面考虑。从空间形象和空间景观出发，使家具布置具有规律性、秩序性、韵律性和表现性，获得良好的视觉效果和心理效应。家具布置根据家具在空间中的位置，可分为周边式、岛式、单边式、走道式；从家具布置与墙面的关系可分为靠墙布置、垂直于墙面布置、临空布置；从家具布置格局可分为对称式、非对称式、集中式、分散式等。

(五) 室内陈设

室内陈设或称摆设，是继家具之后又一室内设计的重要内容。陈设品的范围广泛、内容丰富，形式也多种多样，随着时代的发展而不断变化。但是，陈设品始终是以表达一定思想内涵和精神文化为着眼点，并起着其他物质功能所无法代替的作用。它对室内空间形象的塑造、气氛的表达、环境的渲染起着锦上添花、画龙点睛的作用，也是完整室内空间必不可少的内容。陈设品的展示不是孤立的，必须和室内其他物件相互协调配合。此外，陈设品在室内的比例毕竟不大，因此它必须具有视觉上的吸引力和心理上的感染力。即陈设品应该是一种既有观赏价值又能品味的艺术品。

我国历来十分重视室内空间所表现的精神力量，如宫殿的威严、寺庙的肃穆、居室的温馨、画堂庭榭的洒脱等，究其原因，无不和室内陈设有关。室内陈设浸透着社会文化、地方特色、民族气质、个人素养等精神内涵。室内陈设一般分为纯艺术品和实用艺术品两类。纯艺术品只有观赏、品味价值而无实用价值。实用工艺品则既有实用价值又有观赏价值。两者各有所长，各有特点，不能代替和类比。常用的室内陈设列举如下。

字画：我国传统的字画陈设表现形式，有楹联、条幅、中堂、匾额，以及具有分隔作用的屏风、纳凉用的扇面、祭祀用的祖宗画像等。所用的材料也丰富多彩，如有纸、锦帛、木刻、竹刻、石刻、贝雕、刺绣。书法中又有篆隶正草之别，画有泼墨工笔、黑白丹青之分，以及不同流派风格，可谓应有尽有。我国传统字画至今在各类厅堂、居室中广泛应用，并作为表达民族形式的重要手段。西洋画的传入以及其他绘画形式，丰富了绘画的品类和室内风格的表现。字画是一种高雅艺术，也是广为群众喜爱的陈设品，是装饰墙面的最佳选择。字画的选择主要考虑内容、品类、风格以及画幅大小等因素，例如现代派的抽象画和室内装饰的抽象风格会十分协调。

摄影作品：摄影作品是一种纯艺术品，摄影与绘画不同之处在于摄影只能是写实的和逼真的。少数摄影作品经过特技拍摄和艺术加工也有绘画效果，因此摄影作品的一般陈设和绘画基本相同。而巨幅摄影作品常作为室内扩大空间感的界面装饰，意义已有不同。摄影作品可以制成灯箱广告，这是不同于绘画的特点。摄影能真实地反映当地当时所发生的情景，某些重要的历史性事件和人物写照常成为值得纪念的珍贵文物，因此摄影作品既是摄影艺术品又是纪念品。

雕塑：瓷塑、钢塑、泥塑、竹雕、石雕、晶雕、木雕、玉雕、根雕等，是我国传统工艺品之一。其题材广泛，内容丰富，巨细不等，流传于民间和宫廷，是常见的室内摆设。现代雕塑的形式更多，有石膏、合金等。雕塑有玩赏性和偶像性之分，它反映了个人情趣、爱好、审美观念、宗教意识和崇拜偶像等。它属三维度空间，栩栩如生，其感染力常胜于绘画的力量。雕塑的表现还取决于光照、背景的衬托以及视觉方向。

盆景：盆景在我国有着悠久的历史，是植物观赏的集中代表，被称为有生命的绿色雕塑。盆景的种类和题材十分广阔，像电影一样，既可表现特写镜头，如一棵树桩盆景，老根新芽，充分表现植物的刚健有力、苍老古朴、充满生机；又可表现壮阔的自然山河，如一盆浓缩的山水盆景，可表现崇山峻岭、湖光山色、亭台楼阁、小桥流水，千里江山尽收眼底，可以得到神思卧游之乐。

工艺美术品：工艺美术品的种类和用材更为广泛，有竹、木、草、藤、石、泥、玻璃、塑料、陶瓷、金属、织物等。有些本来就是属于纯装饰性的物品，如挂毯之类。有些是将一般日用品进行艺术加工或变形而成，旨在发挥其装饰作用和提高欣赏价值。这类物品常有地方特色以及传统手艺。

个人收藏品和纪念品：个人的爱好既有共性也有特殊性，家庭陈设的选择往往以个人的爱好为转移。不少人有收藏各种物品的癖好，如邮票、钱币、字画、金石、钟表、古玩、书籍、乐器、兵器以及各式各样的纪念品，这里既有艺术品也有实用品。其收集领域之广阔，几乎无法予以规范。但正是这些反映不同爱好和个性的陈设，使不同家庭各具特色，极大地丰富了社会交往内容和生活情趣。不同民族、国家、地区之间，在文化经济等方面差异是很大的，彼此都以奇异的眼光对待异国他乡的物品。我们常可以看到，西方现代厅室中挂有东方的画帧、古装，甚至蓑衣、草鞋、草帽等也登上大雅之堂。

日用装饰品：日用装饰品是指日常用品中具有一定观赏价值的物品。它和工艺品的区别是，日用装饰品主要还是在于其可用性。日用装饰品的共同特点是造型美观、做工精细、品味高雅，在一定程度上具有独立欣赏的价值。因此，不但不必收藏起来，而且还要放在醒目的地方去展示它们。如餐具、烟酒茶用具，植物容器、电视音响设备，日用化妆品、灯具等。

织物陈设：织物陈设，除少数作为纯艺术品外，如壁挂、挂毯等，大量作为日用品装饰，如窗帘、台布、桌布、床罩、靠垫、家具等蒙面材料。它的材质形色多样，具有吸声效果，使用灵活，便于更换，使用极为普遍。由于织物陈设在室内所占的面积比例很大，对室内效果影响大，因此是一个不可忽视的重要陈设。纺织品应根据三个方面来选择：(1) 纤维性质；(2) 编织方式；(3) 图案形式。

(六) 室内陈设的选择和布置

作为艺术欣赏对象的陈设品，随着社会文化水平的日益提高，在室内所占的比重将逐渐扩大，在室内所拥有的地位也愈显得重要，并最终成为现代社会精神文明的重要标志之一。

现代技术的发展和人们审美水平的提高，为室内陈设创造了十分有利的条件。室内必不可少的物件为家具、日用品、绿化和其他陈设品等，灯具和绿化已被列入陈设范围，不属于陈设的只有日用品。日用品涵盖的内容最为庞杂，如书房中的书籍，客厅中的电视、音响设备，餐厅中的餐饮具等。实际上现代家具已起着整理收纳的作用，而且现代家具的艺术水平和装饰作用也远远超过一般日用品。

因此，只要对室内日用品进行妥善管理，遵循俗则藏之，美则露之的原则，摒弃一切非观赏性物件，室内陈设品才能达到装饰的最佳境界。只有在简洁明净的室内环境中，陈设品的魅力才能充分地展示出来。

由此可见，按照上述原则，室内陈设品的选择和布置主要是处理好陈设和家具之间的关系，陈设和陈设之间的关系，以及家具、陈设和空间界面之间的关系。由于家具在室内常占有重要位置和相当大的体量，一般说来陈设围绕家具布置已成为一条普遍规律。室内陈设的选择和布置应考虑以下几点：（1）室内的陈设应与室内使用功能相一致；（2）室内陈设品的大小、形式，应与室内空间家具尺度具有良好的比例关系；（3）陈设品的色彩、材质也应与家具、装修统一考虑，形成一个协调的整体；（4）陈设品的布置应与家具布置方式紧密配合，形成统一的风格。室内陈设的布置部位有墙面陈设、桌面摆设、落地陈设、橱柜陈设、悬挂陈设等。

六、室内绿化、小品

根据维持自然生态环境的要求和专家测算，城市居民每人至少应有 10m^2 的森林或 30～50m^2 的绿地，才能使城市二氧化碳和氧气达到平衡，有益于人类生存。大力推广阳台、屋顶及室内绿化，对提高城市绿化率、改善自然生态环境无疑起着十分重要的补充作用。

我国人民十分崇尚、热爱自然，喜欢接近自然，欣赏自然风光，对植物、花卉的热爱也常洋溢于诗画之中。自古以来就有踏青、登高、春游、野营、赏花等习俗，并一直延续至今。室内绿化的发展也是历史悠远，最早可追溯到新石器时代。20 世纪 60～70 年代，室内绿化已为各国人民所重视，并引进千家万户。植物是大自然生态环境的主体，室内绿化是改善城市生态环境、崇尚自然、返璞归真的愿望和需要。在当代城市环境污染日益恶化的情况下，通过绿化室内把生活、学习、工作、休息的空间变成“绿色的空间”，是环境改善最有效的手段之一。人类学家认为，当人们踏进室内，看到浓浓的绿意和鲜艳的花朵，听到卵石上的流水声，闻到阵阵的花香，在良好环境知觉刺激面前，不但会感到社会的关心，还能使精力更为充沛，思路更为敏捷，从而提高工作效率。

（一）室内绿化的作用与布局

室内绿化通过植物的色彩、体量、状态、气味等，具有美化室内环境、改善小气候的效果。室内绿化还能调节温度、湿度。干燥的季节，绿化较好的室内湿度比一般室内的湿度高些。由于花草树木有良好的吸声作用，因此绿化又能降低噪声能量。植物能吸收二氧化碳，放出氧气，通过室内绿化能净化室内空气。植物还能遮挡直射阳光，有效地吸收辐射热，因此靠近顶棚的藤蔓架以及窗口的乔木、灌木均能发挥隔热作用。

室内绿化姿态万千，能从色彩、质地、形态等方面与建筑实体、家具设备形成对比，尤其是色彩对比。墙面、地面的色彩是花草树木的背景色，在背景的衬托下，红花绿叶会更加清晰悦目。花草树木轮廓自然，形态多变，高低、疏密、曲直各不相同，这就与建筑实体形成明显的对比。绿化还可通过不同植物之间的对比作用增加空间表现力。例如铁树与龟背竹，由于叶大而有较强的装饰性；令箭荷花、仙人球等由于形态独特而充满情趣。

绿化能产生某种意境，起到陶冶性情的作用。如在客厅内摆上一盆苍劲古朴的马尾松，会使客厅的格调更加端庄和高雅。室内绿化会产生一定的精神功能，使人联想到某一个环境。例如兰花、文竹能使人想到高洁，松树使人想到刚劲，杨柳给人灵活、多姿的感受。

室内绿化可起到分隔空间、沟通空间、填充空间的作用，或成为虚拟空间的中心。如室内采用绿篱、花台等分隔大空间，比采用多种建筑材料形式的隔断更为灵活。室内绿化还可以使两个空间之间既相互渗透又能紧密连接。有时室内的角落难以处理，就可通过室内绿化来填充，打破墙角的生硬感。有些门厅、休息厅围绕花台布置座椅，形成相对独立的小空间，这时的室内绿化就成了虚拟空间的中心。

室内绿化的布局方式是多种多样的，但归纳起来不外乎四种形式。

点式：这种绿化是形成独立性的设置，它们往往是室内的景观点，有较强的观赏价值。由于重点突出，因此在选择其形态、质地、色彩等方面要精心。若在旁边放置盆栽最好能置于几架上。吊兰之类应悬挂于空中，使其上下的绿化互相呼应。

线式：这种绿化布置成一字形排列，多适用于划分室内空间。

面式：这种绿化要以体、形、级等突出其前面的景物，因此多数用作背景。它可分为有规则的几何形布局和自由形布局，前者美观耐看，后者灵活自然。

综合式：这是一种点、线、面结合的综合布局方式，也是较多采用的方法，如较大的室内就可利用综合式布局，形成一个室内景园。

（二）室内绿化的选择与点缀

室内绿化的选择是双向的。对室内来说，是选择什么样的植物较为合适；对植物来说，应该是有什么样的室内环境才能适合于生长。选择植物首先要考虑光照条件，选择形态优美、装饰性强、季节性不太明显和容易在室内成活的植物。出于其性能不同，观赏者可作出不同的选择。如观花为主的可选择扶桑、月季、海棠、令箭荷花、绣球、一品红和倒挂金钟等；观叶为主的可选择文竹、天门冬、万年青、芭蕉和其他竹类等；观果的可选择金桔、金枣、石榴和朝天椒等；有散香的可选择珠兰、米兰、夜来香、四季桂和茉莉等。

在选择时，植物的各种形态、质感、色彩和品相要与室内用途性质协调。面积较大的室内可配置叶子较大的植物，如铁树之类；面积较小的室内应配置轻盈、秀丽的植物，如金桔、月季、海棠；小型会客室和书房可配置文竹和小型松柏。

在配置植物时要与家具、设备等相结合，使室内整个构图完整、优美，层次分明，形成立体的画面。不同的植物品类，对光照、温湿度要求均有差别，有宜阴、宜阳、喜燥、喜湿、当瘠、当肥之分。一般说来，植物生长适宜温度为15～34℃，观赏花植物比观叶植物需要更多的光照。还要注意少数人对某种植物的过敏性问题。

室内绿化点缀，一般可以从以下几个方面考虑。

门前装饰：现代居室的家具摆设总在门前一侧留有空间，这里就可以放置一些中小型的观叶植物，如南洋杉、观音竹等，既不遮挡视线，又令人耳目一新。

窗的装饰：利用窗帘罩、窗台等形成一组墙面装饰，用常青藤、扶芳藤等蔓性植物虚掩窗罩，从不同角度垂下，与窗台上放置的盆花遥相呼应，使墙面层次丰富又颇具艺术性，可令居室增色。

角隅装饰：室内角落处常用大中型观叶植物如龙血树、变叶木、橡皮树、棕竹等进行装饰，这常是室内绿化装饰的重要部位。

沙发旁装饰：落地摆上一些中型植物如苏铁、龟背竹等，在茶几上放一两盆小型树桩盆景。

家具装饰：大衣橱、组合橱顶通常可放置常青藤、吊竹梅等垂状植物，梳妆台、写字台、床头柜可放文竹，也可点缀一些小盆植物。

总之，室内点缀可以因地制宜，但也不能见缝插针乱放，应考虑到整个环境互相协调、互相呼应。在需要突出点缀的部位，还可通过灯光的配合显得更有艺术情趣。

（三）室内小品

利用插花艺术来美化环境，不但给室内带来浓厚的生活气息，而且能使室内怡情悦目、情趣无限，有利于身心健康。插花艺术对整体构图的要求是很讲究的，需要精心处理。这里包括浓淡、疏密、虚实、高低和大小等关系。其造型要求耐人寻味，使人产生联想。

插花时要插得有韵味、花靠绿叶扶助，插花的美也靠好的配器。有的插在细身窄口的瓷瓶里；有的倒插在弯月形的古铜器中；有的立在朴素的竹筒里；有的摆在奇形怪状的玻璃瓶内。容器表面有的细腻光滑，有的粗糙朴素，有呈方形、圆形、盘状、壶形等，千变万化、不拘一格。花的形式各有讲究，有立花、生花、盛花、自由花等不同形式，通过三根枝叶为基础，多采用以长枝、中枝、短枝为主体的三角构成法。花乃自然之物，最好着重自然，又富于情趣。花形的构成大致可分为直立体、倾斜体、横体、下垂体和水平体等。一般是根据花材、花器和摆设位置等条件来考虑花形的构成，每种形式都有一定的规格。花草的选择和搭配，花朵的大小，花茎的长短，花瓣的斜度，一蕾一叶都要经过精心设计，力求给人以新颖的美感。

插花一般采用瓶插和盆插，也有先设计制作专门的花具和图案，然后再做插花。花与器的巧妙配合形成不同的风格，有的淡雅，有的朴素，有的艳丽。同时摆在室内的插花要与室内的布置、风格和情调互相协调，这样更能表现出插花人的思想和情趣。至于插花要插得美，除了要善于艺术构思外，还要掌握一些有关植物的科学常识。如剪铰时要把鲜花的枝干放在水里，因为在水中剪一刀，枝干就能吸一次水，使鲜花保持艳丽。如果在空气中剪枝，花枝吸进空气容易枯萎。如剪法得当，一盆鲜花一般在室内可以保存一星期左右。

造型优美、富于时代气息、装饰性强又具有诗情画意的插花作品，巧妙地布置在居室内，能产生特殊的艺术效果。在插花中能结合季节变化更有情趣，如早春以花为主，配青叶；盛夏以芳香为主，配以绿色盆景；晚秋以果为主，配以叶花；寒冬以青叶为主，配以花果。

不论是室内摆花还是插花，还须注意科学性，不是所有的品种都适合人们欣赏。如家中有高血压、心脏病人，就不能摆丁香、夜来香。因为花有异味，病人闻到后会感到气闷，对健康不利。又如松柏类植物，虽有观赏价值，但数量多、气温高时，其沉重的松香有时会影响食欲，因此在餐室等不宜放置松柏类植物；有些人接触到绣球、五色梅等会引起过敏，在选择盆栽花木时要注意这些问题。

如前面室内陈设部分所述，室内小品还包括摄影作品、工艺美术品、个人收藏品和纪念品、日用装饰品等。

第三节 室内装饰风格与设计技法

一、室内装饰

室内装饰设计是为了满足人们的社会活动和生活需要，合理、完美地组织和塑造具有美感而又舒适、方便的室内环境的一种综合性艺术。它是环境艺术的一个门类，融合了现代科学技术与文化艺术，与建筑设计、装饰艺术、人体工程学、心理学、美学有着密切关系。就其研究的范围和对象而言，室内装饰又可分为家庭室内装饰、宾馆室内装饰、商店室内装饰、公共设施室内装饰等。

室内装饰包括两类，一类依附于建筑实体，如空间造型、绿化、装饰、壁画、灯光照明及各种建筑设施的艺术处理等，统称为室内装修；另一类依托于建筑实体，如家具、灯具、装饰织物、家用电器、日用器皿、卫生洁具、炊具、文具和各种陈设品，统称为室内陈设。后者具有相对独立性，可以移动或更换。室内装饰可以改善空间，即通过装修对室内空间进行美化和修饰，创造符合美学规律的室内空间；还可以创造一定的氛围，即通过室内家具、陈设品的选择与设计，创造一种理想的室内气氛，使人赏心悦目、怡情悦性。

室内装饰有着悠久的历史，早在古埃及，人们就经常用各种鲜艳的色彩和美丽的饰物把居室布置得金碧辉煌。公元4世纪，随着基督教的兴起，开始产生了以教堂内部装饰为代表的拜占庭艺术。12世纪后，哥特式教堂在欧洲大量出现，风靡一时的玻璃镶嵌画使教堂充满了五彩缤纷的光线，烘托了宗教特有的神秘气氛。17世纪，法国曾经盛行巴洛克艺术，凡尔赛宫的内部装饰即体现了这一风格。它的特点是装饰豪华气派，风格庄严而典雅，极力显示皇族的威仪。中国传统的室内装饰则素以色彩丰富、纹饰华美、古朴典雅著称于世。

我国建筑装饰在数千年的发展进程中形成了独特的中国风格和中国气派。在殿式建筑中，多讲究雕梁画栋、用色鲜艳、对比强烈。在家具和陈设品的摆放上，则取庄重严肃的对称式格局，刻意追求富丽堂皇的皇家气派。而一般文人墨客则喜欢采用色调古朴沉着的古玩、家具及取色淡雅的水墨字画，作为室内设计的主色调，从而创造出含蓄高雅的境界。

现代室内装饰更加强调以人为本的设计，设计理念上大致可以分为两大潮流。一种是从使用功能上对室内环境进行设计，如科学通风、采光、色彩选择等，以提高室内空间的舒适性和实用性；另一种是创造个性化的室内环境，强调个人风格和独特的审美情调。此外，一个国家的经济发展水平、文化传统、风俗习惯，以及民族的审美趣味，也会在室内装饰中留下印记。

二、室内装饰设计风格

室内设计的风格和流派属室内环境中的艺术造型和精神功能范畴，往往和建筑以至家具的风格、流派紧密结合，有时也以相应时期的绘画、造型艺术，甚至文学、音乐等的风格和流派为其渊源和相互影响。例如建筑和室内设计中的“后现代主义”一词及其含义，最早是用于西班牙的文学著作中；而“风格派”则是具有鲜明特色的荷兰造型艺术的一个流派。因此，建筑室内设计艺术除了具有与物质材料、工程技术紧密联系的特征之外，还与文学、音乐以及绘画、雕塑等艺术门类相通。

风格即风度品格，体现创作中的艺术特色及个性。室内设计的风格表现于形式而又不等同于形式，有着更深层的艺术、文化、社会内涵。室内设计风格的形成，基于不同的时代思潮和地区特点，通过创作构思和表现，逐渐发展成为具有代表性的室内设计形式。一种典型风格的形式，通常与当地的人文因素和自然条件密切相关，又需有创作中构思和造型的特点，形成风格的外在和内在因素。

在体现艺术特色和创作个性的同时，相对地说，可以认为风格跨越的时间要长一些，包含的地域会广一些。室内设计的风格主要可分为：传统风格、现代风格、后现代风格、自然风格以及混合型风格。

（一）传统风格

传统风格的室内设计是在室内布置、线形、色调以及家具、陈设的造型等方面，吸取传统装饰“形”“神”的特征。例如我国传统木构架建筑室内的藻井天棚、挂落、雀替的构成和装饰，明、清家具造型和款式特征。又如西方传统风格中仿罗马式、哥特式、文艺复兴式、巴洛克、洛可可、古典主义等，其中还有仿英国维多利亚或法国路易式的室内装潢和家具款式。此外，还有日本传统风格、印度传统风格、伊斯兰传统风格、北非城堡风格等。传统风格常给人们以历史延续和地域文化的感受，它使室内环境突出了民族文化渊源的形象特征。

（二）现代风格

现代风格起源于1919年成立的包豪斯学派。该学派处于当时的历史背景，强调突破旧传统，创造新建筑，重视功能和空间组织，注意发挥结构本身的形式美。其造型简洁，反对多余装饰，崇尚合理的构成工艺，尊重材料的性能，讲究材料自身的质地和色彩的配置效果，发展了非传统的以功能布局为依据的不对称的构图手法。包豪斯学派重视实际的工艺制作操作，强调设计与工业生产的联系。现时广义的现代风格也可泛指造型简洁新颖，具有当今时代感的建筑形象和室内环境。

（三）后现代风格

20世纪50年代美国在所谓现代主义衰落的情况下，逐渐形成后现代主义的文化思潮。受20世纪60年代兴起的大众艺术的影响，后现代风格是对现代风格中纯理性主义倾向的批判。后现代风格强调建筑及室内装潢应具有历史的延续性，但又不拘泥于传统的逻辑思维方式。探索创造新型手法，讲究人情味，常在室内设置夸张、变形的柱式和断裂的拱券，或把古典构件的抽象形式以新的手法组合在一起。即采用非传统的混合、叠加、错位、裂变等手法和象征、隐喻等手段，以其创造一种融合感性与理性、集传统与现代、揉大众与行家于一体的即“亦此亦彼”的建筑形象与室内环境。对后现代风格不能仅仅以所看到的视觉形象来评价，需要透过形象从设计思想来分析。

（四）自然风格

20世纪开始的装饰热潮带给人们众多全新的装饰观念。诸如小花园、文化石装饰墙和雨花石等装饰手法，纷纷出现在现实的装饰设计之中，亲近自然也就成为了人们所追求的目标之一。自然风格倡导“回归自然”，美学上推崇自然、结合自然，才能在当今高科技、高节奏的社会生活中，帮助人们取得生理和心理的平衡。因此室内多用木料、织物、石材等天然材料，显示材料的纹理，清新淡雅。此外，由于其宗旨和手法，也可把田园风格归入自然风格一类。田园风格在室内环境中力求表现悠闲、舒畅、自然的田园生活情趣，也常运用天然木、石、藤、竹等材质质朴的纹理。巧于设置室内绿化，创造自然、简朴、高雅的氛围。

此外，也有人把20世纪70年代反对千篇一律的国际风格者，如砖墙瓦顶的英国希灵顿市政中心以及耶鲁大学教员俱乐部，室内采用木板和清水砖砌墙壁、传统地方窗造型及坡屋顶等，称为“乡土风格”或“地方风格”，也称“灰色派”。

（五）混合型风格

近年来，建筑设计和室内设计在总体上呈现多元化、兼容并蓄的状况。室内布置中也有既趋于现代实用，又吸取传统的特征，在装潢与陈设中融古今中西于一体。例如传统的屏风、摆设和茶几，配以现代风格的墙面及门窗装修，新型的沙发；欧式古典的琉璃灯具和壁画装饰，配以东方传统的家具和埃及的陈设、小品等。混合型风格虽然在设计中不拘一格，运用多种体例，但设计中仍然是匠心独具，深入推敲形体、色彩、材质等方面的总体构图和视觉效果。

还有更为精细的室内装饰风格类型，如：古典风格、朴素风格、精致风格、轻快风格、柔和风格、优雅风格、都市风格、清新风格、中式风格等。

三、室内装饰设计流派

室内装饰设计流派通常是指室内设计的艺术派别。从所表现的艺术特点分析，现代室内设计形成并存在多种流派。

（一）高技派

高技派或称重技派，突出当代工业技术成就，并在建筑形体和室内环境设计中加以炫耀，崇尚“机械美”，在室内暴露梁板、网架等结构构件以及风管、线缆等各种设备和管道，强调工艺技术与时代感。高技派典型的实例为法国巴黎蓬皮杜国家艺术与文化中心和香港中国银行。

（二）光亮派

光亮派也称银色派，在室内设计中夸耀新型材料及现代加工工艺的精密细致及光亮效果，往往在室内大量采用镜面及平曲面玻璃、不锈钢、磨光的花岗石和大理石等作为装饰面材。在室内环境的照明方面，常使用折射、反射等各类新型光源和灯具，以在金属和镜面材料的烘托下形成光彩照人、绚丽夺目的室内环境。

（三）白色派

白色派的室内装饰朴实无华，室内各界面乃至家具等常以白色为基调，简洁明快。如美国建筑师R·迈耶设计的史密斯住宅即属此例。白色派的室内装饰设计并不仅仅停留在简化装饰、选用白色等表面处理上，而是具有更为深层的构思内涵。设计师在室内环境设计时是综合考虑了室内活动着的人，以及透过门窗可见的变化着的室外景物。从这种意义上讲，室内环境只是一种活动场所的“背景”，因而在装饰造型和用色上不作过多渲染。

（四）新洛可可派

洛可可原为18世纪盛行于欧洲宫廷的一种建筑装饰风格，以精细轻巧和繁琐的雕饰为特征。新洛可可仰承了洛可可繁复的装饰特点，但装饰造型的“载体”和加工技术却运用现代新型装饰材料和现代工艺手段，从而具有华丽而略显浪漫、传统中仍不失时代气息的装饰效果和氛围。

（五）超现实派

超现实派追求所谓超越现实的艺术效果，在室内布置中常采用异常的空间组织，曲面或具有流动弧形线型的界面，浓重的色彩，变幻莫测的光影，造型奇特的家具与设备，有时还以现代绘画或雕塑来烘托超现实的室内环境气氛。超现实派的室内环境，较为适应具有视觉形象特殊要求的某些展示或娱乐的室内空间。

（六）解构主义派

解构主义是20世纪60年代，以法国哲学家J·德里达为代表所提出的哲学观念，是对20世纪前期欧美盛行的结构主义和理论思想传统的质疑与批判。建筑和室内设计中的解构主义派对传统古典、构图规律等均采取否定的态度，强调不受历史文化和传统理性的约束。是一种貌似结构构成解体，突破传统形式构图，用材粗放的流派。

（七）装饰艺术派

装饰艺术派起源于20世纪20年代法国巴黎召开的一次装饰艺术与现代工业国际博览会，后传至美国等各地，如美国早期兴建的一些摩天楼即采用这一流派的手法。装饰艺术派善于运用多层次的几何线型及图案，重点装饰于建筑内外门窗线脚、檐口及建筑腰线、顶角线等部位。上海早年建造的老锦江宾馆及和平饭店等建筑的内外装饰，均为装饰艺术派的手法。近年一些宾馆和大型商场的室内，出于既具时代气息又有建筑文化内涵的考虑，常在现代风格的基础上，在建筑细部饰以装饰艺术派的图案和纹样。

（八）风格派

风格派起始于20世纪20年代的荷兰，是以画家P·蒙德里安等为代表的艺术流派，强调“纯造型的表现”，“要从传统及个性崇拜的约束下解放艺术”。风格派认为“把生活环境抽象化，这对人们的生活就是一种真实”。他们对室内装饰和家具经常采用几何形体以及红、黄、青三原色，间或以黑、灰、白等色彩相配置。风格派的室内装饰在色彩及造型方面都具有极为鲜明的特征与个性。建筑与室内常以几何方块为基础，对建筑室内外空间采用内部空间与外部空间穿插统一构成为一体的手法，并以屋顶、墙面的凹凸和强烈的色彩对块体进行强调。

当前是从工业社会向信息社会过渡的时期，人们对自身周围环境的需要，除了能满足使用要求、物质功能之外，更注重对环境氛围、文化内涵、艺术质量等精神功能的需求。室内设计不同艺术风格和流派的产生、发展与变换，既是建筑艺术历史文脉的延续和发展，具有深刻的社会发展历史和文化内涵，也必将极大地丰富人们与之朝夕相处、活动于其间时的精神生活。

四、室内装饰设计技法

室内设计是在以人为本的前提下，满足其功能实用，运用形式语言来表现题材、主题、情感和意境，形式语言与形式美则可通过以下方式表现出来。

对比：对比是艺术设计的基本定型技巧，把两种不同的事物、形体、色彩等作对照称为对比。如方圆、新旧、大小、黑白、深浅、粗细等。把两个明显对立的元素放在同一空间中，经过设计，使其既对立又谐调，既矛盾又统一，在强烈反差中获得鲜明对比，求得互补和满足的效果。

和谐：和谐包含谐调之意。它是在满足功能要求的前提下，使各种室内物体的形、色、光、质等组合得到谐调，成为一个非常和谐统一的整体。和谐还可分为环境及造型的和谐、材料质感的和谐、色调的和谐、风格样式的和谐等。和谐能使人们在视觉上、心理上获得宁静、平和的满足。

对称：对称是形式美的传统技法，是人类最早掌握的形式美法则。对称又分为绝对对称和相对对称。上下、左右对称，同形、同色、同质对称为绝对对称。而在室内设计中采用的是相对对称。对称给人感受秩序、庄重、整齐即和谐之美。

均衡：生活中金鸡独立，演员走钢丝，从力的均衡上给人稳定的视觉艺术享受，使人获得视觉均衡心理。均衡是依中轴线、中心点不等形而等量的形体、构件、色彩相配置。均衡和对称形式相比较，有活泼、生动、和谐、优美的韵味。

层次：一幅装饰构图要分清层次，使画面具有深度、广度而更加丰富。缺少层次则感到平庸，室内设计同样要追求空间层次感。如色彩从冷到暖，明度从亮到暗，纹理从复杂到简单，造型从大到小、从方到圆，构图从聚到散，质地从单一到多样等，都可以看成富有层次的变化。层次变化可以取得极其丰富的视觉效果。

呼应：呼应如同形影相伴，在室内设计中，顶棚与地面、桌面及其他部位，采用呼应的手法，形体的处理，会起到对应的作用。呼应属于均衡的形式美，是各种艺术常用的手法。呼应也有“相应对称”、“相对对称”之说，一般运用形象对应、虚实气势等手法求得呼应的艺术效果。

延续：延续是指连续伸延。人们常用“形象”一词指一切物体的外表形状，如果将一个形象有规律地向上或向下，向左向右连续下去就是延续。这种延续手法运用在空间之中，使空间获得扩张感或导向作用，甚至可以加深人们对环境中重点景物的印象。

简洁：简洁或称简练。指室内环境中没有华丽的修饰和多余的附加物，以少而精的原则，把室内装饰减少到最小程度，认为“少就是多，简洁就是丰富”。简洁是室内设计中特别值得提倡的手法之一，也是近年来十分流行的趋势。

独特：独特也称特异。独特是突破原有规律，标新立异引人注目。在大自然中，“万绿丛中一点红，荒漠中的绿地”，都是独特的体现。独特是在陪衬中产生出来的，是相互比较而存在的。在室内设计中特别推崇有突破的想象力，以创造个性和特色。

色调：色彩是构成造型艺术设计的重要因素之一。不同颜色能引起人视觉上不同的色彩感受。如红、橙、黄温暖感很热烈，被称作暖色系；青蓝绿具有寒冷、沉静的感觉，称作冷色系。在室内设计中可选用各类色调构成。色调有很多种，一般可归纳为“同一色调，同类色调、邻近色调，对比色调”等，在使用时可根据环境不同灵活运用。

五、室内装饰设计实例

（一）欧式古典风格

欧式古典风格在空间上追求连续性，追求形体的变化和层次感。室内外色彩鲜艳，光影变化丰富。室内多用带有图案的壁纸、地毯、窗帘、床罩、帐幔以及古典式装饰画或物件。为体现华丽的风格，家具、门、窗多漆成白色，家具、画框的线条部位饰以金线、金边。古典风格是一种追求华丽、高雅的欧洲古典主义，典雅中透着高贵，深沉里显露豪华，具有很强的文化感受和历史内涵。

（二）地中海风格

地中海风格具有独特的美学特点。一般选择自然的柔和色彩，在组合设计上注意空间搭配，充分利用每一寸空间，集装饰与应用于一体，在组合搭配上避免琐碎，显得大方、自然，散发出古老尊贵的田园气息和文化品位。其特有的罗马柱般的装饰线简洁明快，流露出古老的文明气息。在色彩运用上常选择柔和高雅的浅色调，映射出田园风格的本义。地中海风格多采用有着古老历史的拱形状玻璃，采用柔和的光线，加之原木的家具，用现代工艺呈现出别有情趣的乡土格调。

地中海式装饰陈设风格是一种地域性很强的室内装饰样式。在地中海地区，家具与小装饰物使用自然素材是其一大特征，竹藤、红瓦、窑烧制品及木板等，从不会受流行设计的影响，代代流传下来的家具被小心翼翼地使用着，使用时间越长越能营造出独特风味。至于那明亮而丰富的色彩总是和自然有着紧密的连接。象征太阳的黄色、天空的蓝色、地中海的青以及橘色，是常见的主要色系，整体上来说不大偏好清淡色彩。而这种和大自然亲近的特征便是让人们感受到舒适与宁静的最大魅力。在我们常见的“地中海风格”中，蓝与白是比较主打的色彩，所以蓝色的家具是布置的时候多用的，崭新感觉的家具是一定不适合“地中海”的，所以很多家具要故意做旧。而且，家具最好是用实木或藤类的天然材质制成，线条简单、圆润，有一些弧度。

（三）田园风格

室内装饰基调清新素雅，白色成为空间色彩的主调，墙面和顶棚都统一在浅浅的、具有不同冷暖色相的白色之中。起居室的落地长窗间隔而立，宽大的采光面积，使室内沐浴在融融日光的暖意之中。大型的转角沙发配上方形大茶几，占据了室内绝大部分面积。装饰织物多选用棉织品，图案简单素洁，以条纹与小碎花为主，色彩同样是以白色为基调。室内陈设物品多是日常生活用品，质朴随意，没有刻意的雕琢感，开凿在墙面的壁龛成为陈设装饰重点。田园式装饰陈设风格是自然质朴而又富于生活情趣的。

（四）国际式现代风格

国际式的室内设计风格是伴随着建筑风格应运而生的。它的代表人物密斯·

凡·德·罗、格罗皮乌斯、柯布西耶等，注重建筑功能和建筑工业化的特点，反对虚伪的装饰，对后来的建筑设计的发展做出了重要的贡献。

国际式现代装饰陈设风格的特征：

（1）室内空间开放，内外通透，称为流动的空间，不受承重墙限制的自由平面设计；

（2）室内墙面、地面、天花板以及家具、陈设、绘画、雕塑乃至灯具、器皿等，均以简洁的造型、纯洁的质地、精细的工艺为其特色；

（3）尽可能不用装饰和取消多余的东西，认为任何复杂的设计、没有实用价值的特殊部件及任何装饰，都会增加建筑造价，强调形式应更多地服务于功能；

（4）建筑及室内部件尽可能使用标准部件，门窗尺寸根据模数制系统设计；

（5）室内选用不同的工业产品家具和日用品。

国际式现代装饰陈设风格的缺点是千篇一律、冷漠、缺少人情味，其后受到众多非议。

第四节　居住建筑室内设计

随着生活方式的改变、科技发展和文化进步，现代住宅不再是简单的栖身之所，它已成为在工作之余能够调节精神生活，发展个人专长和爱好，从事学习、社交、娱乐等活动的多功能场所。因此，住宅的室内设计除充分重视现代化条件的物质需要外，还应满足住户不同职业、文化、年龄、个性特点所呈现出的千差万别的要求，营造出艺术与舒适相辅相成的空间环境。

现代科技的不断发展，使各种新材料、新技术、新设备等进入到现代化居住环境中。人们对生活质量的要求提高，对居住环境的室内设计也提出更高的要求。如室内空间大小的灵活多变，空间布局上功能分区的合理性与明确性，多功能家具分隔，室内空间装饰的整体性，墙面、顶棚、灯具等人工光影效果，以及色彩、气氛、情调的追求等。

居住建筑室内设计需要考虑五种因素：（1）家庭人口构成；（2）民族和地区的传统、特点和宗教信仰；（3）职业特点、工作性质；（4）业余爱好、生活方式、个性特征和生活习惯；（5）经济水平和消费投向的分配情况。

一、居住建筑的空间组成和设计原则

（一）使用功能布局

居住建筑在空间设计上应体现以起居室为全家活动中心的原则，合理安排起居室的位置。各功能空间应有良好的空间尺度和视觉效果，功能明确，各得其所。为保证居住的安全与舒适，各行为空间应有良好的空间关系，实现公私分离、食宿分离、动静分离，各空间之间交通顺畅，并尽量减少相互穿行干扰。合理组织各功能区的关系，合理安排设备、设施和家具，并保证稳定的布置格局。要有足够的储藏空间，应设置室内外过渡空间，用以换衣、换鞋、放置雨具等。

居住建筑的功能空间包括起居室、卧室、餐厅、厨房、卫浴间等基本空间。在设计时可根据整套居住建筑面积的大小，细分为门厅、走廊、子女室、更衣间、

贮藏室等，它们之间的关系是互相联系和支持的有机体。在设计上首先决定改革空间的位置、面积、方向等基本因素。如起居室、主卧室、餐厅等空间，要设置在方向、位置都比较好的部位，同时需把握交通流线的因素，做到动静分区合理，以使各个空间的关系顺畅有序。

（二）动静分区

动与静的区分采取物理手段和必要的分隔处理，动静区域的合理分布更加重要，合理设计平面交通流线图，可以有效避免混杂斜穿，保证动与静的分离。若卧室的门直接朝向客厅，会令主、客均感不适；卫生间的门直接朝向客厅，也会使人感到尴尬。因此，在原平面图的基础上进行适当的调整和完善，可以形成顺畅又科学的平面布局。

居住建筑的室内尽管空间有限，但从功能合理、使用方便、视觉愉悦以及节省投资等几方面综合考虑，仍然需要突出装饰的重点，主次分明。尽管门厅或走道面积不大，却常常给人以第一印象，也是首先接触的空间，应适当从视角和选材方面予以细致设计。起居室是家庭团聚、会客等使用最为频繁的内外接触较多的空间，也是家庭活动的中心。从实际使用效果来衡量资金的投入，应重点保证厨房及卫浴间的设施，采用易于清洁和防潮的面层材料，抽排油烟机、热水器是防污和卫生必需的设施，它们可有效地提高居住的生活质量。

主次分明的设计概念要体现在一个完整的设计过程中。空间无论大小，层次无论是丰富还是简单，都有一个核心部分，即一个家庭的中心——起居室。它既起着凝聚家庭的作用，又负担着联系外界的功能。空间常常是开放的，平面与立面将着重体现主人的物质层次、精神层次及其审美观，因而起着统领全局的作用，理应加以浓墨重彩的设计。其地面、墙面和顶面的色彩与选材，均应重点推敲并进行细节处理，其他空间也应与其保持设计风格的统一。

（三）风格造型

住宅室内的设计风格和造型特征需要从整体考虑，其形式和风格要素有：文化背景，家庭人口构成，家庭的职业特点，艺术爱好，经济条件和业余活动等。设计的风格有很多，如富有时代气息的现代风格，显示文化内涵的传统风格，返璞归真的自然风格，既具有历史延续性，又有人情味的后现代风格，中式风格或西式风格，不拘一格融中西于一体的混合型艺术风格等。

（四）家庭装修设计流程

室内设计程序是保证设计质量的前提，一般分为四个阶段展开，即：设计准备阶段；方案设计阶段；施工图设计阶段；设计实施（施工）阶段。

1. 设计准备

（1）接受委托任务书，或根据标书要求参加投标；

（2）明确设计期限，编定设计计划进度表，考虑各工种的配合；

（3）明确设计任务和要求，如室内的使用性质、功能要求、造价等；

（4）收集分析有关的资料信息，熟悉设计的有关规范，现场勘测等；

（5）签订合同，设计进度安排，与业主商议确定设计费率。

2. 方案设计

进一步收集、分析资料与信息，构思立意，进行初步方案设计。

3. 施工图设计

确定初步方案，提供设计文件，包括平面图、天花图、立面展开图、色彩效果图、装饰材料实样、设计说明与造价概算。

4. 设计实施

初步设计方案的修改与确定，然后进行施工。

(五) 居住建筑空间的组成

住宅空间从使用性质上划分，大致可分为三种不同的空间。

1. 公共活动空间

公共活动区域是全家生活聚集的中心，是家庭与外界交际的场所。家庭活动主要内容有团聚、视听、阅读、用餐、户外活动、娱乐及儿童游戏等。因此公共活动区域是一个极富凝聚力的核心空间。它不仅使家庭成员共享天伦之乐，使亲友联谊情感，而且可以调节身心，陶冶性情。根据家庭结构和活动特点的差异性，公共活动空间又常常划分出门厅、起居室、餐厅、游戏室、家庭影院以及活动平台等不同功能的空间。公共活动区域应有较好的环境和景观。

2. 私密性空间

私密性空间是专门为家庭成员进行私密性行为（如睡眠、休息、个人卫生、梳妆等）提供的空间，包括卧室、卫生间、浴室、衣物贮藏等私密性极强的空间，还有书房、工作间等特定要求的静谧空间。此类空间的设置能充分满足家庭成员的个体需要和不同的心理需求，使家庭成员之间能在亲密之外保持适度的距离，同时避免使用其他空间造成的干扰。私密性空间不但要针对多数人的共同生理特点和心理趋向进行考虑，更要针对居住者个体性别、年龄、性格和爱好及其他特别因素而设计，因此它更能体现出空间使用者的个性。一个完备的私密性空间应具有安全性、休闲性和创造性，并具有良好的日照和通风环境。

3. 家庭操作空间

家庭操作空间是家庭进行家务活动的空间。家务活动主要是准备膳食、洗涤餐具和衣物，打扫环境卫生等。所需的设备包括厨房操作台、洗碗机、洗衣机、晾晒台；以及储存设备如冰箱、碗柜、冷柜、衣橱等。

在设计时应重视其功能性。设计合理的家务操作空间有利于提高工作效率，使有关膳食调理、衣物洗熨、维护清洁等复杂事务在省时、省力的原则下顺利完成。家务操作区的设计应首先对相关行为顺序进行科学的分析，给予相应的位置；然后根据设备尺寸及操作者人体工程学的要求设计出合理的尺度；在条件允许的前提下使用现代科技产品，令家务操作行为成为一个舒适方便、富有美感的操作过程。

(六) 居住建筑空间设计的基本原则

居住建筑空间设计要体现“以人为本，亦情亦理”的设计理念，针对不同家庭人口构成、职业性质、文化生活、业余爱好和个人生活情趣等特点，设计具有特色和个性的居家环境。具体设计时应遵循“安全、健康、适用、美观”的原则。

安全：指任何装修和装饰绝不能给居住者留有隐患。如对承重结构的损坏，没有分隔防范的开敞式煤气厨房，电气线路的不规范连接，硬质光滑地板，外凸锐角装饰等。设计应把安全问题放在首位，以确保居住者的生命财产安全。

健康：指所有装修都应有利于人们的身心健康。装饰材料的污染、刺眼的照明、过多的色彩、杂乱的陈设，通风不畅、缺少日照等都将不利于身心健康。

适用：指空间的使用使居住者感到舒适，确切地讲，又包含以下几方面的内容。

(1) 功能布局合理。如公共活动区域和私密空间在位置上做到动与静分区、内与外关系明确。

(2) 装饰用材恰当。应充分了解不同装饰材料的性能，解决好保温、隔热、隔声等问题。

(3) 设施配置适用、合理，尽量做到科学化、现代化。

美观：指室内设计元素在设计风格、文化内涵、品位气质等方面引起的视觉愉悦。家庭装饰应创造一个具有休闲、宁静的环境氛围，其风格的定位应有别于公共娱乐场所及宾馆、公共餐饮等场所。在装饰造型的浓重与淡雅、光照和色彩配置和适用，以及装饰材料、家具陈设等方面，其设计手法、设计语言都应有较大的差异。当今都市生活节奏加快，因此家居设计更宜于营造清新、明快、简洁、淡雅的室内氛围。

(七) 居住建筑室内的基本功能及发展趋势

尽管居住建筑设计和装修日益多样化、高档化和个性化，人们越来越注重居住建筑的设计形式及其品味，然而功能依然决定着形式。如今，居住建筑的功能早已由单一的就寝和吃饭发展成多样化，随着生活内容的变化，其功能越发完善，包含了休闲、工作、清洁、烹饪、储藏、会客和展示等多种功能为一体的综合性空间系统。居住建筑内部各种功能的设施越来越多，这些必备的设施影响到了空间的形态和尺寸。

居住建筑室内装饰发展趋势：

(1) 住房和城乡建设部推出《住宅整体厨房》、《住宅整体卫浴间》行业标准，使居住建筑的使用功能更趋科学化。提高厨房和卫浴间的设施标准，在大面积实现厨房燃气化的条件下，相应配置抽排油烟机、热水器、消毒柜、微波炉等设备。厨房操作面、储物柜等，也在推行工厂加工制作、现场安装的设计和施工方法，整体化厨房设备具有易于维护和保养的优势。

(2) 户内建筑空间除厨房和卫浴间之外，应为大开间构架式的布局，使不同的住户可以根据家庭人口组成及使用功能的要求自行分割居室。分割手段可采用相对固定的轻质隔断或组合式高柜家具，即从根本上消除装修所带来的破坏结构承重构件的现象，为住户充分争取住宅内使用空间。

(3) 居住建筑室内装饰材料的选用，应按无污染、不散发有害物质的“绿色”装饰材料来要求，装饰材料应通过国家监测标准，并应争取通过 ISO 国际质量检测标准。

(4) 居住建筑室内设计既有共性又有个性，故应充分考虑时间、地点、条件，鼓励与众不同的构思和个性的表现。

二、居住建筑室内的艺术处理

(一)设计构思

室内设计的灵魂是构思创意，设计通盘构思包括室内风格和造型特征。首先要从整体上根据家庭的职业特点、艺术爱好、人口组成、经济条件和娱乐活动等做通盘考虑。当然也可以根据业主的喜爱，不拘一格融中西于一体的混合艺术风格和造型特征，但是都需要事先通盘考虑，即所谓“意在笔先”。先确定一个总的构思，然后才着手处理地面、墙面和顶面，以及家具、灯具、窗帘和室内织物等具体装饰的细节。居住建筑室内设计主要是服从使用者的意愿和喜爱。

目前城市大部分住宅面积标准较低，人们工作紧张、生活节奏快。考虑到以上因素，住宅建筑的室内设计提倡简洁淡雅的风格，这样有利于扩展空间，形成恬静宜人、轻松休闲的室内居住环境。由于住宅一般面积较小，布局紧凑，因此在门厅、厨房、走道以至部分居室靠墙处，可适当设置吊柜、壁橱等以充分利用空间。必要时某些家具也可兼用或折叠，如沙发床、白天可翻起的床、翻板柜面的餐桌等。

对那些面积较宽敞，居室层高也较高的公寓或别墅类高端住宅建筑，室内设计更强调设计的个性化、艺术品位以及丰富的文化内涵。其重点部位仍应是起居室、门厅、厨房、卫浴间等。根据不同风格的要求，各个界面的设计在造型、线脚、用材等方面，可以比面积紧凑住宅的处理手法丰富而富有变化。如部分交通联系面积可适当选用硬质地砖类材料，墙面可以设置木墙裙(即护壁)，起居室、餐厅等的顶棚也可设置线角或灯槽，卧室墙面可作织物软包等。以达到更高的艺术设计层次，满足人们精神层面的需求。

(二)居住建筑室内色彩、肌理和照明

居住建筑空间的基本功能、布局完成以后，则要有一个造型和艺术风格上的整体构思，然后从整体出发设计或选用室内地面、墙面和顶面等各个界面的色彩，确定家具和室内纺织品的色调和材质。

在室内环境中，色彩是人们最为敏感的视觉感受，应依据主题创意确定居住建筑室内环境的主色调。究竟选用暖色调还是冷色调，是对比色还是调和色，是高明度还是低明度，则要按整体创意的需要来确定。例如选用高明度、低彩度、中间偏冷或中间偏暖的色调，或以黑、白、灰为基调的无彩体系，局部配以高彩度的小件摆设或沙发靠垫等。

居住建筑室内各界面以及家具、陈设等材质的选用，应考虑人们近距离长时间的视觉感受，甚至可以与肌肤接触等特点，肌理不应过分粗糙或释放有害气体。从人与室内景物的对话去考虑，木材、棉、麻、藤、竹等材料更具有亲切自然感，具有永恒的魅力。此外适量的玻璃、金属，以及高分子复合材料更能显示时代的气息。

色彩与材质、光照具有密切的内在联系。不同树种的木质各自具有相应的色彩、纹理和视觉感受。像玻璃的明净、金属的光泽一样，材料特有的色彩、光泽和纹理即为该材质的属性，这以天然材料尤为突出。色彩和照明同样具有相应的内在联系，在底色温暖光源的照射下，室内会笼罩在一层淡淡的暖黄色调中，产

生温暖亲切的效果。反之，在色温低、冷光源的照射下，室内则犹如被一层青白色的冷光所覆盖。此类因素在选用室内的色彩和材质时均应细致考虑。

在居住建筑室内设计中，选用合适的家具常起到举足轻重的作用。家具的造型款式、色彩和材质，都与室内环境的使用性和艺术性休戚相关。例如小面积住宅中选用清水哑光的粗木家具，辅以棉麻面料，常使人感到亲切淡雅。色彩的选择与室内设计的风格定位有关，例如室内为中式传统风格，通常用红木、榉木或仿红木类家具，色彩为酱黑、棕色或黄色，壁面常为白色粉墙，室内环境即为家具与墙面的明度对比布局。

三、门厅设计

（一）门厅的功能

门厅专指住宅室内与室外之间的过渡空间。也就是进入室内换鞋、更衣或从室内去室外的缓冲空间，也称为门厅、前室、过厅或进厅。在住宅中，门厅虽然面积不大，但使用频率较高，是进出住宅必经之处，也是给人最初印象的空间区域，是调节人们心理状态和防止污染侵入的缓冲区。门厅按空间大小不同，常表现为不同的形式。

1. 门斗

门斗在一般住宅中常指进户门的小空间。此部位的墙面内侧属于室内装饰的一个重要景点，形式要与室内装饰风格相统一。在装饰中应充分考虑第一位置的视觉形象和用意，对进厅区域划分和美化，可引用建筑设计的透景、露景和借景等处理手法，以起到相应的阻挡和延缓作用，避免“开门见山，一览无余”。如果建筑本身未留进厅的位置，可在室内虚拟划分一块空间做进厅使用。在进厅可设置鞋柜、衣帽柜、穿衣镜及简单的家具，而装饰品的安排有提神和点睛的作用。

2. 前室、门厅

前室和门厅都是进厅最重要的组成部分，一般前室指较小的进厅区域，而门厅则指较为宽松且相对独立的空间。但两者功能基本相同，家具选用要精巧、活泼、适用，尽量减少空间的紧迫感。

（二）设计要点

居室入口的设计应首先保证一定的使用功能。入口是住宅的进厅，是室内和户外的过渡地带，故此处应有一定的活动与滞留空间，并且还要具备过渡地带应有的存衣、存物架和其他设备。入口处使用的材料应耐久、易清洗。

门厅是居住建筑不可缺少的室内空间。作为居住建筑空间的起始部分，它是外部（社会）与内部（家庭）的连接点。所以，在设计中必须要考虑其实用因素和心理因素。包括适当的面积、较高的防卫性能、合适的照度、益于通风、有足够的储藏空间、适当的私密性以及安定的归属感。

门厅面积接近最低限度的动作空间，可能只够脱鞋换鞋所需的空间，然而还应力求小中见大。在跃层或别墅中则采用两层相同的共享空间做法，以加大纵向空间，减少压抑感。至于安全性，门厅属于外人容易接近的地方，安装坚实的防盗门是安全有效的方法，同时在心理上也增加了安全感。门厅的储藏功能常被忽略或处理不周，只有鞋柜是不够的。外出时所使用的物品基本都在门厅中存放，不仅是方便，更为了卫生，还有雨伞、大衣、帽子、手套、运动用品等物品的存放。大衣类的存放空间需要考虑客人的余量。门厅的收藏空间必须详细研究与物品的关系后，选择利用率高的方式。

（三）设计方式

低柜隔断式：即以低形矮台来限定空间，以低柜式成型家具的形式做隔断体，既可储放物品，又具有划分空间的功能。

玻璃通透式：是以大屏玻璃作装饰遮隔，或在夹板贴面旁嵌饰喷砂玻璃、压花玻璃等通透的材料，既可以分隔大空间，又能保持整体空间的完整性。

格栅围屏式：主要是以带有不同花格图案的透空木格栅屏作隔断，既有古朴雅致的风韵，又能产生通透与隐隔的互补作用。

半敞半隐式：是以隔断下部为完全遮蔽式设计。隔断两侧隐蔽无法通透，上端敞开，贯通彼此相连的天花顶棚。半敞半隐式的隔断墙高度大多为1.5m，通过线条的凹凸变化、墙面挂置壁饰或采用浮雕等装饰物的布置，达到浓厚的艺术效果。

柜架式：就是半柜半架式。柜架的形式采用上部为通透格架作装饰，下部为柜体；或以左右对称形式设置柜件，中部通透等形式；或用不规则手段，虚、实、散互相融和，以镜面、挑空和贯通等多种艺术形式进行综合设计，以达到美化与实用并举的目的。

（四）借鉴元素

1. 从室内借鉴装饰元素。如田园风格门厅的家具，同样可以设计充满田园气息的鞋柜，柜面放上鲜花、装饰画等。如果室内装饰朴实，门厅也不宜做得太花哨，稳重带木纹的鞋柜、穿鞋凳、色彩简单的小地毯都是不错的选择。

2. 选择自己喜欢的东西放在门厅。如在门厅与客厅的隔断上做一个观赏鱼缸，每天回家见到小鱼游来游去，一天的疲惫都缓解很多。也有人喜欢鹅卵石，买一些铺在门厅地面之下，再随意点缀几只贝壳，上面以钢化玻璃覆盖，一种自然生动的生活情趣在进门时就能深刻感受到。当然，如果喜欢足球也可以将珍贵的写满球星名字的球衣裱成画框放在门厅；喜欢游戏，可以在鞋柜上摆几个游戏人物的玩偶；喜欢摄影，可以挂一张自己最满意的作品；喜欢旅游，可以放上自己游历途中淘到的宝贝，并且可以不时更换……。个性化生活赋予门厅独特的个人魅力，在属于你的空间，大可以尽情发挥。

3. 如果室内面积较小，门厅处就要做得尽可能简洁，装饰过多会造成凌乱感，也会影响来人对家里环境的印象。室内空间大，可以做全隔断或半隔断的设计，形成完整的门厅概念，不仅可以满足基本使用功能，在装饰性上可以发挥的空间也更大。作为一个独立的功能区域，门厅的整体风格应该较为统一。如有案例在进门处放一扇榆木雕花的中式屏风，朦朦胧胧透着屋内景致，别有一番风韵。屏风旁边放着两只竹节换鞋凳，鞋柜是低矮的仿古家具，墙面的装饰古色古香，使这一小方天地看上去精雕细琢，风格配件都非常统一。

无论什么样的房子，门厅作为进门的一个停顿，要有一些过渡性的特点，既要与室内形成良好衔接，门厅本身也要浑然一体。当然，这一点要根据自家实际情况量力而行。门厅设计是非常考验设计师功力的地方，在设计过程中，功能性应该大于装饰性。

（五）设计要素

1. 灯光

门厅区一般都不会紧挨窗户，要想利用自然光来提高区间的光感是不可奢求的。需通过合理的灯光设计来烘托门厅明朗、温暖的氛围。一般在门厅处可配置较大的吊灯或吸顶灯作主灯，再添置些射灯、壁灯、荧光灯等作辅助光源。还可以运用一些光线朝上射的小型地灯作点缀。如果不喜欢暖色调的温馨，还可以运用冷色调的光源传达冬意的沉静。

2. 墙面

依墙而设的门厅，其墙面色调是视线最先接触点，也是给人的总体色彩印象。清爽的水湖蓝、温情的橙黄、浪漫的粉紫、淡雅的嫩绿，缤纷的色彩能带给人不同的心境，也暗示着室内空间的主色调。门厅的墙面最好以中性偏暖的色系为宜，能让人很快从疲惫的外界环境转而体味到家的温馨。

3. 家具

条案、低柜、边桌、明式椅、博古架，门厅处不同的家具摆放，或集纳或展示，可以承担不同的功能。但鉴于门厅空间的有限性，在此处摆放的家具应以不影响主人的出入为原则。如果居室面积偏小，可以利用低柜、鞋柜等家具扩大储物空间，像手提包、钥匙、纸巾包、帽子、便笺等物品可以放在柜子上。另外，还可通过改装家具来达到一举两得的效果，如把落地式家具改成悬挂的陈列架，或把低柜做成敞开式挂衣柜，增加实用性的同时又节省了空间。

4. 装饰物

做门厅不仅考虑功能性，装饰性也不能忽视。一盆小小的雏菊，一幅家人的合影，一张充满异域风情的挂毯，有时只需一个与门厅相配的陶雕花瓶和几枝干花，就能为门厅烘托出非同一般的气氛。另外，还可以在墙上挂一面镜子，或不加任何修饰的方形镜面，或镶嵌有木格栅的装饰镜，不仅可以让主人在出门前整理装束，还可以扩大视觉空间。

5. 地面

门厅地面是家里使用频率最高的地方。因此，门厅地面的材料要具备耐磨、易清洗的特点。地面的装修通常依整体装饰风格而定，一般用于地面的铺设材料有玻璃、木地板、石材或地砖等。如果想让门厅的区域与客厅有所分别的话，可以选择铺设与客厅颜色不一的地砖。还可以把门厅的地面升高，在与客厅的连接处做成一个小斜面，以突出门厅的特殊地位。

四、起居室设计

（一）起居室的空间位置与功能

起居室是居住空间中最主要的空间，是家庭成员逗留时间最长的地方，也是集中表现家庭物质生活水平和精神风貌的个性空间，因此起居室是住宅空间环境设计与装饰的重点。起居室是住宅中的多功能空间，家私配置主要有沙发、茶几、电视机柜、酒吧柜及装饰物品陈列柜等。在设计时，应将自然条件、现有住宅因素以及环境设施等人为因素加以综合考虑，以保证家庭成员各种活动需要。人为因素方面，如合理的照明方式，良好的隔声处理，适宜的温湿度，舒适的家具等。起居室的设置应尽量安排在周围景观效果较好的方位上，保证有充足的日照，并可以观赏周围的美景，使起居室视觉与空间效果都得到很好的体现。

起居室是家庭成员及外来客人共同活动的空间，一般可划分为会客区、用餐区、学习区等。会客区应适当靠外一些，用餐区接近灶间，学习区只占房屋的一个角落。在空间条件允许下可采取多用途的布置方式，合理地把会谈、音乐、阅读、娱乐等各功能区划分开，同时尽量减少不必要的家具，增加活动空间。在满足客厅多性能需求的同时，应留意整个客厅的协调统一。各个性能区域的局部美化装饰，应留意服从整体的视觉美感。起居室的颜色设计应有个基调，选用什么颜色作为基调，应体现主人的喜好。

起居室的功能是综合的，起居室中的活动可概括为主要活动内容和兼具功能内容两方面。主要活动内容包括家庭团聚、视听活动、会客、接待，家庭团聚是起居室的核心功能和主体。通过一组沙发或坐椅巧妙的围合，形成一个适宜交流的场所，场所的位置一般位于起居室的几何中心处，西方起居室则往往以壁炉为中心展开布置。起居室兼具功能包括用餐、睡眠、学习、书写等，这种兼具功能在户型较小的居室中显得更为突出。

（二）起居室的设计要点

1. 起居室的布局形式

（1）起居室应主次分明。起居室是一个家庭的核心，可以容纳多种性质的活动，形成若干区域空间。在众多的区域之中必须有一个主要区域，作为起居室的空间核心。通常以视听、会客、聚谈区域为主体，辅以其他区域，形成主次分明的空间布局。而视听、会客、聚谈区的形成，往往以一组沙发、坐椅、茶几、电视柜围合形成，又可以用装饰地毯、顶棚、造型以及灯具来呼应，达到了强化中心的效果。

（2）起居室交通要避免斜穿。起居室是住宅的中心，是联系室内各房间的“交通枢纽”。合理利用起居室，其交通流线问题就显得很重要。措施之一是对原有建筑布局进行适当调整，如调整户门的位置，使其尽量集中；措施之二是利用家具来巧妙围合、分割空间，以保持各自小功能区空间的完整性。

（3）起居室空间的相对隐蔽性。起居室是家人休闲的重要场所，在设计中应尽量避免由于起居室直接与户门或楼梯间相连，而造成生活上的不方便，破坏住宅的“私密性”和起居室的“安全感”。设计时宜采取一定措施，对起居室与户门之间做必要的视线分隔。

（4）起居室的通风防尘。通风是建筑必不可少的物理因素之一，良好的通风可使室内环境洁净、清新，有益健康。通风又有自然通风与机械通风之分。在设计中要注意切不要因为不合理的隔断而影响自然通风，也要注意不要因为不合理的家具布局而影响机械通风。

防尘是居室内的另一物理因素。住宅中的起居室常直接联系户门，具有门厅的功能，同样又直接联系卧室起过道作用，因此要做好防尘设计。

2. 起居室的空间界面设计

顶棚设计：由于现代住房层高较低，起居室一般不宜全部吊顶，只是按功能或造型需要做局部造型，造型以简洁形式为主。顶棚对房间的温度、声学、照明都有影响，选择时更应注意。如高顶棚显得冷，低顶棚显得暖，白色顶棚使室内得到更多的反射光，吊顶天棚有利于更好地隔声。此外，顶棚由于其无遮盖性，可以发挥更好的装饰效果。

地面设计：地面用于行走、布置座位，对其处理要考虑安全、安静、防寒及美观等要求。地面敷设首先是材料的选择，起居空间宜用木地板或地毯等较为亲切的装修材料，有时也可采用硬质的木地和石材相结合的处理办法，组成有各种色彩和图案的区域来限定和美化空间。木地和软质地有吸声的功效和柔和、温暖的感觉，对兼有视听功能要求的起居室较为有利，但软质地面不易清洁保养。使用时应根据需要，对材料、色彩、质感等因素进行合理地选择，使之与室内整体风格相协调，总体风格应简洁。

墙面设计：客厅内的墙面、顶棚一般即为建筑围护构件本身，如砖墙、钢筋混凝土板。目前墙面装饰都是在基层上进行，面层常用人造涂料、乳胶漆等耐磨和易洗的表面。其次就是墙纸，可以遮盖裂缝和瑕疵，墙纸或像涂料那样光滑，或有简单的色彩和纹理（如凹凸墙纸）。凹凸墙纸和本身粗糙的麻布墙纸，对覆盖不平整墙面更加有效。高档的还有织物覆盖墙面，具有吸声的效果。软木饰是一种耐用的壁饰，可保持温暖和吸声，但价格昂贵。

墙面设计是起居室乃至整套居室的关键所在。进行墙面设计时设计师要把握一定的原则，即从整体风格出发，在充分了解主人性格、品位、爱好等基础上，结合起居室自身特点进行设计。要抓住重点墙面进行重点装饰的位置，使其尽量集中。

3. 起居室的陈设设计

室内设计是由空间环境、装修构造、装饰陈设三大部分构成的一个整体概念。装饰陈设是空间设计不可缺少的一个方面。随着社会的发展，人们对居室装修有了更高意义上的认识。曾经有人提出，居室设计是以装修为主还是以陈设为主，也有专家提出了“轻装修，重装饰”的观点。无论如何，陈设作为空间设计的重要方面早已深入人心。

家具的陈设布置：起居室的家具，应以低矮的家具布置和浅淡明快的色调为主，使之有扩大空间的感觉。起居室的视觉中心往往集中在视听家具上，它直接影响着起居室的风格和个性。为此，视听家具的形式感要强，摆放的位置要适当。起居室的家具陈设可按不同风格做对称、非对称布置，或用曲线形、自由组合形的自由式布置。

电器陈设：电器主要指电视、音响和冰箱。其中电视摆放与收视区之间要保持一定的距离，一般认为看电视距离应为电视荧光屏对角线长度的5倍。电视机的高度应与视线高度相适应，一般以荧光屏中心低于视平线15°为宜，过低过高会导致观者颈部不适而疲劳。

饰品陈设：饰品陈设属于纯粹视觉上的要求，没有实用的功能，其作用在于充实空间，丰富视觉。常见有字画、工艺品、古玩、书籍、钟表等。

4. 起居室的色彩

起居室是家中最公开的部分，家人、朋友、访客都聚集于此。因此，起居室中所使用色彩应为多数人所接受，色调应明快、大方，充满温馨，避免使用个性极端的色彩。

5. 起居室的照明设计

起居室是住宅中的多功能房间，是集中表现家庭物质生活水平、精神风貌的个性空间，因此它应具有良好的、有一定特色的光照环境。在设计时，应根据不同的活动设置不同的照明设施，并适当分组，分别控制，以便创造出不同的情调和气氛。

整体照明：人们在起居室停留的时间较长，并多为休闲之用，故整体照明光源不宜昏暗，需接近日光色，要使整个房间在一定程度上明亮起来。可用顶棚中间的扩散型或宽配光的直接、半直接型吊灯或吸顶灯，来强调空间的统一性和中心感。

会客照明：亲朋好友的聚会是起居室的主要活动之一，它通常是在沙发上、茶几组成的小区域里进行。可在沙发附近设置落地灯、台灯，灯上配上具有光扩散能力的灯罩，形成垂直的发光面，以便交谈者相互能很好地看清对方的脸部表情。但需注意控制灯罩的亮度（可用灯泡功率或灯罩的透光性能来达到），使之不致形成眩光，妨碍交谈。

阅读照明：阅读常在会客区的沙发上进行，它要求在报刊、杂志等视看对象上有相当高的照度，同时还应注意与周围不能形成过大的亮度比。落地灯或台灯是一种有效的阅读照明方式，为阅读提供舒适而柔和的照明。

看电视照明：对于看电视来说，既要求整个室内光线变暗，但又不能把灯全部关闭，否则眼睛容易疲劳。电视屏幕亮度与周围背景的理想对比是10∶1，同时应注意避免屏幕上出现光源的映像。

强调照明：人们在起居室内常摆设一些艺术品，如绘画、雕刻、壁挂等，应对它们进行专门的强调照明。强调照明要求照度高，一般应比周围亮3倍以上。要选择显色指数高，能还原被照对象真实色彩的光源（有特殊要求的例外）。强调照明注意不能产生眩光，以免干扰室内的其他活动。

（三）起居室装饰设计技巧

1. 用窗帘挂轨悬挂各种装饰品

如果起居室墙面材料是大理石、瓷砖或三合板，无法钉悬挂物品的各种挂钩，则可以利用窗帘挂轨。即在天花板与墙面连接处装上一条窗帘挂轨，然后在挂轨上装铁丝或尼龙绳，以吊挂各种画框或花盆。

2. 起居室内适宜摆放观赏类植物

起居室内的绿化一般以赏花植物为宜，如月季、海棠、山茶花、君子兰等；也可选择清新幽雅，使人悦目的赏叶植物，如文竹、万年青、紫罗兰等；还可选择石榴、金橘、佛手等观果植物，春夏观花，秋冬赏果；或可选择香溢满室、令人神怡的芳香植物。

3. 制作带储物功能的沙发来节约空间

若起居室太小、沙发占地面积却很大，最好的办法是根据起居室的大小，沿墙制作一套沙发椅。这种沙发椅以胶合板制作成箱型结构，上方是可以打开的盖子，盖子的大小与沙发垫的大小相同，摆上沙发垫后看不出下方的箱子，箱子里可存放垫子、被褥等物品。也可将沙发椅的箱子改成活动抽屉。

4. 起居室的灯光要温暖

起居室的色调宜中性暖色调。面积较小的墙壁和地面的颜色要一致，以使空间显得宽阔。照明灯具是落地灯和吊灯。落地灯一般放在不妨碍人们走动之处，如沙发背左右或墙角，它和茶几等组成高雅、宁静的小天地，再与冷色调壁灯光配合，更能显出优美情调。吊灯要求简洁、干净利落。

（四）流行的起居室装饰设计格调

1. 简单雅致格调——现代、时髦

简单、雅致格调，整体设计表现的是简单、雅致而不失现代韵味。这种设计风格，起居室的颜色大多以白色为主，重视细节化，赋予房屋空间以生命和情趣。既能满足生活的需要性能，又能表现出居住者本身的品位、文化背景、修养内涵。在设计格调中更多地蕴涵着主人对生活的理解，也透出独特的文化内涵。

2. 新传统中国式格调——庄重、优雅

新传统中国式装饰格调的起居室以朱红、绛红、咖啡等为主色调，因此起居室显得更加庄重，其最大特色就是极为耐看。新传统中国式格调起居室不仅对传统文化有较多认识，还将当代元素和传统元素融合在一起，以现代人的审美需要来打造富有传统韵味的房间，使传统艺术在当今社会得到适当表现，传统家私在现代起居室中用处更多样化。

3. 东南亚格调——奢华、富丽

多数东南亚格调起居室，选用藤、海草、椰子壳、贝壳、树皮、砂岩石等来设计电视机背景，散发出浓烈的自然气息。颜色方面，结合了传统中国式格调设计的东南亚格调起居室，以重色系为主，如深棕色、黑色等，使人感觉沉稳大气；受欧式格调影响的起居室设计，则以浅色调系列常见，如珍珠包、奶白色等，给人轻柔的感觉。

4. 地中海格调——古朴、典雅

地中海格调起居室代表着一种特有寓居环境造就的极休闲的生活方法。此种格调装饰装修的起居室，空间格局形式自由，色彩明亮、大胆，丰厚却又简单。在常见的地中海格调起居室中，蓝与白是主打的颜色，它不是简单的“蓝白家纺＋地中海饰物＋自然质量感觉的家私”等元素的堆砌，而要真正领悟和感触地中海格调的神韵才行。如此才能充分演绎蓝色地中海的不同地域的美妙情趣。

5. 田园格调——绿色、朴素

田园格调的起居室，在装饰装修中时常使用木、石、藤、竹、织物等天然材料，融合室内绿化，创造自然、简朴的田园意境。田园格调的起居室能够经过绿化把起居室空间变为“绿色空间”，身心更接近自然，这是田园风光的无穷魅力。它带给人们的另一个益处就是不用赶时尚，不必害怕落伍。社会越发展，人们越是崇尚自然，因此朴素的田园格调不会过时。

五、卧室设计

卧室是确保不受他人妨碍的私密性空间，卧室里人的活动是以静态为主。一方面，卧室要保证安静地休息和睡眠，需要宁静的休息环境。要减轻铺床、收床等家务劳动，更要确保生活私密性，因此卧室总的气氛需要恬静幽雅、和谐安详。另一方面，卧室要符合休闲、工作、梳妆及卫生保健等综合要求。所以，卧室实际上具有睡眠、休闲、梳妆、盥洗、贮藏等综合功能。卧室可分为主卧室、次卧室、老年人房间、儿童房间及客用房等。其设计略有区别，但设计处理上多与其他空间相似。

卧室面积大小应满足基本的家具布局。家具布置的多少和布置方式取决于人们各自的生活方式及习惯，通常考虑单人床、双人床、衣柜、梳妆台等家具。卧室的位置应给予恰当的安排，睡眠区域在住宅中属于私密性很强的空间安静区域。在室内空间组织方面往往把它安排于住宅的最内侧，与门口及公用部分保持一定间隔，以避免相互干扰。由于人在卧室逗留时间最长，应考虑朝向、室外阳光照射时间及周围大环境的影响。卧室的装饰应采用具有一定保温性能并具有弹性的材料。装饰上宜尽量减少不必要的部件，要集中体现休息和睡眠的功能。

（一）主卧室设计

主卧室是指主人的私人生活空间。功能上较其他卧室齐全，包括睡眠区、休闲区、化妆区、贮藏区四个部分。高度的私密性和安全感是主卧室的基本要求。

（1）在形式上主卧室睡眠区可分为两种基本模式，即“共享型”和“独立型”。“共享型”是共享一个公共空间睡眠休息；“独立型”则是以同一空间的两个独立区域来处理睡眠和休息，以尽量减少相互干扰。

（2）休闲区是满足视听、阅读、思考等休闲活动的区域。应选择适宜的空间区位，配以家具与必要的设备，如沙发、休闲椅等。

（3）化妆区一般以美容、梳妆为主，可按照空间情况及个人喜好采取组合式或嵌入式的家具形式。

（4）卫生区主要指卧室专用的卫生间、浴室，在居住条件达不到时，应使卧室与浴室、卫生间保持相对便捷的位置关系。

（5）贮藏区多以衣物、被褥贮藏为主，用嵌入式的壁柜较为理想，也可根据实际情况设置容量与功能较为完善的其他形式的贮藏家具。

（二）次卧室设计

次卧室指除主卧室之外的卧室，一般可分成儿女卧室、老年人卧室和客人卧室三种形式。

1. 儿女卧室

儿女卧室是儿女成长的空间。伴随其生长阶段，又可分为婴儿卧室、幼儿卧室、儿童卧室等。在设计上应充分照顾到孩子的年龄、性别与性格等个性因素。在安排睡眠区时，应赋予适度的色彩。在装饰布置和家具尺度上要考虑远期的发展变化。要有完善的学习区域，书桌和书架是青少年房间的中心，书桌前的椅子最好能调节高度。儿女卧室同样可分睡眠、学习与休闲区域，可结合其自身的性格因素与业余爱好进行设计。

2. 老年人卧室

老年人从心理上和生理上均会发生许多变化，设计时要适应老年人好静的特点，门窗、墙壁的隔声效果要好，居室以朝南为佳。家具摆放要充分满足老年人的起卧方便，家具的棱角应圆润细腻，避免生硬。确保房间地面平整，不做门槛，以减小磕碰、扭伤与摔伤的几率。床铺高度要适中，便于上下。门厅要留足空间，方便轮椅和担架进出或回旋。家具布置宜采用直线、平行的布置法，使视线转换平和，避免强制引导视线的因素。在色彩的处理上，应保持古朴、平和、沉着的基调，为老人创造一个有益于身心健康，亲切、舒适、幽雅的环境。

3. 客人卧室

在有条件的住宅内，可专门设置客人卧室。卧室内除了睡眠与休息两种基本活动外，还应包括客人梳妆、更衣、临时贮藏、简单书写等功能。

（三）卧室照明设计

卧室照明要有利于构成宁静、平和、隐秘、温馨的气氛，使人有一种安全感。睡眠环境适用柔和的间接照明，柔和的光线可以使室内具有温暖感。间接照明不会形成较强的阴影，在心理上会给人一种安全、放心的感觉。卧室照明可分成整体照明、床头照明、夜间照明、梳妆照明等形式。

1. 整体照明

卧室整体照明的照度不宜过高，光线宜柔和，以使人更容易进入睡眠状态。设置在顶部的整体照明应选择间接、半间接或漫射型的照明方式。如果卧室不兼作其他功能使用，可以不设置顶部照明，以免卧床时光源进入人的视觉范围而产生眩光，可用局部照明作为辅助光源。

2. 床头照明

人们在睡眠前常常会阅读书报等，在床头可设置台灯、壁灯或落地灯，作为人在卧床时阅读及对周围环境的照明，要根据阅读等的需要使其达到足够的照度。为进一步营造卧室的温馨、平和气氛，光源以暖光源为主。

3. 夜间照明

为避免夜间开启卧室其他照明对朦胧睡意的人造成强烈的亮度刺激，影响其继续进入睡眠状态，可在床下方或墙壁下方设置夜灯，其亮度能发现所需物件的位置、确定自己需要行进的方向即可。夜灯开关应设置在床头方便触摸的地方，也可用电子声控开关和自熄开关。

4. 梳妆照明

对兼有梳妆功能的卧室，要在梳妆台装置镜镶灯。通常采用漫射型乳白玻璃罩安装在镜子上方。注意视野立体角度以防止眩光，还要选择显色性好的光源灯光直接照向人们的面部。

六、书房的设计

（一）书房的功能与空间位置

书房是居住建筑中私密性较强的区域之一。传统观念认为，书房只是专门为主人提供的一个阅读、书写、工作的空间环境，功能较为单一。如今书房的功能逐渐增加，可以作为与朋友谈天说地或密谈的代用空间，有了“第二起居室”之称。书房功能上要求创造静态空间，以幽雅、宁静为原则。同时要提供主人书写、阅读、创作、研究、书刊资料贮存以及兼有会客交流的条件。一些必要的辅助设备如电脑、传真机等也应容纳在书房中，以满足人们更广泛的使用要求。

书房中的空间主要有工作区、休息区、收藏区。其中，工作区域在位置和采光上要重点处理，在保证安静的环境和充足的采光外还应设置局部照明，以满足合适的照度。工作区域与藏书区域的联系要便捷，而且藏书要有较大的展示面，以便查阅。

书房还是主人修养、文化类型、职业性质的展示室，除了书籍外，可悬挂或摆放书、画以及能体现主人个性和职业特点的陈设品。书房的位置要考虑到朝向、采光、景观和私密性等多项要求，还要保证书房的特殊要求及未来的环境质量，重点注意以下几点：

（1）书房的主要功能是充实精神和理性思考，为此常设在朝北房间，室内温度较低，易使人的情绪冷静，头脑清醒，白天的自然光线也不会随时间而变化太大；

（2）适当偏离活动区，如起居室、餐厅，以避免干扰；

（3）远离厨房、储藏间等家务用房，以便保持清洁；

（4）与儿童卧室应保持一定距离，以避免儿童的喧闹影响；

（5）书房位置和主卧室的位置较为接近，某种情况下，可以将两者以穿套的形式相联系。

（二）设计要点

书房虽然是个不大的空间，但是要与整套家具的设计和谐。同时需要利用色彩、材质的搭配和绿化手段，营造一个宁静而温馨的工作环境。还要根据工作习惯布置家具、设施及艺术品，以此体现主人的个性品位。

1. 书房的布局

书房的工作和阅读区域是空间的主体，应在位置、采光上给予重点处理。工作区与藏书区域联系要便捷、方便，书房的布置形式与使用者的职业有关。有特殊职业的除阅读之外，还应有工作室的特征，可设置较大的操作台面。

2. 书房的家具设施

根据书房的具体性质及主人职业特点，其家具可分为如下几类。

（1）书籍陈列类家具：书架、文件柜、博古架、保险柜等；

（2）阅读工作台面类家具：写字台、操作台、绘图工作台、电脑桌、工作椅等；

（3）附属设施：休闲椅、茶几、文件粉碎机、音响、工作台灯、笔架等。

3. 书房的装饰设计

书房是一个工作空间，它要和整个家居的气氛相和谐，同时又要巧妙地应用色彩、材质变化以及绿化等手段，创造出具有书卷气的宁静、温馨的工作环境。在家具布置上，不必像办公室那样整齐、干净，要根据使用者的工作习惯来布置摆设家具、设施甚至艺术品，以体现主人的品位和个性。

4. 书房的照明设计

书房的照明设计要有助于创造一个宁静温馨、舒适愉快的视觉环境。书房的整体照明可用吸顶灯，但要注意整体照明不要过亮，避免使人注意力集中到局部照明的作业环境中去。工作照明是配合阅读或工作时用的，其照度应满足人在此能进行有效的视力工作，所以要选择显色性好的光源。装配荧光灯光源的反射式灯具是较理想的工作照明灯具，其光源位置应在离工作台面0.3～0.6m之间自由调节的高度范围，并有遮光灯罩。

人工照明主要把握明亮、均匀、自然、柔和的原则，不加任何色彩，这样不易使人疲劳。重点部位要有局部照明。如果是有门的书柜，可在层板里藏灯，方便查找书籍。如果是敞开的书架，可在天花板上方安装射灯，进行局部补光。台灯是很重要的，最好选择可以调节角度、明暗的灯，读书的时候可以增加舒适度。

（三）装修的材质、色彩及饰品

书房墙面比较适合用哑光涂料，壁纸、壁布也很合适，因可以增加静音效果、避免眩光，让情绪少受环境的影响。地面最好选用地毯，这样即使思考问题时踱来踱去，也不会出现令人心烦的噪声。

书房颜色的要点是柔和，使人平静，既不要过于耀目，又不宜过于昏暗。最好以冷色为主，如蓝、绿、灰紫等，尽量避免跳跃和对比的颜色。在书房内养植诸如万年青、君子兰、文竹、吊兰之类的植物，则更赏心悦目。

书房是家中文化气息最浓的地方，不仅要有各类书籍，许多收藏品，一些绘画、雕塑、工艺品都可装点其中，塑造浓郁的文化气息。

七、餐厅设计

（一）餐厅的功能与空间位置

餐厅是家人进餐的主要场所，也是宴请亲友的活动空间。在面积大的居住单元，一般有专用的进餐空间。面积小的单元，常与起居室结合起来，成为既是进餐的场所，又是家庭酒吧、休闲或学习的空间。无论采取何种用餐方式，餐厅的位置设置在厨房与起居室之间是最合理的，可节约食品供应时间和就座进餐的交通路线，并易于清洁。对于兼用餐室的开敞空间环境，为减少在布置餐桌清洁时对其他活动的视线干扰，常用隔断、滑动墙、折叠门、帷幔以及组合餐具橱柜等分隔进餐空间。在装饰风格上，要与同处一个空间的区域保持格调统一。若餐厅处于闭合空间，其表现形式可以自由发挥。餐厅一般多采用半开敞式，既有一定的独立性，又能保障其空气流通和交通便利。另外，餐厅的具体布置形式还应取决于各家庭不同的用餐习惯。

（二）餐厅环境设计

1. 餐厅的家具布置

餐厅的家具布置与进餐人数和进餐空间大小有关。从坐席的方式、进餐尺度上讲，有单面座、折角座、对面座、三面座、四面座等；餐桌有长方形、正方形、圆形等；座位有四座、六座、十座等。餐厅家具主要由餐桌、餐椅、餐具橱等组成。西方多采用长方形或椭圆形的餐桌，而我国多选择正方形与圆形的餐桌。在兼用餐室里，会客部分的沙发背部可以兼作与餐室的隔断。这样的组合形式，餐桌、餐椅部分应尽量简洁，以达到与整个空间家具和谐统一。

2. 餐厅的界面设计

现在人们对餐厅环境要求越来越高，因此对理想的餐厅气氛营造非常重要，它主要是通过对餐厅空间界面设计来完成的。

天花：餐厅的天花设计常采用对称形式，并且比较富于变化。其几何中心所对应的位置正是餐桌。可以在吊顶的立体层次上丰富餐厅的空间。在照明方面，顶部的吊灯作为主光源构成视觉中心，同时还可以用低照度的辅助灯或灯槽在其周围烘托气氛。灯具可以多种多样，如吊灯、筒灯、射灯、暗槽灯、格栅灯。主光源以暖色白炽灯为佳，三基色荧光灯因优越的显色性也成为不错的选择。有时为了烘托用餐的空间气氛，还可以悬挂一些艺术品或饰物。天花的构图无论是对称还是非对称，其几何中心都应形成整个餐厅的中轴，这样有利于空间的秩序。天花的形态与照明形式决定了整个餐厅环境氛围。

地面：餐厅的地面处理因其功能的特殊性而要求便于清洁，同时还需要有一定的防水和防油污特性。可选择大理石、釉面砖、复合地板及实木地板等，做法上要考虑污渍不易附着于构造缝之内。地面的图案可与顶棚相呼应，也可有更灵活的设计，当然需要考虑整体空间的协调统一。

墙面：墙面的处理关系到空间的协调，运用科学技术、文化手段和艺术手法来创造舒适美观、轻松活泼、赏心悦目的空间环境，以满足人们的聚合心理。餐厅墙面的色彩以明朗轻松的色调为主，据分析，橙色及相近色相对刺激食欲和活跃就餐气氛起着积极的作用。此外，灯具、餐巾、餐具的色彩以及花卉的色彩变化，都将对餐厅整体色彩效果起到调节作用。

3. 餐厅照明设计

餐厅照明以餐桌为中心，采用局部照明和整体照明相结合的方式。局部照明应设置在餐桌上方，灯具光源显色性要好，多采用低位升降式悬挂吊灯（灯具最低点离桌面约0.6～0.7m），以突出精美的菜肴。餐厅设置整体照明的目的是使整个房间光亮、清洁，如房间不大可只设整体照明，但照度值应偏高些。

（三）设计要素

1. 顶面：应以素雅、洁净材料做装饰，如漆、局部木制、金属，并用灯具作衬托，有时可适当降低吊顶，可给人以亲切感。

2. 墙面：齐腰位置考虑用些耐磨的材料，如选择一些木饰、玻璃做局部护墙处理，能营造出一种清新、优雅的氛围，以增加就餐者的食欲，给人以宽敞感。

3. 地面：选用表面光洁、易清洁的材料，如大理石、地砖、地板，局部用玻璃而且下面有光源，便于制造浪漫气氛和神秘感。

4. 餐桌：可以选用方桌、圆桌、折叠桌、不规则形桌，不同的桌子造型给人的感受也不同。方桌感觉规正，圆桌感觉亲近，折叠桌感觉灵活方便，不规则形桌感觉神秘。

5. 灯具：造型不要繁琐，但要足够亮度。可以安装方便实用的上下拉动式灯具，方便把灯具位置降低。也可以用发光孔，通过柔和光线，既限定空间，又可获得亲切的光感。

6. 绿化：餐厅可以在角落摆放一株喜欢的绿色植物，在竖向空间上作为点缀。

7. 装饰：包括字画、壁挂、特殊装饰物品等。可根据餐厅的具体情况灵活安排，用以点缀环境，但要注意不可过多而喧宾夺主，让餐厅显得杂乱无章。

8. 音乐：在角落可以安放音箱，就餐时适时播放轻柔美妙的背景乐曲，可促进人体内消化酶的分泌，促进胃的蠕动，有利于食物消化。

八、厨房的环境设计

(一) 厨房的功能与分区

厨房是专门处理家务膳食的场所，是服务空间中最重要的组成部分。通过对厨房内活动的研究，按操作活动频率科学地分类，食物制备的操作流程，包括存储、洗涤、备餐以至烹饪等诸多相互密切联系的环节。于是建立起相连的三个工作中心，将三个工作中心之间的活动路线连接成三角形时，其活动路线会缩短，工作效率就会提高，操作也最为简单。这三个工作中心的空间配置必须符合作业流线的要求，功能分区应在这三个方面进行划分。据效率专家研究，这种“工作三角形”的三个边长之和控制在 4.5～6m 之间，工作效率最佳，被称为“省时省力三角形”。该三角形边长之和越小，人在厨房中所用时间就越少，劳动强度也就越低。照此原则，水槽与冰箱、调理之间的距离以 1.2～2.1m 较为恰当，水槽与炉灶之间的距离以 1.2～2.7m 较为合适。此外，厨房的通道尽量避开工作三角形，使作业流线不受到干扰。

(二) 厨房的平面布局形式

在平面布局上，厨房通常与餐厅、起居室紧密相连，有的还与阳台相连。从“工作三角形”的原则出发，厨房具有下列几种基本形态：

1. 墙式

墙式也叫一列式或一字式，三个工作中心列于一条线上。这种布置的适宜开间为 1.5m 左右的狭长的厨房，将洗涤、调理、烹调贴墙设计在一面墙壁，节省空间。但由于“工作三角形”为一条直线运动，墙面过长时，工作效率降低；墙面过短时，工作台面有不足之虑。

2. 廊式

廊式也叫并列式或二字式，沿着相对两面墙布置的走廊式平面，适用于长方形的厨房。这种布置是将洗涤、调理、烹调三个工作区域配套在开间为 2m 左右的厨房，特别适用于有阳台门或相对有前后两扇门的厨房。一般是把洗涤和调理组合在一边，烹调或贮存放在另一边，构成一种特殊的三角形。但操作时往返转身次数增加，行动距离较长。廊式布置两边工作点的最小间距应以 75～80cm 为宜。

3. L 式

工作中心沿着相邻的两墙面连续布置，适用于开间宽 1.8m 以上，深度较长的厨房。洗涤、调理、烹调三个工作区域，依次沿两相接的墙壁呈 90°放置，操作区的对角线一处布置餐桌，这是一种厨房兼餐室的环境布置。其优点是工作路线较短，可以有效地运用灶台，而且较为经济。

4. U 式

U 式布置用于开间宽度在 2.2m 以上，深度较长或接近方形的厨房。利用 U

型平面可使基本操作流线顺畅，工作三角完全脱开，是一种十分有效的形式。通常这种布置将洗涤区置于U型底部，贮存和烹调分别设在其两侧。U型布置构成的三角形，操作时最为省时省力，而且可能容纳较多的厨房家具、设施、贮存物品，并可容纳多人同时操作。U型两边的距离以1.2m～1.5m为宜，尽量使三角形边长的总和控制在最小数值范围内。

5. 半岛式

它与U式平面布局相似，但有三分之一不靠墙，可将烹调中心设置在半岛上，是敞开式厨房的典型。

6. 岛式

在厨房平面中间设烹调中心（或清洗备餐中心）。同时从所有各边都能够使用它，也可在“岛”上布置一些其他设施，如备餐台等。

以上几种方案只是几种基本布局方式，具体布置时应根据厨房的面积，长宽尺寸，门窗、水源、气源的位置来取舍。还要通过合理采光、良好通风、安全防火、排污设备和防污染材料等方面的配合，才能更好地加强厨房使用效能。

近年来，整体厨房以其较强的形式美感和现代的厨房气氛，把厨房从过去居室中不显眼的一角转变为家庭生活的中心，成为居室中的一道风景。

（三）处理要点

1. 工作三角区内，要配置全部必要的器具及设备；
2. 设计一些设备预留位置，要考虑到可添可改、可持续发展的问题；
3. 管线与设备要全部配套，每个工作中心应设有两个以上插座；
4. 将地上橱柜、墙上的吊柜以及其他设施组合起来构成连贯的单元，避免中间有缝或出现凹凸不平，应方便清洁；
5. 工作三角区边长之和小于6m；
6. 操作台中及各吊柜里要有足够的空间，以便贮藏各种物品；
7. 操作台高度设在800～910mm之间，台面进深500～600mm之间，吊柜顶面净高1900mm，吊柜进深300～500mm；
8. 为备餐提供具有耐压强度的操作台面，面板持续垂直静载荷应达$2kg/cm^2$；
9. 各工作中心要设置无眩光的局部照明；
10. 炉灶与冰箱之间至少要隔一个单元的距离；
11. 设置有相当功率的排风扇，配合抽排油烟机工作，以确保良好的通风效果，避免油烟污染。

（四）厨房的照明

厨房顶部需设整体照明，在洗涤池、操作台及灶台上方可设局部照明。局部照明功能与厨房家具组合成一体，效果会更佳。光源应该是显示性较好的光源，能还原菜肴的本色。厨房照明灯具应选择防水性能好，不易生锈，造型简洁，便于清洁的类型。

九、卫浴间的环境设计

（一）卫浴间的功能与设备

现代家庭卫浴间的功能日趋广泛，最能反映家庭的生活质量，在当今已越来越受到重视。随着现代生活的丰富和提高，卫浴间的功能也由单一的用厕，向盥洗、用厕、洗浴、洗衣等多功能方向发展。因此，卫浴间的设备应包括浴缸、坐便器、洗脸盆、洗衣机"四大件"。从使用角度出发，四件并存于一室之内，越来越不适应数人同时使用的需要，故可将洗脸盆、洗衣机安排在浴厕间之前的过渡空间内，各自保持功能上的独立，使家庭成员入厕与漱洗及洗衣操作同时进行。

一些发达国家的卫浴间，在满足使用方便、安全、经济等条件之外，还具有满足精神需求的功能。如日本早已经广泛使用整体卫浴间，自动化、电子化程度很高，洁净无障碍。其浴室往往设计的大于卧室，装饰装修精美，作为工作之后消除疲劳、休息享受的去处之一。

（二）卫浴间的平面布局形式

住宅卫浴间的平面布局有多种形式，它与气候、经济条件、文化、生活习惯、家庭人员构成、设备大小形式有很大关系。

1. 独立型

卫生空间中浴室、厕所及盥洗等各自独立，称之为独立型。尤其现代美容化妆功能日益复杂化，洗脸化妆部分多从卫浴间分离。其优点是各室可同时使用，特别是在使用高峰期可减少干扰，各室功能明确，使用起来舒适方便。缺点是占用的空间面积较多，建造成本高。

2. 兼用型

把浴盆、洗脸池、便器等洁具集中在一个空间中，称之为兼用型。其优点是节省空间、经济，管线布置简单等。缺点是不适合多人同时使用，不适合人口多的家庭。此外，因面积有限，贮藏等空间较难处理，洗浴的潮湿还会影响洗衣机的寿命。

3. 折中型

兼顾上述两种类型的优点，在同一卫浴间内干身区和湿身区各自独立。干身区包括洗面盆和坐便器；湿身区包括浴缸和喷淋屋，中间用玻璃阻隔或浴帘分隔。其优点是相对节省一些空间，组合比较自由，缺点是部分卫生设备置于一室时，仍有互相干扰的现象。

（三）卫浴间的表面装饰与照明

卫浴间中各界面材质应具有较好的防水性能，且易于清洁。地面防滑极为重要，常选用的地面材料为陶瓷类同质防滑地砖；墙面为防水涂料或瓷质墙面砖；吊顶除需有防水性能，还需考虑便于对管道的检修，如设活动顶格硬质塑胶板或铝合金板等。为使卫浴间气味不逸入居室，宜设置排气扇，使卫浴间室内形成负压，气流由居室流入卫浴间。卫浴间可以通过界面处理来体现格调，如地面的拼花、墙面的划分、材质的对比、洗手台面、镜面和边框的处理等，装修设计在做法上要精细。

浴室、卫浴间除了具有洗浴、方便功能以外，还是消除人们身心疲劳感的场所，装饰上可根据个人感受，使用冷或暖色调，用明亮柔和的光线均匀地照亮整个房间。根据功能要求，可在洗面盆上方或镜面两侧设置照明器，使人的面部能有充足的照度，方便化妆。卫浴间是开关频繁的场所，所以适用白炽灯，还要选择防水、防水汽性能好的灯具。

(四) 卫浴间的设计

1. 设计原则

(1) 卫浴间设计应综合考虑盥洗、卫浴间、厕所三种功能的使用。

(2) 卫浴间的装饰设计不应影响卫浴间的采光、通风效果。电线和电器设备的选用和设置应符合电器安全规程的规定。

(3) 地面应采用防水、耐脏、防滑的地砖、花岗岩等材料。

(4) 墙面宜采用光洁素雅瓷砖，顶棚宜用塑料板材、玻璃和半透明板材等吊板，亦可用防水涂料装饰。

(5) 卫浴间的浴具应有冷热水龙头。浴缸或淋浴宜用活动隔断分隔。

(6) 卫浴间的地坪应向排水口倾斜。

(7) 卫生洁具的选用应与整体布置协调。

2. 设计要点

地面：要注意防水、防滑。

顶部：重点在防潮、遮掩方面。

洁具：追求合理、合适，低噪声。

电路：采用暗敷，便于维修，安全第一。

采光：明亮即可。

绿化：可增添活力和生气。

3. 色彩与空间尺度

卫浴间的设计包括各种装饰材料的选择、颜色的搭配、空间的配置等。

色彩：卫浴间的色彩可根据个人偏好，选择具有清洁感的冷色调，或选择柔和的暖色调。注意同色调的搭配，以及低彩度、高明度。

空间：在卫浴间的墙上装一面较大的镜子，可使视觉变宽，而且便于梳妆打扮。门口的缝隙应由平常的下方通风改为上方通风，可避免大量冷风吹到身上。在卫浴间门后较高处安上一个木制小柜，放一些平时不用又可随用随取的东西，以解决卫浴间的壁柜不够用的矛盾。

高度：淋浴器的高度在 2.05～2.1m 之间，盥洗盆高度（上沿口）在 70～74cm 之间为宜，站立空间宽度不得少于 50cm。卫浴间壁镜底部不得低于 90cm，顶部不能超过 200cm。洗衣机的放置空间宽度不能少于 35cm。

第五节 建 筑 装 饰 材 料

一、室内装饰材料分类及技术特性

室内建筑装饰材料是指用于建筑物内部墙面、天棚、柱面、地面等的罩面材料。现代室内装饰材料不仅能改善室内的艺术环境，使人们得到美的享受，同时还兼有绝热、防潮、防火、吸声、隔音等多种功能，起到保护建筑物主体结构、延长其使用寿命以及满足某些特殊要求的多重作用，是现代建筑装饰不可缺少的材料。

（一）室内装饰材料的种类

装饰材料分为两大类：一是室外装饰材料，二是室内装饰材料。室外装饰材料有各类石材、涂料等。室内装饰材料种类繁多，按材质分类有塑料、金属、陶瓷，玻璃、木材、无机矿物、涂料、纺织品、石材等；按功能分类有吸声、隔热、防水、防潮、防火、防霉、耐酸碱、耐污染等。按装饰部位分类则有墙面装饰材料、顶棚装饰材料、地面装饰材料（见表 4-1）；还可以简单划分为实材，板材、片材、型材、线材五个主要类型。

室内装饰材料种类　　表 4-1

种类	品种	举例
内墙装饰材料	墙面涂料	墙面漆、有机涂料、无机涂料、混合涂料
	墙纸	纸面纸基壁纸、纺织物壁纸、天然材料壁纸、塑料壁纸
	装饰板	木质装饰、人造板、树脂浸渍纸高压装饰层积板、塑料装饰板、金属装饰板、矿物装饰板、陶瓷装饰壁画、穿孔装饰吸音板、植绒装饰吸音板
	墙布	玻璃纤维贴墙布、麻纤无纺墙布、化纤墙布等
	石饰面板	天然大理石饰面板、天然花岗石饰面板、人造大理石饰面板、水磨石饰面板
	墙面砖	陶瓷釉面砖、陶瓷墙面砖、陶瓷锦砖、玻璃马赛克
地面装饰材料	地面涂料	地板漆、水性地面涂料、乳液型地面涂料、溶剂型地面涂料
	木、竹地板	实木条状地板、实木拼花地板、实木复合地板、人造板地板、复合强化地板、薄木敷贴地板、立木拼花地板、集成地板、竹质条状地板、竹质拼花地板
	聚合物地坪	聚醋酸乙烯地坪、环氧地坪、聚酯地坪、聚氨酯地坪
	地面砖	水泥花阶砖、水磨石预制地砖、陶瓷地面砖、马赛克地砖、现浇水磨石地面
	塑料地板	印花压花塑料地板、碎粒花纹地板、发泡塑料地板、塑料地面卷材
	地毯	纯毛地毯、混纺地毯、合成纤维地毯、塑料地毯、植物纤维地毯
吊顶装饰材料	塑料吊顶板	钙塑装饰吊顶板、PS 装饰板、玻璃钢吊顶板、有机玻璃板
	木质装饰板	木丝板、软质穿孔吸声纤维板、硬质穿孔吸声纤维板
	矿物吸声板	珍珠岩吸声板、矿棉吸声板、玻璃棉吸声板、石膏吸声板、石膏装饰板
	金属吊顶板	铝合金吊顶板、金属微穿孔吸声吊顶板、金属箔贴面吊顶板

1. 实材

实材也就是原材，主要是指原木及原木制成品。常用的原木有杉木、红松、榆木、水曲柳，香樟、椴木，比较贵重的有花梨木、榉木、橡木等。装修中所用木材主要是杉木，其他木材主要用于配套家具和雕花配件。在装修预算中，实材以立方为单位。

2. 板材

板材主要是由各种木材或石膏加工成块的产品，统一规格为 1210mm×240mm。常见的有防火石膏板（厚薄不一）、三合板（3mm 厚）、五合板（5mm

厚)、九合板（9mm厚)、刨花板（厚薄不一)、复合板（10mm厚)，还有花色板，如水曲柳、花梨板，白桦板、白杉王、宝丽板等，其厚度均为3mm。比较贵重的是红榉板，白榉板、橡木板、柚木板等。在装修预算中，板材以块为单位。

3. 片材

片材主要是把石材及陶瓷，木材、竹材加工成块的产品。石材以大理石、花岗岩为主，其厚度基本上为15～20mm，品种繁多，花色不一。

陶瓷加工的产品即常见的地砖及墙砖，可分为六种：①釉面砖，面滑有光泽，花色繁多；②耐磨砖，也称玻璃砖，防滑无釉；③仿大理石镜面砖，也称抛光砖，面滑有光泽；④防滑砖，也称通体砖，暗色带格；⑤马赛克，规格颜色很多；⑥墙面砖，多为白色或带浅花。

木材加工成块的地面材料品种也很多，价格根据材质而定。其材质主要为梨木、樟木、柞木、樱桃木、椴木、榉木、橡木、柚木等，在装修预算中，片材以平方米为单位。

4. 型材

型材主要是钢、铝合金和塑料制品。其统一长度为4m或6m。用于装修方面的钢材，主要为角钢、圆条、扁铁，还有扁管、方管等，适用于防盗门窗的制作和栅栏、铁花的造型。铝材主要为扣板，宽度为100mm，表面处理均为烤漆，颜色分红、黄、蓝、绿、白等。铝合金材主要有两色，一为银白、一为茶色，也出现了彩色铝合金，其主要用途为门窗料。铝合金扣板宽度为110mm，在家庭装修中也有用于卫生间、厨房吊顶者。塑料扣板宽度为160、180、200mm，花色很多，有木纹、浅花，底色均为浅色。塑料开发出的装修材料有配套墙板、墙裙板、门片、门套、窗套、角线、踢脚线等，品种齐全，在预算中型材以根为单位。

5. 线材

线材主要是指木材、石膏或金属加工而成的产品。木线种类很多，长度不一，主要由松木、梧桐木，椴木、榉木等加工而成。其品种有：指甲线（半圆带边)、半圆线，外角线、内角线，墙裙线、踢脚线，材质好点的如椴木、榉木，还有雕花线等。宽度小至10mm（指甲线)，大至120mm（踢脚线、墙角线)。石膏线分平线、角线两种，铸模生产，一般有欧式花纹。平线配角花，宽度为5mm左右，角花大小不一。角线一般用于墙角和吊顶，大小不一，种类繁多。除此之外，还有不锈钢、钛金板制成的槽条、包角线等，长度为1.4m。在装修预算中，线材以米为单位。

此外，还有墙面或顶面处理材料：308涂料、888涂料、乳胶漆等。软包材料：各种装饰布、绒布、窗帘布、海绵等。各色墙纸：宽度为540mm，每卷长度10m，花色品种很多。

再有就是油漆类。油漆分为有色漆、无色漆两大类。有色漆有各色酚醛油漆、聚氨酯漆等；无色漆包括酚醛清漆、聚氨酯清漆、哑光清漆等。在装修预算中，涂料、软包、墙纸和漆类均以平方米为单位，漆类也有以桶为单位的。

(二) 室内装饰材料特性

1. 颜色

材料的颜色决定于三个方面：(1) 材料的光谱反射；(2) 观看时射于材料上

的光线的光谱组成；(3) 观看者眼睛的光谱敏感性。此三个方面涉及物理学、生理学和心理学。在三者中，光线尤为重要。人的眼睛对颜色的辨认，由于某些生理上的原因，两个人对同一个颜色感受不可能完全相同。因此要科学地测定颜色，应依靠物理方法，在各种分光光度计上进行。

2. 光泽

光泽是材料表面的一种特性，在评定材料外观时其重要性仅次于颜色。光线射到物体上，一部分被反射，一部分被吸收，如果物体是透明的，则一部分被物体透射。被反射的光线可集中在与光线入射角相对称的角度中，这种反射称为镜面反射。被反射的光线也可分散在各个方向中，称为漫反射。漫反射与颜色及亮度有关，镜面反射则是产生光泽的主要因素。光泽是有方向性的光线反射，它对形成于表面上的物体形象的清晰程度，即反射光线的强弱，起着决定性的作用。材料表面的光泽可用光电光泽计来测定。

3. 透明性

材料的透明性也是与光线有关的一种性质。既能透光又能透视的物体称为透明体。如普通门窗玻璃大多是透明的，而磨砂玻璃和压花玻璃等则为中透明的。

4. 表面组织

由于材料所有的原料、组成、配合比、生产工艺及加工方法的不同，使表面组织具有多种多样的特征：有细致的或粗糙的，有平整或凹凸的，也有坚硬或疏松的。通常要求装饰材料具有特定的表面组织，以达到一定的装饰效果。

5. 形状和尺寸

砖块、板材和卷材等装饰材料的形状和尺寸都有特定的要求和规格。除卷材的尺寸和形状可在使用时按需剪裁切割外，大多数装饰板材和砖块都有一定的形状和规格，如长方、正方、多角等几何形状，以便拼装成各种图案和花纹。

6. 平面花饰

装饰材料表面的天然花纹（如天然石材），纹理（如木材）及人造的花纹图案（如壁纸、彩釉砖、地毯等），都有特定的要求以达到一定的装饰目的。

7. 立体造型

装饰材料的立体造型包括压花（如塑料发泡壁纸）、浮雕（如浮雕装饰板）、植绒、雕塑等多种形式，这些形式的装饰大大丰富了装饰的质感，提高了装饰效果。

8. 基本使用性

装饰材料还应具有一些基本性质，如一定强度、耐水性、抗火性、耐侵蚀等，以保证材料在一定条件下和一定时期内使用而不损坏。

二、室内装饰要求与装饰材料选择

(一) 室内装饰的基本要求

室内装饰的艺术效果主要靠材料及做法的质感、线型和颜色三方面因素构成，即建筑物饰面的三要素，这可以说是对装饰材料的基本要求。

1. 质感

任何饰面材料及其做法都将以不同的质地感觉表现出来，如结实或松软、细致或粗糙等。坚硬且表面光滑的材料，如花岗石、大理石表现出严肃、力量、整洁之感；富有弹性而松软的材料，如地毯及纺织品则给人柔顺、温暖、舒适之感。同种材料不同做法也可以取得不同的质感效果，如粗犷的集料外露混凝土和光面混凝土墙面，会呈现出迥然不同的质感。

饰面的质感效果还与具体建筑物的体型、体量、立面风格等密切相关。粗犷质感的饰面材料及做法，用于体量小、立面造型比较纤细的建筑物就不一定合适，用于体量比较大的建筑物效果会好些。另外，外墙装饰主要看远效果，材料的质感相对粗些无妨。室内装饰多数是在近距离观察，甚至可能与人的身体直接接触，通常宜采用较为细腻质感的材料。较大的空间如公共设施的大厅、影剧院、会堂、会议厅等的内墙，适当采用较大线条及质感粗细变化的材料，装饰效果会不错。室内地面因使用上的需要，通常不考虑凹凸质感及线型变化，但陶瓷锦砖、水磨石、拼花木地板和其他软地面虽然表面光滑平整，却也可利用颜色及花纹的变化表现出独特的质感。

2. 线型

一定的分格缝、凹凸线条也是构成立面装饰效果的因素。将抹灰、刷石、天然石材、混凝土条板等设置分块、分格，除了防止开裂及满足施工接茬的需要外，也是装饰立面在比例、尺度感上的需要。例如，目前多见的本色水泥砂浆抹面的建筑物，一般均采取划横向凹缝或用其他质地和颜色的材料嵌缝，这种做法不仅克服了光面抹面质感平乏的缺陷，还可使大面积抹面颜色欠均匀的感觉减轻。

3. 颜色

装饰材料的颜色丰富多彩，特别是涂料类饰面材料。改变建筑物的颜色通常要比改变其质感和线型容易得多。因此，颜色是构成各种材料装饰效果的一个重要因素。

不同的颜色会给人不同的感受，利用这个特点，可以使建筑物分别表现出质朴或华丽、温暖或凉爽，向后退缩或向前逼近等不同的效果。这种感受还受使用环境的影响。例如，青灰色调在炎热气候的环境中显得凉爽安静，但在寒冷地区则会显得阴冷压抑。

（二）装饰材料的选择

室内装饰的目的就是造就自然、和谐、舒适而整洁的环境，各种装饰材料的色彩、质感、触感、光泽等的正确选用极大地影响到室内环境。一般说，室内装饰材料的选用应根据以下几方面综合考虑。

1. 建筑类别与装饰部位

建筑物有各式各样的种类和不同功用，如大会堂、医院、办公楼、餐厅、厨房、浴室、厕所等，装饰材料的选择则各有不同要求。例如，大会堂庄严肃穆，装饰材料常选用质感坚硬而表面光滑的材料，如大理石、花岗石，色彩适宜采用较深色调，不宜采用五颜六色的装饰。医院气氛沉重而宁静，宜用淡色调、花饰较小或素色的装饰材料。

装饰部位的不同，材料的选择也不同。卧室墙面宜淡雅明亮，但应避免强烈反光，采用塑料壁纸、墙布等装饰；厨房、厕所应有清洁、卫生的气氛，宜采用白色瓷砖或水磨石装饰；舞厅是一个兴奋场所，装饰可以色彩缤纷、五光十色，以给人刺激色调和质感的装饰材料为宜。

2. 地域和气候

装饰材料的选用常与地域或气候有关，水泥地坪的水磨石、花阶砖的散热较快，在寒冷地区采暖的房间里，长期生活在这种地面上会感觉太冷。故应采用木地板、塑料地板、高分子合成纤维地毯，其热传导低，使人感觉温暖舒适。在炎热的南方，则应采用有冷感的材料。夏天的冷饮店，采用绿、蓝、紫等冷色材料使人感到清凉。而地下室、冷藏库则要用红、橙、黄等暖色调，为人们带来温暖的感觉。

3. 场地与空间

不同的场地与空间要采用与人协调的装饰材料。空间宽大的会堂、影剧院等，装饰材料的表面组织可粗犷而坚硬，并有突出的立体感，可采用大线条的图案。室内宽敞的房间，也可采用深色调和较大图案，不使人有空旷感。对于较小的房间，其装饰要选择质感细腻、线型较细和有扩空效应颜色的材料。

4. 标准与功能

装饰材料的选择还应考虑建筑物的标准与功能要求。例如，宾馆和饭店的建设有三星、四星、五星等分别，要不同程度地显示其内部的豪华、富丽堂皇甚至珠光宝气的奢侈气氛，采用的装饰材料也应分别对待。如地面装饰，高级的选用全毛地毯，中级的选用化纤地毯或高级木地板等。

空调是现代建筑发展的一个重要方面，要求装饰材料有保温绝热功能，故壁饰可采用泡沫型壁纸，玻璃采用绝热或调温玻璃等。在影院、会议室、广播室等室内装饰中，则需要采用吸声装饰材料如穿孔石膏板、软质纤维板、珍珠岩装饰吸声板等。总之，随建筑物对声音、防水、防潮、防火等不同要求，选择装饰材料都应考虑具备相应的功能需要。

5. 民族性

选择装饰材料时，要注意运用先进的材料与装饰技术，表现民族传统和地方特点。如装饰金箔和琉璃制品是我国特有的装饰材料，一般用于古建筑或纪念性建筑装饰，以表现我国民族和文化的特色。

6. 经济性

从经济角度选择装饰材料应有一个总体观念，即不但要考虑到一次性投资，还应考虑到维修费用。在关键问题上宁可加大投资以延长使用年限，保证总体上的经济性。如在浴室装饰中，防水措施极为重要，对此就应适当加大投资，选择高耐水性装饰材料。

三、装饰装修与室内环境污染

早在20世纪70年代末，欧洲一些国家的科学家就已着手研究现代建筑装饰材料、建筑材料释放和散发的气体与物质，对居室空气的影响及人体健康的危害程度。科学家们在全面系统地基础研究后发现：从室内空气检出的500多种有机物中，有20多种为致癌物。他们把由于室内装饰使用有毒建材而影响人体健康的病症称为“有病建筑综合症”。日本横滨国立大学环境科学研究中心的一项调查报告显示：竣工两周后的房子，其室内污染程度比室外高出近40倍。即使在采取换气措施后，其污染程度仍可相差近10倍。1987年联合国世界卫生组织（WHO）发布调查报告指出，近30%的新建及改建建筑物中存在着诱发“有病建筑综合症”问题。在这样的建筑中居住的人们主要受到化学污染和霉腐空气之害。为此，世界卫生组织制定了室内空气有机化合物总挥发量（TVOC）标准，建议每1m^{3}不超过300μg。欧洲地区制定的室内环境质量标准建议室内空气中甲醛、氧化氮、一氧化碳、二氧化碳、氡气、人造矿物纤维、有机物等，其最大量不得超过0.15mg/m^3。

室内空气污染，除了装饰用的建筑装饰装修材料选用不当外，燃烧的燃料，清洁、消毒、杀虫等使用的各种喷雾剂，吸烟、化妆品以及家具家电造成的污染，都是不可忽视的。

（一）室内环境污染的分类

在我国颁布的《室内空气质量标准》中，室内环境污染按照污染物的性质分为三大类。

1. 化学污染

主要来自装修、家具、玩具、煤气热水器、杀虫喷雾剂、化妆品、吸烟、厨房油烟等。包括甲苯、二甲苯、醋酸乙酯、甲苯二乙氰酸酯、甲醛等挥发性有机物和氨、一氧化碳、二氧化碳等无机化合物。

2. 物理污染

主要来自室外及室内的电器设备产生的噪声、光污染，以及建筑装饰材料产生的放射性污染等。

3. 生物污染

主要来自寄生于地毯、毛绒玩具、被褥中的螨虫及其他细菌等。但目前城市写字楼和家庭中的主要污染物质，来自于建筑、室内装饰装修材料、家具、空调等产生的螨虫及其他细菌等。

（二）室内环境污染的特点

室内环境的污染物由于来源广泛，种类繁多，对人体的危害程度也不相同。室内环境作为人们生活工作的主要场所，在现代的建筑设计中越来越考虑能源的有效利用，反而减少了与外界的通风换气。在这种情况下，室内与外界变成两个差异较大的环境，室内环境污染就有了一些自身的特点。

1. 影响范围广

室内环境污染不同于特定的工矿企业环境，它包括居室环境、办公室环境、交通工具内环境、娱乐场所环境和医院疗养院环境等，故所涉及的人群数量广，几乎包括了整个年龄组。

2. 接触时间长

人一生中至少有一半的时间是完全在室内度过的，当人们长期暴露在有污染的室内环境中时，无疑污染物对人体的作用时间也相应很长。

3. 污染物浓度高

很多室内环境特别是刚刚装修完毕的环境，从各种装饰材料中释放出来的污染物浓度很大。在通风换气不充分的条件下，污染物不能排放到室外。大量的污染物长期滞留在室内，使得室内污染物浓度很高，严重时室内污染物浓度可超过室外几十倍之多。

4. 污染物种类多

室内污染物种类较多，有物理污染、化学污染、生物污染、放射性污染等。特别是化学污染，其中不仅有无机物污染如氮氧化物、硫氧化物、碳氧化物等；还有更为复杂的有机物污染，其种类可达到上千种。并且这些污染物可以重新发生作用产生新的污染物。

5. 污染物排放周期长

从装饰装修材料中排放出来的污染物，即使在通风充足的条件下，仍然能够不停地从材料孔隙中释放出来。有研究表明，建筑装饰材料污染物的释放往往长达3～15年的时间甚至更长，如甲醛的不断释放即可达十几年之久。而对于放射性污染，其发生危害作用的时间会更长。

6. 危害表现时间不一

有的污染物在短期内就可对人体产生极大的危害，而有的则潜伏期很长。比如放射性污染，有的潜伏期可达到几十年之久，有些人直到死亡都没有表现出来。

(三) 常见室内环境污染物

《民用建筑工程室内环境污染控制规范》中，控制的污染物主要来源于建筑材料和装修材料。放射性污染（氡）主要来自无机建筑材料，还与工程地点的地质情况有关。处理剂等化学建材类建材产品，会在常温下释放出许多种有毒、有害物质，从而造成空气污染。最常见的有甲醛、苯、氨、总挥发性有机化合物（TVOC）及氡气。

1. 甲醛（HCHO）（杀手排位：第一位）

甲醛是一种无色、有强烈刺激性的气体，气体比重1.06，略重于空气，可经呼吸道吸收。易溶于水、醇和醚，其水溶液“福尔马林”可经消化道吸收。甲醛在常温状态下是气体，通常以水溶液形式出现，在常温下极易挥发，随着温度的上升挥发速度加快。释放甲醛的污染源很多，污染浓度也较高，是室内环境的主要污染物之一。

甲醛价格低廉，其化学反应强烈，故广泛用于工业生产。甲醛在工业上的用途，主要是作为生产树脂的重要原料。甲醛主要来源于人造地板，是装修材料及新家具中用到的胶合板、大芯板、中纤板、刨花板等的粘合剂，遇热、潮解时甲醛就释放出来。甲醛还源于用甲醛做防腐剂的涂料、化纤地毯、化妆品，含有胶水的服装和包。脲醛树酯（UF）泡沫作防热、御寒的绝缘材料，在光和热的作用下泡沫老化释放出甲醛。凡是大量使用粘合剂的环节，总会有甲醛释放问题。尤其是UF被认为在室内甲醛释放量一般为3.35mg/m^3，有时可高达13.4mg/m^3。因此，丹麦、美国等国家相继做出规定，限制或禁止向家庭出售以UF作为黏合剂的板材，或者在使用前要对产品进行检测。

室内空气中甲醛的危害位居第一，已被世界卫生组织（WHO）确定为可以致癌和畸形的物质。大量事实证明甲醛对人体健康的影响主要表现在：嗅觉异常、刺激、过敏、肺、肝免疫功能异常。经科学家研究，当空气中甲醛浓度达到0.01～0.07mg/m³时就有异味和不适感，造成流泪、咽喉疼痛、恶心呕吐、咳嗽胸闷，甚至肺气肿；当空气中的浓度达到30mg/m³时，会立即致人死亡；长期接触低剂量的甲醛，可引起慢性呼吸道疾病、鼻咽癌、结肠癌、脑瘤、月经紊乱、细胞核的基因突变，引起新生儿染色体异常，白血病、青少年智力下降；儿童和孕妇对甲醛尤为敏感，危害也就更大。空气中高浓度甲醛，可引起呼吸道的严重刺激和水肿、眼刺痛、头痛，也可发生支气管哮喘。经常吸入少量甲醛，能引起慢性中毒，出现黏膜充血、皮肤刺激症、过敏性皮炎、指甲角化和脆弱、甲状指端疼痛等。全身症状有头痛、乏力、胃纳差、心悸、失眠、体重减轻以及植物神经紊乱等。通常，人的甲醛嗅觉阈为0.06～0.07mg/m³，我国公共场所卫生标准中，甲醛允许浓度确定为0.12mg/m³，居室内建议<0.08mg/m³。《民用建筑工程室内环境污染控制规范》中规定，民用建筑工程室内环境游离甲醛浓度限量，一类建筑<0.08mg/m³，二类建筑<0.12mg/m³。

实测数据说明，一般正常装修的情况下，室内装修5个月后，甲醛的浓度可低于0.1mg/m³；装修7个月后可降至0.08mg/m³以下。日本的研究表明，室内甲醛的释放期一般为3～15年。

2. 苯（C_6H_6）（杀手排位：第二位）

苯在常温下是一种无色、有甜味的透明液体，具有强烈的芳香气味。苯的沸点为80.1℃，易挥发为蒸气，易燃、有毒，挥发后对人体非常有害。已经被世界卫生组织确定为强致癌物质。

室内环境中苯的来源主要是烟草的烟雾、溶剂、油漆、染色剂、图文传真机、打印机、涂料、粘合剂、墙纸、地毯、木制壁板、合成纤维等。工业上把苯、甲苯、二甲苯统称为三苯，其中以苯的毒性最大。室内用涂料及胶粘剂本不应使用苯作溶剂，但由于芳香烃溶剂难于做到绝对无苯，因此苯作为芳香烃溶剂的杂质，允许在溶剂型涂料和胶粘剂中含量≤5g/kg。《民用建筑工程室内环境污染控制规范》中规定，民用建筑工程室内环境空气中苯浓度限量为0.09mg/m³。

一般认为苯毒性的产生是通过代谢产物所致，也就是说苯必须通过代谢才能对生命产生危害。苯可以在肝脏和骨髓中进行代谢，而骨髓是红细胞、白细胞和血小板的形成部位，故苯进入人体内，可在造血组织本身形成具有血液毒性的代谢物。长期接触苯可引起骨髓与遗传损害，血象检查可以发现白细胞、血小板减少，红或白细胞减少与再生障碍性贫血，甚至发生白血病。吸入400ppm以上的苯，短时间除有黏膜及肺刺激性外，中枢神经亦有抑制作用，同时会伴有头疼、欲呕、步态不稳、昏迷抽筋及心律不齐，吸入1400ppm以上的苯会立即死亡。

轻度苯中毒时可感到头晕、头痛、眩晕、神志恍惚、步伐不稳，有人可能有嗜睡、手足麻木、视力模糊，也可出现消化系统症状，如恶心、呕吐等，也可能有流泪、咽痛或咳嗽等黏膜刺激症状。重度苯中毒时，可能出现严重头痛、复视、神志模糊、昏迷、抽搐等症状，甚至可因中枢神经麻痹而死亡。慢性苯中毒时，可引起头晕、头痛、乏力、失眠、多梦，性格改变，记忆力减退，牙龈出血，鼻衄、紫癜、白细胞降低，甚至可能引起不同程度的白血病。

3. 氨气（NH_3）（杀手排位：第三位）

氨，比重 0.5971，熔点－77.7℃，沸点－33.5℃，易被液化成无色液体，易溶于水、乙醇和乙醚，是一种无色气体，具有强烈的刺激性臭味，对人体有一定的毒性。它能以任何比例与水相互溶解，蒸发温度在－33.4℃，在室内极易挥发。氨气可通过皮肤及呼吸道引起中毒，当人吸入浓度 22mg/m³ 的氨气，5 分钟即引起鼻干。因极易溶于水，对眼、喉、上呼吸道作用快，刺激性强，轻者引起充血和分泌物增多，进而可引起肺水肿。长时间接触低浓度氨可引起喉炎、声音嘶哑，重者可发生喉头水肿、痉挛，甚至引起窒息，也可能出现呼吸困难、肺水肿、昏迷和休克。

正常情况下，本不应当出现氨污染室内空气的问题。但我国北方地区近几年大量使用了高碱混凝土膨胀剂和含尿素的混凝土防冻剂。这些含有大量氨类物质的外加剂，在墙体中随着温、湿度等环境因素的变化而还原成氨气，并在墙体中缓慢释放出来，造成室内氨的浓度不断增高。另外，室内空气中的氨也可来自室内装饰材料，比如家具涂饰时所用的添加剂和增白剂，大部分都用氨水。

一般来说，氨污染释放比较快，不会在空气中长期大量积存，对人体的危害相应小一些，但是氨也应引起人们注意。例如，在建筑工程中应避免使用含有氨水、尿素、硝铵等可挥发氨气成分的阻燃剂、混凝土外加剂，以避免工程交付使用后墙体释放出氨气。

人对氨气的嗅觉阈为 0.1～1.0mg/m³。《民用建筑工程室内环境污染控制规范》中规定，民用建筑工程室内环境氨浓度限量，一类建筑为 0.2mg/m³，二类建筑为 0.5mg/m³。

4. 挥发性有机物（TVOC）（杀手排位：第四位）

TVOC 是指沸点范围在 50～260℃之间的化合物，在施工过程中大量挥发，使用中缓慢释放出来，可带来较为严重的室内空气污染。广义上说，任何液体或固体在常温常压下自然挥发出来的所有有机化合物，即为总挥发性有机化合物 TVOC。由于其成分极其复杂，一般不予以逐个分别表示，以 TVOC 统一表示。TVOC 已有几百种化学物质被鉴别出来，尽管它们大多数以极低的浓度存在，但有若干种 TVOC 共同存在于室内时，其对人体健康的作用是不可忽视的。世界卫生组织（WHO）、美国国家科学院/国家研究理事会（NAS/NRC）等机构一直强调 TVOC 是 1 类重要的空气污染物。美国环境署（EPA）对 TVOC 的定义是：除了二氧化碳、碳酸、金属碳化物、碳酸盐以及碳酸铵等一些参与大气中光化学反应之外的含碳化合物。TVOC 来源于快干漆、建筑涂料、胶粘剂、墙面装饰材料、家具、地毯、化妆品、有机氯化物、氟利昂等。

TVOC 可有嗅味，表现出毒性、刺激性，而且有些化合物具有基因毒性。当 TVOC 浓度在 3.0～25mg/m³ 时，会产生刺激和不适。目前认为，TVOC 能引起机体免疫水平失调，影响中枢神经系统功能，出现头晕、头痛、嗜睡、无力、胸闷等自觉症状；还可能影响消化系统，出现食欲不振、恶心等；严重时可损伤肝脏和造血系统，出现变态反应等。一般认为，TVOC 浓度小于 0.2mg/m³ 时不会引起刺激反应，而大于 3mg/m³ 时就会出现某些症状。3～25mg/m³ 可导致头痛和其他弱神经毒害作用，大于25mg/m^{3}时呈现毒性反应。《民用建筑工程室内环境污染控制规范》中规定，民用建筑工程室内空气中TVOC浓度限量，一类建筑为0.5mg/m^3，二类建筑为0.6mg/m^3。

装修时所用的各种板材和油漆等材料，会释放出甲醛、苯、氨等刺激性有害气体，对人体和动物的健康造成危害。新装修好的房子不要急于入住，一定要通风2～3个月，如果在装修时没有选用环保的材料，通风时间就要更长了。入住前最好做检测，入住后也要经常通风，经常使用空气净化剂。有些空气净化剂能快速地分解甲醛、苯、氨等有害气体，还能祛除异味。

5. 石棉

石棉是一种纤维结构的硅酸盐，在建材工业上主要用作保温绝缘材料和某些建材制品，如石棉水泥制品的增强材料。石棉对人的危害，直到20世纪80年代才引起人们的普遍关注。美国已把石棉列为重要的“毒性物质”，“国际癌症研究中心”已把石棉列为致癌物质。

20世纪初，“石棉肺”就已被发现，证实是由于吸入石棉粉尘引起的，但只把它看成是“硅肺病”的一种，认为与肺癌的形成并无直接关系。后来经大量临床研究才发现，石棉粉尘能导致“间皮瘤”。所谓“间皮瘤”就是胸肋或腹膜上的癌症，是一种绝症，其潜伏期长达30～45年。据研究观察，肺中存留不到1g的石棉，就有可能产生严重的肺癌，而在胸肋和腹膜上存留不到1mg的石棉，则可以发生“间皮瘤”。吸烟者对石棉粉尘的吸入有增强作用。据统计，接触过石棉的工人得肺癌后去世者是正常人的8倍，而吸烟的石棉工人则是正常人的192倍。

用于内外墙装饰和室内吊顶的石棉纤维水泥制品，所含的微细石棉纤维（长度大于3μm，直径小于1μm）若被人吸入后，轻者可能引起难以治愈的石棉肺病，重者会引起各种癌症。为此，德国、法国、瑞典、新加坡等已禁止生产和使用一切石棉制品，美国、加拿大已停止在国内生产石棉水泥制品。一些国家开展石棉的代用纤维、生产无石棉水泥制品，已取得成功。我国也已有一些企业开始生产无石棉水泥板材。因此，在装饰装修住房时，以选用无石棉水泥制品为佳。

6. 氡气

氡气是一种无色、无味、具有放射性的气体，是土壤及岩石中的铀、镭、钍等放射性元素的衰变产物。如果人长期生活在氡浓度过高的环境中，氡经过人的呼吸道沉积在肺部，尤其是气管、支气管内，并大量释出放射线，可以导致肺癌和其他呼吸道病症的产生。

四、绿色建筑装饰设计

（一）室内“绿色设计”手法

（1）室内设计室外化。设计师通过设计把室内做得如室外一般，把自然引进室内。

（2）通过建筑设计或改造建筑设计使室内、外通透，或打开部分墙面使室内、外一体化，创造出开敞的流动空间，让居住者更多地获得阳光、新鲜空气和景色。

（3）在城市住宅中，甚至餐饮、商业、服务的内部空间中，追求田园风味，通过设计营造农家田园的舒适气氛。

(4) 在室内设计中运用自然造型艺术，如室内绿化、盆栽、盆景、水景、插花等。

(5) 用绘画手段在室内创造绿化景观。

(6) 室内造园手法。

(7) 在室内设计中，强调自然色彩和自然材质的应用，让使用者感知自然材质，回归原始和自然。

(8) 在室内环境创造中，采用模拟大自然的声音效果、气味效果的手法。

(9) 环境是生态学的范畴，“黄土窑洞”等穴居形式、构木为巢的巢居形式等，或将再度成为建筑、室内设计的研究和设计方向。

(10) 普通的家庭，室内净空高度一般都在 2.5～3m，为了使居住者在室内不感到压抑，在设计上可作镂空雕饰的天棚架，落级在 30cm 左右，让镂空架离屋顶约 15cm，并在镂空架中装置暗藏蓝色灯带或灯管，照射到屋顶面上，泛出天蓝色光面，使人犹如在幻境中，有一种开阔感、清新感。

(11) 环保设计的另一个方面就是色彩的搭配和组合，恰当的颜色选用和搭配可以起到健康和装饰的双重功效。

(二) 使用绿色建材

居室装潢材料对人体健康至少有如下几个方面的危害：

(1) “新居综合症”，居住者有眼、鼻、咽喉刺激，疲劳、头痛、皮肤刺激、呼吸困难等一系列症状；

(2) 产生典型的神经行为功能损害，包括记忆力的损伤；

(3) 刺激人的三叉神经感受；

(4) 引起呼吸道上的炎症反应；

(5) 降低人体的抗病能力（免疫功能）；

(6) 具有较明显的致突变性，实例证明有可能诱发人体肿瘤。

一般装饰材料中大部分无机材料是安全和无害的，如龙骨及配件、普通型材、地砖、玻璃等传统饰材。而有机材料中部分化学合成物则对人体有较大的危害，它们大多为多环芳烃，如苯、酚、蒽、醛等及其衍生物，具有浓重的刺激性气味，可导致人各种生理和身体的病变。因此在选择室内装饰材料时要注意以下几点。

(1) 墙面装饰材料的选择：家居墙面装饰尽量不大面积使用木制板材装饰，可将原墙面抹平后刷水性涂料，也可选用新一代无污染 PVC 环保型墙纸，甚至采用天然织物，如棉、麻、丝绸等作为基材的天然墙纸。

(2) 地面材料的选择：地面材料的选择面较广，如地砖、天然石材、木地板、地毯等。地砖一般没有污染，但居室大面积采用天然石材，应选用经检验不含放射性元素的板材。选用复合地板或化纤地毯前，应仔细查看相应的产品说明书。若采用实木地板，应选购有机物散发率较低的地板粘接剂。

(3) 顶面材料的选择：居室的层高一般不高，可不做吊顶，将原天花板抹平后刷水性涂料或贴环保型墙纸。若局部或整体吊顶，可选用轻钢龙骨纸面石膏板、硅钙板、埃特板等材料替代木龙骨合板。

(4) 软装饰材料的选择：窗帘、床罩、枕套、沙发布等软装饰材料，最好选择含棉麻成分较高的布料，并注意染料应无异味，稳定性强且不易褪色。

（5）木制品涂刷材料的选择：木制品最常用的涂刷材料是各类油漆，这是众人皆知的居室污染源。不过，国内已有一些企业研制出环保型油漆，均不采用含苯稀释剂，刺激性气味较小，挥发较快。

（三）绿色环保施工

在使用绿色环保建材的同时，施工过程中还要始终保持室内空气的畅通，以便及时散发有害气体。同时对于建筑垃圾进行妥善分类处理，保证施工过程中不会对施工人员健康和环境产生影响，不留有施工污染后遗症。

（四）使用绿色环保家具

绿色家具是指那些立足于生态产业的基础上，合理开发、利用自然材料生产出来的，能够满足使用者特定需求，有益于使用者健康，并且具有极高文化底蕴和科技含量的家具。其中包含几层含义：一是家具本身无污染、无毒害；二是要具有较高艺术内涵和审美功能，与室内设计相呼应；三是便于回收、处理、再利用，当家具不再使用进行处理时，不会对环境造成污染。

（五）室内绿化

室内绿化能反映主人的性格，并使人领会到绿色植物的季节变化，调节室内温度、湿度，净化空气。室内绿化布置原则主要是按照人的生理及生活习惯决定。植物等摆放的位置不要妨碍主人工作生活，比如墙角摆盆景，桌面摆小花瓶等。

参 考 文 献

[1] 高等学校土建学科教学指导委员会，工程管理专业指导委员会．全国高等学校土建类专业本科教育培养目标和培养方案及主干课程教学基本要求[M]．北京：中国建筑工业出版社，2003.

[2] 季雪．建筑工程概论[M]．北京：化学工业出版社，2008.

[3] 同济大学等．外国近现代建筑史[M]．北京：中国建筑工业出版社，1982.

[4] 潘谷西．中国建筑史[M]．北京：中国建筑工业出版社，2004.

[5] 罗西(意)．城市建筑学[M]．北京：中国建筑工业出版社，2006.

[6] 特纳(英)．景观规划与环境影响设计(原著第 2 版)[M]．北京：中国建筑工业出版社，2006.

[7] 刘丹．世界建筑艺术之旅[M]．北京：中国建筑工业出版社，2005.

[8] 吕俊华．中国现代城市住宅：1840～2000[M]．北京：清华大学出版社，2003.

[9] 冯钟平．中国园林建筑(第 2 版)[M]．北京：清华大学出版社，2000.

[10] 焦涛．建筑装饰设计原理[M]．北京：机械工业出版社，2008.

[11] 来增祥，陆震纬．室内设计原理[M]．北京：中国建筑工业出版社，2006.

[12] 宋岩丽．建筑与装饰材料(第 2 版)[M]．北京：中国建筑工业出版社，2007.

[13] 张斌．奥地利加强环境保护的经验与启示[N]．深圳特区报，2008-12-30.

[14] 部分资料及图片源自以下专业网站：

http：//image. baidu. com；http：//baike. baidu. com；http：//zhidao. baidu. com；
http：//www. hudong. com；http：//zh. wikipedia. org；http：//www. zh5000. com/；
http：//www. kepu. net. cn/gb/civilization/index. html；http：//arch. m6699. com；
http：//wiki. zhulong. com/baike/index. asp；http：//photo. zhulong. com；
http：//news. zhulong. com；http：//news. xinhuanet. com；http：//www. hxsd. com；
http：//amuseum. cdstm. cn/AMuseum/jianzhu；http：//www. 333cn. com/architecture；
http：//info. tgnet. cn；http：//www. cctv-19. com；http：//www. chinaacsc. com；
http：//msn. china. ynet. com；http：//www. jrj. com. cn；http：//xiangshu. com；
http：//gb. cri. cn；http：//www. cqvip. com.